忆阻神经网络动力学与同步控制

徐 瑞 刘 健 甘勤涛 著

科学出版社

北 京

内 容 简 介

本书系统介绍忆阻神经网络的动力学性态分析与同步控制问题的数学建模思想、典型理论方法和主要研究成果. 主要内容涉及忆阻神经网络的耗散性与无源性分析、稳定性分析和同步控制方法, 也介绍有关耦合忆阻神经网络与分数阶忆阻神经网络同步控制研究成果, 并在同步控制分析基础上介绍忆阻神经网络在图像保密通信、信号处理与医学图像处理中的具体应用. 本书重点介绍忆阻神经网络动力学与同步控制的理论分析和数值模拟方法, 内容丰富全面、方法实用完备, 反映了当前国内外的最新研究动态和作者的最新研究成果. 通过阅读本书, 既能使一般读者系统了解和掌握忆阻神经网络动力学与同步控制的建模思想和理论分析方法, 又能将具有一定基础的读者尽快带到相关研究领域的前沿.

本书可供从事计算机理论、人工智能算法和应用数学科研工作者阅读, 以及有关方向的研究生和教师使用, 也可供从事相关领域研究工作的科研人员学习、参考, 部分内容可供高年级本科生选修.

图书在版编目(CIP)数据

忆阻神经网络动力学与同步控制/徐瑞, 刘健, 甘勤涛著. —北京: 科学出版社, 2022.6

ISBN 978-7-03-071486-2

Ⅰ. ①忆… Ⅱ. ①徐… ②刘… ③甘… Ⅲ. ①非线性科学-动力系统(数学)-研究 Ⅳ. ①O194

中国版本图书馆 CIP 数据核字(2022)第 030894 号

责任编辑: 胡庆家 范培培 / 责任校对: 彭珍珍
责任印制: 吴兆东 / 封面设计: 无极书装

科学出版社 出版
北京东黄城根北街 16 号
邮政编码: 100717
http://www.sciencep.com

北京虎彩文化传播有限公司印刷
科学出版社发行 各地新华书店经销

*

2022 年 6 月第 一 版 开本: 720 × 1000 B5
2024 年 3 月第二次印刷 印张: 14 1/2 插页: 4
字数: 290 000
定价: 118.00 元
(如有印装质量问题, 我社负责调换)

前　言

人工神经网络从信息处理角度对人脑神经元网络进行抽象, 按不同连接方式组成不同的网络, 通过近似模拟人脑神经系统的结构, 具备信息处理、联想记忆和存储检索等功能. 20 世纪 80 年代以来, 人工神经网络成为脑科学、数学物理科学、计算机科学和人工智能等领域的研究热点. 2008 年, Chua 关于忆阻器的预言被证实, 其非易失性使得人工模拟生物大脑关联模式和关联记忆功能成为可能. 随着纳米技术的发展以及忆阻器研究的深入, 人们对其物理结构和电路特性的认识不断加深, 关于忆阻器概念及其物理实现在争论中持续. 作为一种新型无源电子器件, 忆阻器将存储与运算深度融合, 电阻记忆特性使其适合模拟生物神经元突触的学习功能, 应用于神经计算、模式识别、联想记忆和图像处理等领域, 进而推动人工神经网络的发展.

忆阻神经网络可以利用忆阻器自组织计算, 通过训练和学习获得网络的权值和结构, 从而实现神经网络的自组织、自适应功能. 研究人员通过使用忆阻突触连接神经元实现神经网络的建模, 演示忆阻神经网络的关联记忆效应, 基于忆阻器构建的人工神经网络将会在神经计算、模式识别、联想记忆和图像处理等领域中发挥关键作用. 忆阻神经网络的动力学性态分析与同步控制问题引起了学者的广泛关注.

在作者近年来研究的基础上, 本书系统介绍在忆阻神经网络的动力学性态分析与同步控制相关问题上取得的研究成果. 考虑体系架构完整性和系统性, 本书部分借鉴了其他学者的优秀成果. 全书共 7 章, 第 1 章主要介绍忆阻器和忆阻神经网络发展脉络以及一些预备知识; 第 2~4 章分别介绍忆阻神经网络的耗散性和无源性、稳定性和同步控制分析; 第 5 章与第 6 章分别介绍耦合忆阻神经网络与分数阶忆阻神经网络; 第 7 章介绍忆阻神经网络在图像保密通信、图像处理和医学图像中的应用.

本书的出版得到国家自然科学基金 (项目编号: 11371368, 11871316, 61305076)、河北省自然科学基金 (项目编号: A2013506012) 和山西大学 2020 年中央提升高层次人才事业启动经费的资助, 也得到了国内外同行的帮助和鼓励.

感谢科学出版社对本书出版所给予的大力支持, 特别感谢胡庆家编辑为本书出版所付出的辛勤劳动和热情关注!

作 者

2022 年 3 月

目　　录

彩图

第 1 章　绪　论

1971 年, 加利福尼亚大学伯克利分校的 Chua 基于电路完备性理论指出, 在电阻器、电容器和电感器之外可能存在第四种无源电子元件, 进而提出了忆阻器概念[1]. 直到 2008 年, Hewlett-Packard 实验室成功研发出了忆阻器, 证实了 Chua 的预言[2]. 近年来, 忆阻器在存储器设计领域展现出了良好的发展前景, 其布尔逻辑运算功能也推动了人工智能的发展. 忆阻器、忆阻电路与忆阻神经网络相关研究工作迅速成为微电子、半导体和计算机科学等领域的前沿热点. 通过跟踪国内外忆阻神经网络的研究动态, 本书围绕具有时滞的忆阻神经网络开展研究, 分析其耗散性、无源性、稳定性与同步控制等问题, 为实际应用于状态估计、信号处理和保密通信等提供理论支撑.

1.1　忆阻神经网络概述

1.1.1　忆阻器

传统的电路理论中有电流 I、电压 V、电荷量 Q 和磁通量 φ 四个基本物理量以及电阻 R、电容 C 和电感 L 三个基本的电路元件. 由电流的定义和法拉第定律可知, 上述三个电路元件将四个基本量联系起来, 即 $R = \mathrm{d}V/\mathrm{d}I, C = \mathrm{d}Q/\mathrm{d}V, L = \mathrm{d}\varphi/\mathrm{d}I$. 1971 年, Chua 预测存在一种有记忆功能的非线性电阻能够将电荷量与磁通量联系起来, 即 $M = \mathrm{d}\varphi/\mathrm{d}Q$, 如图 1-1-1 所示. Chua 给出了其物理架构并命名为忆阻器 (memristor). 忆阻器的阻值能够随着忆阻器两端的电压或者流经的电流相应变化, 并在断电后仍能保持当前阻值. 通过这种方式, 忆阻器能记住相关信息从而实现存储数据的功能[1]. 限于当时的技术条件, 其物理实现极其困难, 忆阻器的研究一直未取得重大突破. 1976 年, Chua 与 Kang 又将忆阻器的想法拓展到忆阻系统与忆阻设备[3].

直到 2008 年, 随着纳米技术发展成熟, Hewlett-Packard 实验室的 Strukov 等首次提出了忆阻器的器件结构, 由此证实了忆阻器的物理存在[2], 如图 1-1-2 所示. Strukov 等制造的纳米级忆阻器两端是很薄的铂金片, 中间以二氧化钛 (TiO$_2$) 作为填充物. 高密度填充物的一端类似于半导体, 另一端没有填充物的区域作为绝缘体. Strukov 团队认为基于忆阻器构建的电子信息系统能够模拟生物大脑处理关联模式和关联记忆的功能. 同年 11 月, Strukov 团队首次展示了 3D 忆阻器混合芯片. 2015 年 5 月, 由忆阻器构建的神经网络芯片在加利福尼亚大学和纽约州立大学石溪分校问世, 向创建更大规模的神经网络迈出了重要一步[4].

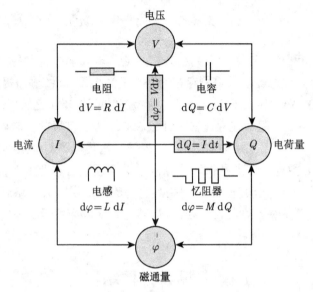

图 1-1-1　四个基本电路元件之间的关系图

图 1-1-2　Hewlett-Packard 实验室发布的忆阻器

目前, 所有的内存均为易失性内存, 作为非易失性的记忆器件, 忆阻器能够应用于存储器设计领域, 制造非易失性内存, 这将极大地模糊传统内存与硬盘存储间的界限, 实现存储速度与容量的平衡. 与动态随机存储器和闪存相比, 利用忆阻器设计的非易失性存储器在断电后仍能保存数据, 并且具有低能耗优势. 这有助于解决现存的动态随机存储器所面临的问题[5]. 作为一种新型的存储器件,忆阻器能够更好地模拟生物神经元突触的学习功能,从而达到高效存储并处理信息的目的,进而突破"冯·诺依曼瓶颈",为设计新型计算机体系提供一种全新架构[6-9]. 2014 年,惠普提出了"The Machine"电脑开发设计理念的计划,旨在重新定义计算的基础架构. "The Machine"抛弃内存和硬盘单独设置的做法,统一采用忆阻器作为其"通用内存"的关键组件. 2016 年底,"The Machine"计划的原型机发布. 2017 年 6 月召开的国际高性能计算大会上,中国超级计算机"神威·太湖之光"与"天河二号"夺得榜单前两位,美国的超级计算机"泰坦"名列第四.为夺回全球超级计算机霸主地位,美国能源部开始资助慧与科技 (HPE) 在"The Machine"项目架构基础上开发超级计算机. 2014 年,Chua 在其著作 *Memristors and Memristive Systems* 中提出 "If it's pinched it's a memristor" 这一观点,从而扩展了忆阻器的概念,将所有具备磁滞回路曲线特征的两端结构电阻器件纳入忆阻器的范畴中,并指出记忆电容和记忆电感可以通过忆阻器的符号替换来实现,因此不同类型的记忆元件的滞后曲线之间应该存在对应关系,电容性器件的电荷电压曲线在原点处均应被压缩. 2019 年 7 月,Pershin 与 Ventra 以记忆电容器件具有非压缩滞后的实验证据反驳 Chua 的观点[10]. 关于忆阻器概念及其物理实现的争论仍在持续.

综上所述,随着忆阻器相关研究的深入,人们对其物理结构和电路特性的认识不断加深. 作为一种新型的小尺寸无源电子器件,忆阻器具备良好的电路特性优势,在计算机存储器和大规模集成电路设计领域的产业化应用将推动微电子领域的深刻变革. 另外,忆阻器能够将存储与运算深度融合,从而突破传统计算机的"存储墙"问题,构建出新型计算机系统结构,进而推动计算机科学的发展. 忆阻器的电阻记忆特性使其适合模拟生物神经元突触的学习功能,应用于神经计算、模式识别、联想记忆和图像处理等领域,进而推动人工神经网络的发展.

1.1.2 忆阻神经网络

生物神经网络中的突触连接着神经元与效应器细胞,是神经元信息的传递和表达渠道. 同时,神经元突触是人脑学习与记忆的基本功能单元. 突触仿生是神经计算得以实现的重要基础. 忆阻器良好的电阻记忆特性使其适用于模拟神经元突触的学习功能. 忆阻器设备有望在生物学、微电子学等交叉学科解释生物的学习与适应行为. 在突发刺激下,阿米巴原虫能够表现出学习能力,通过改变行为以适应环境周期性的变化. 研究表明,基于忆阻器、电容器和电感器搭建的简单电路在适当的电压激励下能够成功模拟阿米巴原虫的适应行为[5]. 实验发现,忆阻器件特殊的电学特性与老鼠脑神经元的学习特性具备一定的相似性[7]. 利用忆阻器实现对神经突触的仿生成为当前人工神经网络领域的研究热点[11–13].

　　2007 年, Snider 研究了不可靠记忆纳米元件的自组织计算, 指出忆阻器可以轻易地通过训练和学习获得网络的权值和结构, 从而实现神经网络的自组织、自适应功能. 因此, Snider 预测忆阻器将在人工神经网络中产生革命性影响[14]. 目前, 忆阻器的研究已经深入到存储结构设计、逻辑功能实现和人工神经网络研究等方面. 2010 年, 美国南卡罗来纳大学的研究人员使用两个忆阻突触连接三个神经元实现了神经网络的建模, 并演示了忆阻神经网络的关联记忆效应[12]. 传统的人工神经网络通常受限于硬件条件, 网络规模和复杂性增大的同时, 人们对计算机运行速度的要求也越来越高[4]. 忆阻器的成功研制为电子电路的设计提供了新的途径并赋予电路新的功能. 其非易失性可以更好地解决神经计算中所面临的问题和挑战[12]. 由于忆阻器件在集成电路上集成密度非常高, 忆阻器将推动神经计算取得突破性进展[2,3]. 忆阻器就如同大脑中的神经元, 当出现新的事物时能够自行学习, 当被置于一个芯片中时会减少网络运行所耗资源[4]. 另外, 忆阻器的金属氧化物半导体设计还可以改进模拟计算. 总之, 随着忆阻器研究的发展, 基于忆阻器构建的人工神经网络将会在神经计算、模式识别、联想记忆和图像处理等领域中起关键作用[6,14], 进而推动人工智能的发展. 忆阻神经网络的相关研究已经成为数学、计算机科学与工程领域的前沿[4,7–12].

　　1) 忆阻神经网络模型

　　下面为双向关联记忆 (bidirectional associative memory, BAM) 神经网络模型:

$$\begin{cases} \dot{p}_i(t) = -p_i(t) + \dfrac{1}{\mathcal{C}_i}\sum_{j=1}^{m}\dfrac{f(q_j(t))}{\mathcal{R}_{ji}}\times \mathrm{sgin}_{ji} + \dfrac{1}{\mathcal{C}_i}\sum_{j=1}^{m}\dfrac{f_j(q_j(t-\tau(t)))}{\mathcal{F}_{ji}} \\ \qquad \times \mathrm{sgin}_{ji} + \dfrac{\mathcal{I}_i(t)}{\mathcal{C}_i}, \\ \dot{q}_j(t) = -q_j(t) + \dfrac{1}{\widetilde{\mathcal{C}}_j}\sum_{i=1}^{n}\dfrac{g_i(p_i(t))}{\widetilde{\mathcal{R}}_{ij}}\times \mathrm{sgin}_{ij} + \dfrac{1}{\widetilde{\mathcal{C}}_j}\sum_{i=1}^{n}\dfrac{g_i(p_i(t-\tau(t)))}{\widetilde{\mathcal{F}}_{ij}} \\ \qquad \times \mathrm{sgin}_{ij} + \dfrac{\mathcal{J}_j(t)}{\widetilde{\mathcal{C}}_j}, \quad t\geqslant 0, \end{cases}$$

其中, $\mathrm{sgin}_{ji}=\mathrm{sgin}_{ij}=1, i\neq j; \mathrm{sgin}_{ji}=\mathrm{sgin}_{ij}=-1, i=j, i=1,2,\cdots,n, j=1,2,\cdots,m; p_i(t)$ 为电容器 $\mathcal{C}_i$ 的电压, $q_j(t)$ 为电容器 $\widetilde{\mathcal{C}}_j$ 的电压, $\mathcal{R}_{ji}, \widetilde{\mathcal{R}}_{ij}, \mathcal{F}_{ji}, \widetilde{\mathcal{F}}_{ij}$ 为电阻, $\mathcal{I}_i(t)$ 和 $\mathcal{J}_j(t)$ 为外部输入, $\tau(t)$ 为传输时变时滞. Anbuvithya 等使用忆阻

器代替上述模型中的电阻 $\mathcal{R}_{ji}, \widetilde{\mathcal{R}}_{ij}, \mathcal{F}_{ji}, \widetilde{\mathcal{F}}_{ij}$, 对应的忆阻分别为 $\mathcal{M}_{ji}, \widetilde{\mathcal{M}}_{ij}, \mathcal{W}_{ji}, \widetilde{\mathcal{W}}_{ij}$, 可以搭建基于忆阻器的神经网络[15]:

$$
\begin{cases}
\dot{p}_i(t) = -p_i(t) + \sum_{j=1}^{m} a_{ji} f_j\left(q_j(t)\right) + \sum_{j=1}^{m} b_{ji} f_j\left(q_j(t-\tau(t))\right) + u_i(t), \\
\dot{q}_j(t) = -q_j(t) + \sum_{i=1}^{n} c_{ij} g_i\left(p_i(t)\right) + \sum_{i=1}^{n} d_{ij} g_i\left(p_i(t-\tau(t))\right) + v_j(t),
\end{cases}
$$

其中

$$
a_{ji}\left(p_i(t)\right) = \frac{\mathcal{W}_{ij}}{c_i} \times \mathrm{sgin}_{ji}, \quad b_{ji}\left(p_i(t)\right) = \frac{\mathcal{M}_{ij}}{c_i} \times \mathrm{sgin}_{ji},
$$

$$
c_{ij}\left(q_j(t)\right) = \frac{\widetilde{\mathcal{W}}_{ij}}{c_j} \times \mathrm{sgin}_{ij}, \quad d_{ij}\left(q_j(t)\right) = \frac{\widetilde{\mathcal{M}}_{ij}}{\tilde{c}_j} \times \mathrm{sgin}_{ij}.
$$

在不同的磁滞回环情形下忆阻系统的演化趋势或过程会不同, 下面是两种典型的记忆函数:

$$
W_{ji} = \begin{cases} a'_{ji}, & |\sigma_{ji}| < l_{ji}, \\ b'_{ji}, & |\sigma_{ji}| > l_{ji}, \end{cases} \quad M_{ji} = \begin{cases} \bar{a}'_{ji}, & |\bar{\sigma}_{ji}| < \bar{l}_{ji}, \\ \bar{b}'_{ji}, & |\bar{\sigma}_{ji}| > \bar{l}_{ji}, \end{cases}
$$

$$
\tilde{W}_{ij} = \begin{cases} c'_{ij}, & |\tilde{\sigma}_{ij}| < l'_{ij}, \\ d'_{ij}, & |\tilde{\sigma}_{ij}| > l'_{ij}, \end{cases} \quad \tilde{M}_{ij} = \begin{cases} \bar{c}'_{ij}, & |\tilde{\bar{\sigma}}_{ij}| < \bar{l}'_{ij}, \\ \bar{d}'_{ij}, & |\tilde{\bar{\sigma}}_{ij}| > \bar{l}'_{ij}; \end{cases}
$$

$$
W_{ji} = c_{ji} + 3e_{ji}\sigma_{ji}^2, \quad M_{ji} = \bar{c}_{ji} + 3\bar{e}_{ji}\bar{\sigma}_{ji}^2, \quad \widetilde{W}_{ij} = c'_{ij} + 3e'_{ij}\tilde{\sigma}_{ij}^2, \quad \widetilde{M}_{ij} = \bar{c}_{ij} + 3\bar{e}_{ij}\tilde{\bar{\sigma}}_{ij}^2.
$$

2) 耦合忆阻神经网络模型

耦合神经网络基于猫、猴等动物的大脑皮层视觉原理发展而来, 能从复杂背景下提取有效信息, 具有全局耦合特性, 其信号形式和处理机制更符合人类视觉神经系统的生物学基础. 下面是一个具有 N 个独立网络的耦合忆阻神经网络:

$$
\frac{\mathrm{d}u_{ik}(t)}{\mathrm{d}t} = -d_k u_{ik}(t) + \sum_{l=1}^{n} a_{kl}(t) f_l\left(u_{il}(t)\right)
$$

$$
+ \sum_{l=1}^{n} b_{kl}(t) \times f_l\left(u_{il}\left(t-\tau_{kl}(t)\right)\right) + I_k + \alpha \sum_{j=1,j\neq i}^{N} c_{ij}\gamma_k u_{jk}(t),
$$

其中, $u_{ik}(t)$ 为第 k 个神经网络的第 i 个神经元的状态, $\Gamma = \mathrm{diag}(\gamma_1, \gamma_2, \cdots, \gamma_n)$, α 为常数, 表示耦合强度, $C = (c_{ij})_{N\times N} \in \mathbb{R}^{N\times N}, c_{ij} \geqslant 0, i \neq j, c_{ii} = -\sum_{j=1,j\neq i} c_{ij}i$, $j = 1, 2, \cdots, N$, 反映耦合网络的结构, 分为对称耦合和非对称耦合. 对于耦合忆

阻神经网络而言, 其动力学性态既取决于节点网络的性态, 又与节点网络间的耦合连接状态息息相关[16].

3) 分数阶忆阻神经网络模型

在刻画许多材料和过程的记忆以及遗传特性方面, 分数阶模型比经典的整数阶模型具有更多优势, 获得了广泛关注. 分数阶微分和分数阶微分方程为科学工程领域的建模与分析奠定了坚实的理论基础[17]. 分数阶忆阻神经网络亦引起了学者的研究兴趣, 例如

$$D^\alpha x_i(t) = -c_i x_i(t) + \sum_{j=1}^n a_{ij}(x_j(t))f_j(x_j(t)) + \sum_{j=1}^n b_{ij}(x_j(t))f_j(x_j(t-\tau)) + I_i,$$

其中, $i=1,2,\cdots,n, t \geqslant 0, n$ 为神经网络中的单元数, $x(t)=(x_1(t),\cdots,x_n(t))^{\mathrm{T}}$, $x_i(t)$ 为第 i 个神经元的状态, c_i 为正常数, I_i 为外部输入, $f_i(\cdot)$ 为非线性激活函数, $i=1,2,\cdots,n, \tau>0$ 为时滞, $a_{ij}(x_j(t)), b_{ij}(x_j(t))$ 为基于忆阻器的连接权. $D^\alpha x_i(t)$ 为 $x_i(t)$ 的 α 阶 Caputo 导数. 对于分数阶忆阻神经网络, 则要依赖分数阶微积分理论进行研究.

然而, 涉及忆阻神经网络的许多系统理论问题亟待解决, 探究忆阻神经网络的动态行为演化机制, 将有助于实现对类神经元的阈值激发功能的有效调控, 解决信息在动态存储与处理过程中的难题, 从而为利用忆阻神经网络实现联想记忆、模式识别和图像处理等功能提供基础理论支撑. 因此, 忆阻神经网络动力学性态分析问题成了忆阻器研究的重要内容并引起了学者的广泛关注[19-24].

在生物神经网络和人工神经网络中, 信息在神经元间或者神经元与效应器细胞间传输需要一定的通信时间, 电路放大器的开关速度是有限的, 导致在网络中存在着传输时滞; 由于内部包含大量繁杂的并行通道, 神经网络具有一定的时间和空间特性, 信息在这些并行通道间传输滞后效应以分布传输时滞的形式表现出来; 人工神经网络为了提供优质的服务, 往往有一个路由决策过程, 这个过程通常用比例时滞来刻画; 当神经元断开神经网络与外界的输入时, 重置电位到隔离静止状态的过程需要时间, 导致在稳定化负反馈项中存在着滞后效应, 即 leakage 时滞. 上述各种类型的时滞客观存在于神经网络中, 在基于忆阻器构建的人工神经网络的研究中引入时滞具有现实背景与实际意义. 时滞往往使忆阻神经网络模型的分析变得困难, 并影响忆阻神经网络的动力学性态. 另外, 由于忆阻器具备状态依赖特性, 因此基于忆阻器构建的人工神经网络是一个状态依赖的微分动力系统, 具有传统的人工神经网络所不具备的复杂非线性特性. 我们看到, 在现有的关于忆阻神经网络的动力学性态的工作中, 考虑传输时滞影响的研究还不够充分, 考

虑 leakage 时滞因素的研究工作还很少, 忆阻神经网络的同步控制研究也刚刚起步, 并且缺乏在实际工程问题中的应用研究. 这些具有现实背景、理论意义和应用价值的问题, 是当前忆阻神经网络研究领域的热点. 研究具有时滞的忆阻神经网络具有重要的理论意义和应用价值.

1.2 忆阻神经网络的研究进展

1.2.1 基本递归神经网络

现代神经解剖学和生理学研究表明, 人脑为 10^{11} 个神经细胞 (神经元) 交织构成的网状结构. 人脑中数量庞大的神经元具有对输入信号的非线性处理能力, 这使得人脑成为复杂、完美和有效的信息处理系统. 为模拟人脑的特性, 人工神经网络在现代神经科学基础上逐步发展起来[25,26].

19 世纪末 20 世纪初, Von Helmholtz, Mach 和 Pavlov 等首先在物理学、心理学与神经生理学的跨学科研究中开展神经网络领域的早期研究, 这些研究重点围绕学习、视觉与条件反射等方面, 不涉及神经元数学模型的建立工作[26]. 1943 年, McCulloch 与 Pitts 从人脑信息处理的角度建立了第一个神经元的阈值元件模型: McCulloch-Pitts 模型, 用数学模型的方法研究人工神经网络. McCulloch 与 Pitts 的工作被认为是现代神经网络的发端[27]. Hebb 研究了经典的条件反射与神经元性质的内在关系, 并且提出了一种生物神经元学习机制[28]. 1958 年, Rosenblatt 首次对人工神经网络的实际应用开展研究, 通过构造感知机网络并演示其模式识别能力[29]. Widrow 和 Hoff 提出了用于线性神经网络训练的学习算法[30], Kohonen 与 Anderson 提出了具有记忆能力的神经网络[31,32], Grossberg 围绕自组织网络开展研究[33].

1982 年, 美国物理学家 Hopfield 提出了 Hopfield 神经网络模型[34]:

$$C_i \frac{\mathrm{d}x_i}{\mathrm{d}t} = -\frac{x_i}{R_i} + \sum_{j=1}^{n} T_{ij} g_j(x_j) + I_i, \quad i = 1, 2, \cdots, n, \qquad (1\text{-}2\text{-}1)$$

其中, 并联的电阻 R_i 和电容 C_i 模拟神经输出的时间常数, 电导 T_{ij} 模拟神经元间互联的突触特征, x_i 表征第 i 个神经元的输入, 运算放大器 $g_j(x_j)$ 刻画神经元的非线性饱和特性. Hopfield 提出了能量函数以及网络稳定性的概念, 将物理学、神经生物学和计算机科学领域研究联系在一起, 为神经网络研究的发展奠定了基础.

1983 年, Cohen 与 Grossberg 提出了下列广义的神经网络模型[35]:

$$\frac{\mathrm{d}N_i}{\mathrm{d}t} = G_i(N_i)\left[b_i(N_i) - \sum_{j=1}^n c_{ij}d_j(N_i)\right], \quad i = 1, 2, \cdots, n. \qquad (1\text{-}2\text{-}2)$$

系统 (1-2-2) 包含了 Lotka-Volterra 系统、Gilpin-Ayala 系统以及 Eigen-Schuster 系统等多个生态系统模型. 通过选取适当的参数, 可由系统 (1-2-2) 得到 Hopfield 神经网络模型. Cohen-Grossberg 神经网络模型在并行计算、联想记忆和最优化计算等领域得到了广泛应用[36,37].

1988 年, 受细胞自动机与 Hopfield 神经网络模型的启发, Chua 与 Yang 结合非线性电路相关研究提出了下列细胞神经网络模型[38,39]:

$$\begin{cases} \dot{x}_{ij} = -x_{ij} + \sum_{k,l\in N_{ij}(r)} a_{kl}f(x_{kl}) + \sum_{k,l\in N_{ij}(r)} b_{kl}u_{kl} + z_{ij}, \\ \dot{y}_{ij} = f(x_{ij}) = 0.5\left(|x_{ij}+1| - |x_{ij}-1|\right), \quad i = 1, 2, \cdots, M; j = 1, 2, \cdots, N. \end{cases}$$
$$(1\text{-}2\text{-}3)$$

细胞神经网络不同于 Hopfield 神经网络模型, 其拓扑结构为局域连接的.

近 20 年来, 由于计算机科学、神经科学和信息科学的迅速发展, 人工神经网络在信号处理、系统辨识、自动控制、决策辅助、故障诊断和经济管理等领域的研究取得了长足发展[25,40].

1.2.2　忆阻神经网络动力学

2009 年, Itoh 与 Chua 基于非线性无源忆阻器设计了一类离散时间的细胞神经网络模型, 研究了其在逻辑计算、图像处理、类人脑功能与 RSA 算法等方面的应用[41]. 忆阻神经网络在联想记忆[42,43]、网络学习[44]、算法[45]、图像处理[46]、机器学习[47] 等方面的研究引起了学者的极大兴趣. 由于神经网络在上述领域的应用均建立在神经网络动力学性态分析的基础上, 随着人们研究的不断深入, 动力学性态分析成了忆阻神经网络研究的重点问题.

Tu 等研究了一类具有时变时滞的忆阻神经网络模型, 通过应用分析技巧与 Lyapunov 方法, 得到了神经网络的全局耗散性判据. 同时, 给出了全局指数耗散吸引集和正向不变集[48]. Duan 与 Huang 研究了一类具有时变时滞与分布时滞的忆阻神经网络. 通过应用 Mawhin 重合度理论、微分包含理论、M-矩阵理论与微分不等式技巧, 得到了神经网络的周期性与耗散性判据[49].

Meng 和 Xiang 研究了一类具有混合时变时滞的忆阻神经网络的无源性问题, 采用一个切换系统来刻画该模型, 并通过构造适当的 Lyapunov-Krasovskii 泛函, 借助线性矩阵不等式技巧, 得到了忆阻神经网络的无源性与指数无源性判据[50].

Wen 等研究了一类忆阻神经网络的指数无源性问题, 得到了依赖于时滞的指数无源性判据[51].

Ding 等研究了一类具有时变时滞的离散时间忆阻神经网络的 H_∞ 状态估计问题. 为了处理切换的连接权重矩阵, 通过定义一系列的状态依赖切换信号将忆阻神经网络改写为易于处理的模型, 基于鲁棒分析方法和 Lyapunov 稳定性理论, 得到了保证估计误差系统全局渐近稳定的充分条件. 通过研究几个线性矩阵不等式的凸优化问题, 得到了状态估计器的增益矩阵与最优性能[52]. Wei 等研究了一类具有时变传输时滞的忆阻神经网络模型的状态估计问题. 通过构造 Lyapunov 泛函, 结合应用 Jensen 积分不等式和自由权重矩阵方法, 给出了依赖于时滞的充分条件, 以确保误差系统是全局渐近稳定的, 从而由观测的输出测量值来估计神经元的状态[53].

Wang 和 Shen 研究了一类具有时滞的耦合忆阻神经网络, 得到了系统指数同步的充分条件. 他们的研究表明, 忆阻器的物理特性使得忆阻网络展现出状态依赖的切换行为, 并且其同步性在较大程度上依赖于忆阻神经网络间的耦合结构与强度[54]. 关于耦合忆阻神经网络相关研究参见文献 [55, 56].

在现有文献中, 虽然有部分研究工作考虑了分布时滞、比例时滞与参数不确定性对忆阻神经网络的影响, 但研究结果往往集中在稳定性分析上, 探究这些忆阻神经网络模型的耗散性和无源性的成果还很少. 另外, 由于神经网络受限于信息在神经元间有限的传递速度以及硬件实现中电路放大器有限的开关速度, 神经元的自衰减过程并不是瞬时发生的, 电位重置过程也需要时间[57,58], 这使得在忆阻神经网络的研究中不能忽视 leakage 时滞的影响. 但据笔者所知, 分析 leakage 时滞对忆阻神经网络模型动力学性态影响的研究工作很有限.

1.2.3 忆阻神经网络的同步控制

在电子系统、化学反应、生命系统和神经网络等领域, 混沌现象相继被观察到. Pecora 与 Carroll 的研究表明, 两个混沌系统的轨道能够同步收敛于同一值, 混沌系统能够作为动力学基础来实现信息传输与信号处理[59]. 因此, 经过复杂的动态演化后在神经网络模型中表现出的混沌现象, 越来越引起人们的重视, 其同步控制问题迅速成为研究热点[60,64].

Wang 等研究了一类带有脉冲扰动或者边界干扰的忆阻神经网络模型的同步控制问题, 发现系统的稳定性与忆阻连接权重存在着一定关系; 设计了两种控制器, 并基于微分包含理论和 Lyapunov 泛函方法, 得到了忆阻神经网络的同步条件[65]. Cai 等[63] 研究了一类具有时变时滞的忆阻神经网络的指数同步问题. 基于 Filippov 解的理论, 在不连续的状态反馈控制器下得到了驱动-响应系统达到指数同步的充分条件, 并基于时滞与系统的参数给出了指数同步速度的估计, 改进并扩展了忆阻神经网络或者切换网络的同步控制结果. Yang 等研究了一类具有时变时滞的忆阻神经网络的牵引控制同步问题. 基于微分包含理论和非光滑分析, 得到了在牵引控制下能够保证忆阻神经网络达到渐近同步与指数同步的充分条件[66]. Jiang 等研究了一类具有时变时滞的忆阻神经网络的指数同步问题. 运用 Lyapunov 稳定性理论和线性矩阵不等式技巧, 设计了反馈控制器使得驱动-响应网络达到同步, 并用代数方程给出了其指数收敛速度[67]. Gao 等研究了一类具有时变时滞的忆阻神经网络的有限时间同步问题, 设计了一个切换控制器, 基于微分包含与集值映射理论, 得到了忆阻神经网络的有限时间同步判据, 深入分析了同步时间与控制器切换参数的关系, 进而缩短了同步时间[68]. Abdurahman 等基于右端不连续微分方程理论, 研究了一类具有混合时滞的忆阻神经网络模型, 通过设计两个模糊混合切换控制器, 得到了指数滞后同步的充分条件[69].

综观上述研究工作, 具有时滞的忆阻神经网络模型的同步控制问题已经取得了一些研究成果. 但是这些文献所研究的模型大多仅考虑了信号在神经元间的离散传输时滞, 或者神经网络中并行通道导致信息传导速率的不同而产生的分布传输时滞. 忆阻神经网络的自衰减过程产生的 leakage 时滞对忆阻神经网络的动力学性态有着破坏作用, 研究同步控制问题时必须考虑 leakage 时滞的影响. 然而, 目前研究具有 leakage 时滞的忆阻神经网络同步控制问题的文献还很少. 另外, 在现有的文献中, 忆阻神经网络模型的同步控制研究工作问题大多集中在理论分析上, 而研究网络同步控制问题的根本目的在于实际应用. 事实上, 在忆阻神经网络的混沌同步应用问题中 (如保密通信), leakage 时滞可以作为重要的可控性参数加以应用. 同时, 混沌的忆阻神经网络达到同步是其成功应用的前提条件. 因此, 研究具有 leakage 时滞的忆阻神经网络的同步控制问题具有重要意义.

本书将系统介绍作者近年来围绕忆阻神经网络的动力学性态分析与同步控制问题开展的研究工作. 同时, 考虑体系架构完整性和系统性, 本书部分借鉴了其他学者的研究成果, 包括忆阻神经网络的耗散性、无源性与稳定性分析, 忆阻神经网络的同步控制研究, 分数阶忆阻神经网络, 耦合忆阻神经网络和忆阻神经网络的应用研究, 旨在揭示忆阻神经网络动力学性态的复杂性, 探索和研究忆阻神经网络作为一类新型人工神经网络的演化机制及其内在规律, 促进相关理论的发展和完善, 为忆阻神经网络有效应用于状态估计、信号处理、保密通信和生物医学等实际问题提供理论基础.

1.3 预 备 知 识

本节介绍几个常用引理与后续章节涉及的相关预备知识.

1.3.1 几个常用引理

引理 1.3.1[70] 对于给定的常数矩阵 $P, Q, R, P^{\mathrm{T}} = P, Q^{\mathrm{T}} = Q$,

$$\begin{bmatrix} P & R \\ R^{\mathrm{T}} & -Q \end{bmatrix} < 0,$$

等价于 $Q > 0, P + RQ^{-1}R^{\mathrm{T}} < 0$.

引理 1.3.2[71,72] (Jensen 不等式) 对于标量 a, b 及向量函数 $x(t) : [a,b] \to \mathbb{R}^n$, 下列不等式成立:

$$\left[\int_a^b x(s)\mathrm{d}s \right]^{\mathrm{T}} M \left[\int_a^b x(s)\mathrm{d}s \right] \leqslant (b-a) \int_a^b x^{\mathrm{T}}(s)Mx(s)\mathrm{d}s,$$

其中, $a < b$, $M > 0$ 为常数矩阵.

引理 1.3.3[73,74] (Gronwall 不等式) $u(t)$ 及 $\beta(t)$ 为定义在 $[a,b]$ 上的实连续函数, α 为常数, 如果 $\beta(t) \geqslant 0$ 满足下列积分不等式:

$$u(t) \leqslant \alpha + C \int_a^t \beta(s)u(s)\mathrm{d}s, \quad t \in [a,b],$$

则有 $u(t) \leqslant \alpha \exp\left(\int_a^t \beta(s)\mathrm{d}s \right), \quad t \in [a,b]$.

引理 1.3.4[75,76] (Barbalat 引理) 如果 $x : [0,\infty) \to \mathbb{R}$ 是一致连续的, 并且 $\lim\limits_{t\to\infty} \int_0^t x(\tau)\mathrm{d}\tau$ 有界, 则 $\lim\limits_{t\to\infty} x(t) = 0$.

引理 1.3.5[77] 假设 X, Y 是任意 n 维实列向量, 若 P 为 $n \times n$ 对称正定矩阵, 则有 $2X^{\mathrm{T}}PY \leqslant X^{\mathrm{T}}PX + Y^{\mathrm{T}}PY$.

引理 1.3.6[78] 对于给定的实矩阵 $\Sigma_1, \Sigma_2, \Sigma_3$ 以及标量 $\varepsilon > 0, \Sigma_3 = \Sigma_3^{\mathrm{T}} > 0$, 下列不等式成立:

$$\Sigma_1^{\mathrm{T}}\Sigma_2 + \Sigma_2^{\mathrm{T}}\Sigma_1 \leqslant \varepsilon \Sigma_1^{\mathrm{T}}\Sigma_3\Sigma_1 + \varepsilon^{-1}\Sigma_2^{\mathrm{T}}\Sigma_3^{-1}\Sigma_2.$$

引理 1.3.7[79] 对于正数 $a_1, a_2, \cdots, a_{n-1}, a_n$ 以及 $r > 1$, 下列不等式成立:

$$\sum_{i=1}^n a_i \geqslant \left(\sum_{i=1}^n a_i^r \right)^{\frac{1}{r}}.$$

引理 1.3.8 (Jensen 不等式) 对于任意 n 维方阵 $R, R = R^{\mathrm{T}} > 0$, 标量 $a < b$, 积分由向量 $\omega : [a,b] \mapsto \mathbb{R}^n$ 定义, 则

$$(b-a)\int_a^b \omega^{\mathrm{T}}(s)R\omega(s)\mathrm{d}s \geqslant \left(\int_a^b \omega(s)\mathrm{d}s\right)^{\mathrm{T}} R \left(\int_a^b \omega(s)\mathrm{d}s\right),$$

$$\frac{(b-a)^2}{2}\int_a^b \int_{t+\theta}^t \omega^{\mathrm{T}}(s)R\omega(s)\mathrm{d}s\mathrm{d}\theta$$
$$\geqslant \left(\int_a^b \int_{t+\theta}^t \omega(s)\mathrm{d}s\mathrm{d}\theta\right)^{\mathrm{T}} R \left(\int_a^b \int_{t+\theta}^t \omega(s)\mathrm{d}s\mathrm{d}\theta\right),$$

$$\frac{(b-a)^3}{6}\int_a^b \int_{\theta_1}^0 \int_{t+\theta_2}^t \omega^{\mathrm{T}}(s)R\omega(s)\mathrm{d}s\mathrm{d}\theta_2\mathrm{d}\theta_1$$
$$\geqslant \left(\int_a^b \int_{\theta_1}^0 \int_{t+\theta_2}^t \omega^{\mathrm{T}}(s)R\omega(s)\mathrm{d}s\mathrm{d}\theta_2\mathrm{d}\theta_1\right)^{\mathrm{T}} R$$
$$\cdot \left(\int_a^b \int_{\theta_1}^0 \int_{t+\theta_2}^t \omega^{\mathrm{T}}(s)R\omega(s)\mathrm{d}s\mathrm{d}\theta_2\mathrm{d}\theta_1\right).$$

1.3.2 集值映射

定义范数

$$\|u\|_1 = \max\left\{\max_{t\geqslant -\rho}|u(t)|, \max_{t\geqslant -\rho}|u'(t)|\right\}, \quad \forall u \in \mathcal{C},$$

$\mathcal{C}([-\rho,0],\mathbb{R}^n)$ 为 Banach 空间. $K(\mathcal{P})$ 表示集合 $\mathcal{P}$ 的凸闭包, $\mathrm{co}\{\tilde{\Pi},\hat{\Pi}\}$ 表示实数或者实矩阵 $\tilde{\Pi}$ 与 $\hat{\Pi}$ 的凸闭包. 记

$$\bar{a}_{ij} = \max\left\{\hat{a}_{ij}, \breve{a}_{ij}\right\}, \quad \underline{a}_{ij} = \min\left\{\hat{a}_{ij}, \breve{a}_{ij}\right\}, \quad \tilde{a}_{ij} = \max\left\{\left|\hat{a}_{ij}\right|, \left|\breve{a}_{ij}\right|\right\},$$
$$\bar{b}_{ij} = \max\left\{\hat{b}_{ij}, \breve{b}_{ij}\right\}, \quad \underline{b}_{ij} = \min\left\{\hat{b}_{ij}, \breve{b}_{ij}\right\}, \quad \tilde{b}_{ij} = \max\left\{\left|\hat{b}_{ij}\right|, \left|\breve{b}_{ij}\right|\right\},$$
$$i,j = 1,2,\cdots,n,$$
$$\tilde{A} = (\tilde{a}_{ij})_{n\times n}, \quad \tilde{B} = (\tilde{b}_{ij})_{n\times n}, \quad D = \mathrm{diag}(d_1,d_2,\cdots,d_n),$$
$$\tau = \mathrm{diag}(\tau_1,\tau_2,\cdots,\tau_n).$$

对称矩阵 $T > 0(T < 0)$ 蕴含着 T 为正 (负) 定矩阵, $T \geqslant 0(T \leqslant 0)$ 蕴含着 T 为半正 (负) 定矩阵. 矩阵 $Q = (q_{ij})_{n\times n}, H = (h_{ij})_{n\times n}, Q \geqslant H(Q \leqslant H)$ 蕴

含着 $q_{ij} \geqslant h_{ij}(q_{ij} \leqslant h_{ij})$, 矩阵 $L = (l_{ij})_{n \times n} \in [Q, H]$ 蕴含着 $Q \leqslant L \leqslant H$, 即 $q_{ij} \leqslant l_{ij} \leqslant h_{ij}, i, j = 1, 2, \cdots, n$. 对称矩阵中的对称项用 "$*$" 表示.

定义 1.3.1[80,81]　集合 $A \subset X$, 如果对每个 $x \in A$, $F(x)$ 是 Y 的一个子集, 则称映射 $F : A \to Y$ 为集值映射.

定义 1.3.2[80,81]　给定集值映射 $F : X \to Y, x_0 \in X$. 如果对任意开集 O_Y, 满足 $Y \supset O_Y \supset F(x_0)$, 存在 $\delta > 0$, 使得 $F(B(x_0, \delta)) \subset O_Y$, 则称 F 在 x_0 是上半连续的. 如果 F 在 X 中的任意一点都是上半连续的, 则称 F 是 X 上的上半连续映射.

定义 1.3.3[82]　对于微分系统 $\dot{x} = h(t, x)$, 如果 $h(t, x)$ 关于 x 不连续, 则 $h(t, x)$ 的集值映射定义为

$$H(t, x) = \bigcap_{\varepsilon > 0} \bigcap_{\mu(M) = 0} \mathrm{co}\left[h\left(B(x, \varepsilon)/M\right)\right],$$

其中, $B(x, \varepsilon) = \{y : \|y - x\| \leqslant \varepsilon\}$, $\mu(M)$ 是集合 M 的 Lebesgue 测度.

1.3.3　耗散性与无源性

对于下列系统,

$$\begin{cases} \dot{x}(t) = -x(t) + Af(x(t)), \\ \dot{y}(t) = u(t), \end{cases} \tag{1-3-1}$$

给出耗散性和无源性相关定义.

定义 1.3.4[83]　如果存在紧集 $S \subseteq \mathbb{R}^n$, 对任意 $x_0 \in \mathbb{R}^n$, 存在 $T(x_0) > 0$, 当 $t > t_0 + T(x_0)$ 时, $x(t, t_0, x_0) \subseteq S$, 则系统 (1-3-1) 是全局耗散的. $x(t, t_0, x_0)$ 表示系统 (1-3-1) 在初始状态 x_0 与初始时刻 t_0 的解, 在此情形下, S 称为全局吸引集. 如果任意的 $x_0 \in S$, 对于 $t > t_0$ 蕴含着 $t > t_0 + T(x_0)$, 则集合 S 称为正向不变集.

定义 1.3.5[84]　对于系统 (1-3-1), 如果存在连续可微的半正定的存储函数 $V(t)$, 使得

$$V(x(t)) - V(x(0)) \leqslant \int_0^t w\left(y^{\mathrm{T}}(s)u(s)\right)\mathrm{d}s, \quad \forall t > 0,$$

则系统 (2-1-3) 相对于供给率 $w(u, y)$ 是耗散的. 上述不等式称为耗散不等式.

定义 1.3.6[84]　对于系统 (1-3-1), 如果存在连续可微的半正定的存储函数 $V(t)$, 使得

$$V(x(t)) - V(x(0)) \leqslant \int_0^t y^{\mathrm{T}}(s)u(s)\mathrm{d}s, \quad \forall t > 0,$$

则系统 (1-3-1) 相对于供给率 $y^{\mathrm{T}}u$ 是无源的. 显然, 与耗散性的定义 1.3.5 相比, 无源性是耗散性的特例.

定义 1.3.7[85]　对于任意的 $t_p \geqslant 0$, 如果存在一个标量 $\gamma \geqslant 0$, $x(0) = 0$, 使得下式成立:

$$2\int_0^{t_p} y^{\mathrm{T}}(s)u(s)\mathrm{d}s \geqslant -\gamma \int_0^{t_p} u^{\mathrm{T}}(s)u(s)\mathrm{d}s,$$

其中, $y(t) = (y_1(t), y_2(t), \cdots, y_n(t))^{\mathrm{T}}$, $u(t) = (u_1(t), u_2(t), \cdots, u_n(t))^{\mathrm{T}}$, 则系统 (1-3-1) 是无源的.

注 1.3.1　在定义 1.3.7 中, 系统的输入与输出的乘积 $y^{\mathrm{T}}u$ 被看作能量供给率, 用来表征系统的能量衰减特性. 系统的无源性蕴含着系统的内在稳定性. 无源系统仅消耗能量而不产生能量. 无源性表征系统的能量消耗特性, 即

$$E_{输入} + E_{初始} = E_{耗散} + E_{剩余}.$$

1.3.4　分数阶微积分

定义 1.3.8[86]　函数 h 的 α 阶分数阶积分定义如下

$$I^\alpha h(t) = \frac{1}{\Gamma(\alpha)} \int_0^t (t-\tau)^{\alpha-1} h(\tau)\mathrm{d}\tau,$$

其中, $t \geqslant 0, \alpha > 0, \Gamma(\cdot)$ 为伽马函数,

$$I'(\alpha) = \int_0^\infty t^{\alpha-1} e^{-t}\mathrm{d}t.$$

定义 1.3.9[87]　函数 $h(t)$ 的 α 阶 Caputo 分数阶导数为

$$cD_t^\alpha h(t) = \frac{1}{\Gamma(n-\alpha)} \int_0^t \frac{h^{(n)}(\tau)}{(t-\tau)^{\alpha-n+1}}\mathrm{d}\tau,$$

其中, $t > 0, n$ 是一个正整数, 使得 $n-1 < \alpha < n \in \mathbb{Z}^+$.

定义 1.3.10[88]　Caputo 分数阶导数的 Laplace 变换为

$$L\{cD_t^\alpha h(t); s\} = s^\alpha H(s) - \sum_{k=0}^{n-1} s^{\alpha-k-1} h^{(k)}(0),$$

其中, $n-1 < \alpha \leqslant n, H(s)$ 是 $h(t)$ 的 Laplace 变换, $h^k(0) = 0, k = 1, 2, \cdots, n$ 为初始条件.

1.3.5　灰色系统

1982 年, 邓聚龙在灰集概念的基础上提出了灰色系统理论[89,90]. 灰色系统理论广泛应用于芯片制造预测、电力成本预测、车祸风险评估以及系统分析[90].

定义 1.3.11[89,90] 信息完全明确的系统为白色系统, 信息完全不明确的系统为黑色系统, 信息部分明确、部分不明确的系统为灰色系统. 灰色系统用灰色数、灰色方程、灰色矩阵以及灰色群等来描述. 其中, 灰数是系统的基本单元, 灰阵是部分元素已知部分元素未知的矩阵.

定义 1.3.12[91] 如果灰阵 $A(\otimes)$ 的元素满足 $a_{ij}(i = j)$ 是灰的, $a_{ij}(i \neq j)$ 是白的, 则称灰阵 $A(\otimes) = \{a_{ij}\}_{n \times n}$ 为灰对角线矩阵. 以这种矩阵为状态矩阵的系统称为灰对角线的一般灰系统.

定义 1.3.13[92] 记 $A(\otimes)$ 的白化阵 $\tilde{A}$ 的 p-测度为 $\mathcal{M}_p(\tilde{A})$, $\tilde{A}$ 的第 i 个特征值为 $\lambda_i(\tilde{A})$, 则有

$$-\mathcal{M}_p(\tilde{A}) \leqslant \mathrm{Re}\lambda_i(\tilde{A}) \leqslant \mathcal{M}_p(\tilde{A}).$$

1.4 本书内容提要

本书内容为作者近年来在忆阻神经网络动力学与同步控制方面开展的研究, 部分章节介绍了其他研究工作者的研究成果, 各章具体内容如下.

第 2 章主要介绍忆阻神经网络的耗散性与无源性问题. 首先介绍具有 leakage 时滞与参数不确定性的忆阻神经网络, 研究系统的全局耗散性判据与全局吸引集问题; 然后研究了一类具有 leakage 时滞与传输时滞的忆阻神经网络, 得到了系统的全局渐近稳定性判据; 通过定性分析研究一类比例时滞的忆阻神经网络, 给出系统的无源性判据, 并基于无源性理论给出状态估计误差系统的稳定性条件.

第 3 章主要介绍忆阻神经网络的稳定性问题. 首先研究一类具有时变传输时滞的忆阻神经网络的全局指数稳定性问题; 然后介绍 Cohen-Grossberg 忆阻神经网络多平衡点的存在性与稳定性问题; 将灰色系统理论引入忆阻神经网络系统的研究, 介绍灰色系统理论框架下的稳定性分析问题, 并针对一种星形结构忆阻神经网络, 研究其稳定性与 Hopf 分支问题.

第 4 章主要介绍忆阻神经网络的同步控制问题. 通过设计自适应控制律与反馈控制律, 分别得到具有 leakage 时滞的忆阻神经网络的自适应同步判据和有限时间同步判据; 然后介绍具有随机反馈增益波动的 BAM 忆阻神经网络, 通过驱动-响应系统方法获得系统的非脆弱同步判据. 忆阻神经网络的同步控制问题是其应用于保密通信和图像处理等领域的基础.

第 5 章主要介绍耦合忆阻神经网络的动力学问题. 由于忆阻神经网络的同步特性较大程度上依赖于耦合模式和强度, 底层网络拓扑信息交换的连接方式与相互作用决定网络的信息处理水平和能力, 耦合网络动力学性态更为复杂. 针对具

有时滞的耦合忆阻神经网络的指数同步问题以及具有 leakage 时滞的非对称耦合忆阻神经网络的无源性问题, 给出指数同步判据和无源性判据, 揭示节点网络与耦合网络动力学性态之间的内在联系.

第 6 章主要介绍分数阶忆阻神经网络的同步控制问题. 首先使用线性反馈控制方法, 给出具有传输时滞的分数阶忆阻神经网络的混合投影同步判据; 然后介绍基于自适应时滞反馈控制研究分数阶忆阻神经网络同步问题的相关研究.

第 7 章主要介绍忆阻神经网络的应用问题. 首先在第 4 章研究基础上, 分别基于自适应同步设计文本加密传输方案, 基于有限时间同步设计图像保密通信方案, 通过密钥敏感性测试验证方案的可控性; 然后介绍一类忆阻脉冲耦合神经网络及其在医学图像处理中的应用问题.

参 考 文 献

[1] Chua L. Memristor-the missing circuit element[J]. IEEE Transactions on Circuit Theory, 1971, 18(5): 507-519.

[2] Strukov D, Snider G, Stewart D, et al. The missing memristor found[J]. Nature, 2008, 453: 80-83.

[3] Chua L, Kang S. Memristive devices and systems[J]. Proceedings of the IEEE, 1976, 64: 209-223.

[4] Prezioso M, Merrikh-Bayat F, Hoskins B, et al. Training and operation of an integrated neuromorphic network based on metal-oxide memristors[J]. Nature, 2015, 521: 61-64.

[5] 吴爱龙. 基于忆阻的递归神经网络的动力学分析 [D]. 武汉: 华中科技大学, 2013.

[6] Wang Z, Joshi S, Savel'ev S E, et al. Memristors with diffusive dynamics as synaptic emulators for neuromorphic computing[J]. Nature Materials, 2017, 16(1): 101-108.

[7] 鲍刚. 基于忆阻递归神经网络的联想记忆分析与设计 [D]. 武汉: 华中科技大学, 2012.

[8] 温世平. 忆阻电路系统的建模与控制 [D]. 武汉: 华中科技大学, 2013.

[9] Pershin Y V, Di Ventra M. Comment on "If it's pinched it's a memristor" by L. Chua[J]. Semiconductor Science and Technology, 2014, 29, 104001.

[10] Kim J, Pershin Y V, Yin M, et al. An experimental proof that resistance-switching memories are not memristors[Z]. arXiv:1909. 07238v1, 17 September 2019.

[11] Anthes G. Memristors: Pass or fail?[J]. Communications of the ACM, 2011, 54(3): 22-24.

[12] Jo S, Chang T, Ebong I, et al. Nanoscale memristor device as synapse in neuromorphic systems[J]. Nano Letters, 2010, 10(4): 1297-1301.

[13] Wu A, Wen S, Zeng Z. Synchronization control of a class of memristor-based recurrent neural networks[J]. Information Sciences, 2012, 183(1): 106-116.

[14] Snider G. Self-organized computation with unreliable, memrisitive nanodevices[J]. Nanotechnology, 2007, 18: 365202-365213.

[15] Anbuvithya R, Mathiyalagan K, Sakthivel R, et al. Passivity of memristor-based BAM neural networks with different memductance and uncertain delays[J]. Cognitive Neuro-dynamics, 2016, 10(4): 339-351.

[16] Zhang W, Li C, Huang T, et al. Synchronization of memristor-based coupling recurrent neural networks with time-varying delays and impulses[J]. IEEE Transactions on Neural Networks and Learning Systems, 2015, 26(12): 3308-3313.

[17] Kilbas A, Srivastava H, Trujillo J. Theory and Applications of Fractional Differential Equations[M]. New York: Elsevier, 2006.

[18] Podlubny I. Fractional Differential Equations[M]. New York: Academic Press, 1999.

[19] Balasubramaniam P, Nagamani G. Passivity analysis of neural networks with Markovian jumping parameters and interval time-varying delays[J]. Nonlinear Analysis: Hybrid Systems, 2010, 4(4): 853-864.

[20] Balasubramaniam P, Nagamani G. Passivity analysis for uncertain stochastic neural networks with discrete interval and distributed time-varying delays[J]. Journal of Systems Engineering and Electronics, 2010, 21(4): 688-697.

[21] Balasubramaniam P, Nagamani G. A delay decomposition approach to delay-dependent passivity analysis for interval neural networks with time-varyingdelay[J]. Neurocomput-ing, 2011, 74(10): 1646-1653.

[22] Li H, Lam J, Cheung K. Passivity criteria for continuous-time neural networks with mixed time-varying delays[J]. Applied Mathematics and Computation, 2012, 218: 11062-11074.

[23] Zhu J, Zhang Q, Yuan Z. Delay-dependent passivity criterion for discrete-time delayed standard neural network model[J]. Neurocomputing, 2010, 73(7-9): 1384-1393.

[24] Zhu S, Shen Y. Passivity analysis of stochastic delayed neural networks with Markovian switching[J]. Neurocomputing, 2011, 74(10): 1754-1761.

[25] 张化光. 递归时滞神经网络的综合分析与动态特性研究 [M]. 北京: 科学出版社, 2008.

[26] 王林山. 时滞递归神经网络 [M]. 北京: 科学出版社, 2008.

[27] McCulloch W S, Pitts W. A logical calculus of the ideas immanent in nervous activity[J]. Bulletin of Mathematial Biophysics, 1943, 5: 115-133.

[28] Hebb D O. The Organization of Behavior[M]. New York: Wiley, 1949.

[29] Rosenblatt F. The perception: A probabilistic model for information storage and orga-nization in the brain[J]. Psychological Review, 1958, 65: 386-408.

[30] Widrow B, Hoff M E. Adaptive switching circuits[C]. 1960 WESCON Convention Record, New York: IRE Part 4, 1960: 96-104.

[31] Kohonen T. Correlation matrix memories[J]. IEEE Transactions on Computers, 1972, 21: 353-359.

[32] Anderson J. A simple neural network generating an interactive memory[J]. Mathema-tical Biosciences, 1972, 14: 197-220.

[33] Grossberg S. Adaptive pattern classification and universal recoding: I. Parallel development and coding of neural feature detectors[J]. Biological Cybernetics, 1976, 23: 121-134.

[34] Hopfield J. Neural networks and physical systems with emergent collective computational abilities[J]. Proceedings of the National Academy of Sciences of the USA, 1982, 79: 2554-2558.

[35] Cohen M, Grossberg S. Absolute stability of global pattern formation and parallel memory storage by competitive neural networks[J]. IEEE Transactions on Systems, Man and Cybernetics, 1983, 13(5): 815-826.

[36] Takahashi Y. Solving optimization problems with variable-constraint by an extended Cohen-Grossberg model[J]. Theoretical Computer Science, 1996, 158: 279-341.

[37] Zhang C, Li W, Su H, et al. A graph-theoretic approach to boundedness of stochastic Cohen-Grossberg neural networks with Markovian switching[J]. Applied Mathematics and Computation, 2013, 219(17): 9165-9173.

[38] Chua L, Yang L. Cellular neural networks: Theory[J]. IEEE Transactions on Circuits and Systems, 1988, 35: 1257-1272.

[39] Chua L, Yang L. Cellular neural networks: Applications[J]. IEEE Transactions on Circuits and Systems, 1988, 35: 1273-1290.

[40] Wu K, Yu Y. Automatic object extraction from images using deep neural networks and the level set method[J]. IET Image Processing, 2018, DOI: 10. 1049/iet-ipr. 2017. 1144.

[41] Itoh M, Chua L. Memristor cellular automata and memristor discrete-time cellular neural networks[J]. International Journal of Bifurcation and Chaos, 2009, 19: 3605-3656.

[42] Pershin Y, Di Ventra M. Experimental demonstration of associative memory with memristive neural networks[J]. Neural Networks, 2010, 23: 881-886.

[43] Wang X, Li C, Huang T, et al. A weakly connected memristive neural network for associative memory[J]. Neural Processing Letters, 2014, 40: 275-288.

[44] Wu A, Zeng Z, Chen J. Analysis and design of winner-take-all behavior based on a novel memristive neural network[J]. Neural Computing and Applications, 2014, 24: 1595-1600.

[45] Merrikh-Bayat F, Shouraki S. Memristor-based circuits for performing basic arithmetic operations[J]. Procedia Computer Science, 2011, 3: 128-132.

[46] Duan S, Hu X, Wang L, et al. Hybrid memristor/RTD structure-based cellular neural networks with applications in image processing[J]. Neural Computing and Applications, 2014, 25: 291-296.

[47] Starzyk J A, Basawaraj. Comparison of two memristor based neural network learning schemes for crossbar architecture[C]. International Work-Conference on Artificial Neural Networks, 2013, Part I, Lecture Notes in Computer Science, 2013, 492-499.

[48] Tu Z, Cao J, Alsaedi A, et al. Global dissipativity of memristor-based neutral type inertial neural networks[J]. Neural Networks, 2017, 88: 125-133.

[49] Duan L, Huang L. Periodicity and dissipativity for memristor-based mixed time-varying delayed neural networks via differential inclusions[J]. Neural Networks, 2014, 57(9): 12-22.

[50] Meng Z, Xiang Z. Passivity analysis of memristor-based recurrent neural networks with mixed time-varying delays[J]. Neurocomputing, 2015, 165: 270-279.

[51] Wen S, Zeng Z, Huang T, et al. Passivity analysis of memristor-based recurrent neural networks with time-varying delays[J]. Journal of the Franklin Institute, 2013, 350: 2354-2370.

[52] Ding S, Wang Z, Wang J, et al. H_∞ State estimation for memristive neural networks with time-varying delays: The discrete-time case[J]. Neural Networks, 2016, 84: 47-56.

[53] Wei H, Li R, Chen C. State estimation for memristor-based neural networks with time-varying delays[J]. International Journal of Machine Learning and Cybernetics, 2015, 6: 213-225.

[54] Wang G. Shen Y. Exponential synchronization of coupled memristive neural networks with time delays[J]. Neural Computing and Applications, 2014, 24: 1421-1430.

[55] Bilotta E, Chiaravalloti F, Pantano P. Synchronization and waves in a ring of diffusively coupled memristor-based Chua's circuits[J]. Acta Applicandae Mathematicae, 2014, 132: 83-94.

[56] Yang X, Cao J, Qiu J. pth moment exponential stochastic synchronization of coupled memristor-based neural networks with mixed delays via delayed impulsive control[J]. Neural Networks, 2015, 65(C): 80-91.

[57] Gopalsamy K. Leakage delays in BAM[J]. Journal of Mathematical Analysis and Applications, 2007, 325: 1117-1132.

[58] Gopalsamy K. Stability and Oscillations in Delay Differential Equations of Population Dynamics[M]. Dordrecht: Kluwer Academic Publishers, 1992.

[59] Pecora L, Carroll T. Synchronization in chaotic systems[J]. Physical Review Letters, 1990, 64: 821-824.

[60] 吴先用. 混沌同步与混沌数字水印研究 [D]. 武汉: 华中科技大学, 2007.

[61] 甘勤涛, 徐瑞. 时滞神经网络的稳定性与同步控制 [M]. 北京: 科学出版社, 2016.

[62] Cai Z, Huang L, Zhang L. New conditions on synchronization of memristor-based neural networks via differential inclusions[J]. Neurocomputing, 2016, 186: 235-250.

[63] Cai Z, Huang L, Zhu M, et al. Finite-time stabilization control of memristor-based neural networks[J]. Nonlinear Analysis: Hybrid Systems, 2016, 20(1): 37-54.

[64] Abdurahman A, Jiang H, Teng Z. Finite-time synchronization for memristor-based neural networks with time-varying delays[J]. Neural Networks, 2015, 69: 20-28.

[65] Wang W, Li L, Peng H, et al. Synchronization control of memristor-based recurrent neural networks with perturbations[J]. Neural Networks, 2014, 53: 8-14.

[66] Yang Z, Luo B, Liu D, et al. Pinning synchronization of memristor-based neural networks with time-varying delays[J]. Neural Networks, 2017, 93: 143-151.

[67] Jiang M, Mei J, Hu J. New results on exponential synchronization of memristor-based chaotic neural networks[J]. Neurocomputing, 2015, 156: 60-67.

[68] Gao J, Zhu P, Alsaedi A, et al. A new switching control for finite-time synchronization of memristor-based recurrent neural networks[J]. Neural Networks, 2017, 86: 1-9.

[69] Abdurahman A, Jiang H, Teng Z. Exponential lag synchronization for memristor-based neural networks with mixed time delays via hybrid switching control[J]. Journal of the Franklin Institute, 2016, 353: 2859-2880.

[70] Boyd S, El Ghaoui L, Feron E, et al. Linear Matrix Inequalities in Systems and Control Theory[M]. Philadelphia, PA: SIAM, 1994.

[71] Gu K. Kharitonov V, Chen J. Stability of Time-delay Systems[M]. Boston: Birkhäuser, 2003.

[72] Shu Z, Lam J. Exponential estimates and stabilization of uncertain singular systems with discrete and distributed delays[J]. International Journal of Control, 2008, 81(6): 865-882.

[73] Agaval R. Difference Equations and Inequalities[M]. New York: Marcel Dekker, 1992.

[74] Bainov D, Simeonov P. Integral Inequalities and Applications[M]. Dordrecht: Kluwer Acadmic Publishers, 1992.

[75] Gopalsamy K. Stability and Oscillations in Delay Differential Equations of Population Dynamics[M]. Dordrecht: Kluwer Academic Publishers, 1992.

[76] Hou M, Duan G, Guo M. New versions of Barbalat's lemma with applications[J]. Journal of Control Theory and Applications, 2010, 8(4): 545-547.

[77] Ou M, Du H, Li S. Finite-time formation control of multiple nonholonomic mobile robots[J]. International Journal of Robust and Nonlinear Control, 2014, 24(1): 140-165.

[78] Li C, Huang T. On the stability of nonlinear systems with leakage delay[J]. Journal of the Franklin Institute, 2009, 346: 366-377.

[79] Gao J, Zhu P, Alsaedi A, et al. A new switching control for finite-time synchronization of memristor-based recurrent neural networks[J]. Neural Networks, 2017, 86: 1-9.

[80] Aubin J, Frankowska H. Set-valued Analysis[M]. Boston: Birkhäuser, 2009.

[81] 韩正之, 蔡秀珊, 黄俊. 微分包含控制系统理论 [M]. 上海: 上海交通大学出版社, 2013.

[82] Filippov A. Differential Equations with Discontinuous Righthand Sides[M]. Boston, MA: Kluwer Academic Publishers, 1988.

[83] Liao X, Wang J. Global dissipativity of continuous-time recurrent neural networks with time delay[J]. Physical Review E, 2003, 68: 1-7.

[84] 王久和. 无源控制理论及其应用 [M]. 北京: 电子工业出版社, 2010.

[85]　Zhang Z, Mou S, Lam J, et al. New passivity criteria for neural networks with time-varying delay[J]. Neural Networks, 2009, 22: 864-868.

[86]　Podlubny I. Fractional Differential Equations[M]. New York: Academic Press, 1999.

[87]　Wang H, Yu Y, Wen G. Stability analysis of fractional-order Hopfield neural networks with time delays[J]. Neural Networks, 2014, 55, 98-109.

[88]　Aubin J, Frankowsaka H. Set-Valued Analysis[M]. New York: Springer, 2009.

[89]　Deng J. Control problems of grey systems[J]. Systems and Control Letters, 1982, 1(5): 288-294.

[90]　Wu L, Liu S, Wang Y. Grey Lotka-Volterra model and its application[J]. Technological Forecasting and Social Change, 2012, 79: 1720-1730.

[91]　邓聚龙. 灰色控制系统 [M]. 武汉: 华中工学院出版社, 1987.

[92]　Deng J. Introduction to grey system theory[J]. The Journal of Grey System, 1989, 1(1): 1-24.

第 2 章　忆阻神经网络的耗散性与无源性

在物理学中, 系统各物理量的变化反映系统能量的变化 (包括吸收、转化及消耗等). 例如, 运动物体的速度变化体现其动能的变化, 电感的电流变化体现磁场能的变化, 电容两端电压变化体现电场能的变化[1]. 因此, 可以从能量变换的角度出发研究系统状态的变化, 换句话说, 系统的物理量可由系统的能量来控制. 在耗散性理论中, 使用耗散性刻画系统的能量损失或耗散现象, 通过耗散不等式将系统的储能函数与能量供给率联系起来. 耗散性概念广泛存在于物理学和应用数学等领域, 耗散性理论在机器人系统、电力系统、内燃机系统和化工过程的研究中具有重要作用. 近年来, 神经网络的耗散性研究引起了学者广泛关注[2,3].

2.1　具有 leakage 时滞与参数不确定性忆阻神经网络的全局耗散性

2.1.1　问题的描述

文献 [4] 研究了以下具有时变传输时滞的忆阻神经网络

$$\frac{\mathrm{d}x(t)}{\mathrm{d}t} = -Dx(t) + A(x)f\left(x(t)\right) + B(x)f\left(x\left(t-\tau(t)\right)\right) + u, \qquad (2\text{-}1\text{-}1)$$

其中, $x(t) = (x_1(t), x_2(t), \cdots, x_n(t))^{\mathrm{T}}$ 为状态向量, $D = \mathrm{diag}\{d_1, d_2, \cdots, d_n\}$ 为实对角矩阵, $d_i > 0$ $(i = 1, 2, \cdots, n)$ 为神经元的自抑制系数, $\tau_{ij}(t)(i, j = 1, 2, \cdots, n)$ 为有界的离散传输时滞, $A(x) = (a_{ij}(f_j(x_j(t)) - x_i(t)))_{n \times n}$ 与 $B(x) = (b_{ij}(f_j(x_j(t - \tau_{ij}(t))) - x_i(t)))_{n \times n}$ 为基于忆阻的反馈连接权重矩阵, $f\left(x(t)\right) = (f_1\left(x_1(t)\right), f_2\left(x_2(t)\right), \cdots, f_n\left(x_n(t)\right))^{\mathrm{T}}$, $f_i\left(x_i(t)\right)$ 表示神经元的激活函数, 并且满足 $f_i(0) = 0, u = (u_1, u_2, \cdots, u_n)^{\mathrm{T}} \in \mathbb{R}^n$ 为输入向量. 我们通过构造适当的 Lyapunov 泛函, 应用 M 矩阵理论及 LaSalle 不变性原理, 研究了系统 (2-1-1) 的全局指数耗散性.

文献 [5] 研究了具有 leakage 时滞和时变传输时滞的忆阻神经网络

$$\dot{x}_i(t) = -c_i\left(x_i(t)\right)x_i(t - \delta_i) + \sum_{j=1}^{n} a_{ij}f_j\left(x_j(t)\right) + \sum_{j=1}^{n} b_{ij}f_j\left(x_j(t - \tau_j(t))\right) + u_i(t),$$

$$(2\text{-}1\text{-}2)$$

其中, $x_i(t)$ 为电容的电压, $f_j(x_j(t)), f_j(x_j(t-\tau_j(t)))$ 为神经元的激活函数, δ_i 是常数, 表示 leakage 时滞, $\tau_j(t)$ 可微, 刻画离散的时变时滞, 满足 $0 \leqslant \tau_j(t) \leqslant \tau, \dot{\tau}_j(t) \leqslant \mu, u_i(t)$ 表示外部输入. 通过运用非光滑分析理论, 将系统 (2-1-2) 转化为传统神经网络, 构造适当的 Lyapunov-Krasovskii 泛函, 应用自由权重矩阵技巧得到了系统 (2-1-2) 的耗散性判据.

由于信息在神经突触间的传输是一个嘈杂的过程, 神经元的连接权重依赖于某些具有不确定性的电容电阻, 在研究神经网络的动力学性态过程中应当考虑参数不确定性的影响. 目前, 虽然在具有参数不确定性的神经网络动力学性态方面的研究取得了一些成果[6-8], 但是针对忆阻神经网络在该问题上的研究工作仍然较少.

基于以上讨论, 本节研究以下具有 leakage 时滞和参数不确定性的忆阻神经网络

$$\begin{cases} \dot{x}_i(t) = -\left(d_i + \Delta d_i(t)\right)x_i(t-\delta) + \sum_{j=1}^{n}\left(a_{ij}\left(x_i(t), x_j(t)\right) + \Delta a_{ij}(t)\right) \times f_j\left(x_j(t)\right) \\ \qquad + \sum_{j=1}^{n}\left(b_{ij}\left(x_i(t), x_j(t)\right) + \Delta b_{ij}(t)\right) \times f_j\left(x_j(t-\tau_j(t))\right) + u_i, \quad i=1,2,\cdots,n, \\ y_i(t) = f_i\left(x_i(t)\right) + f_i\left(x_i\left(t-\tau_i(t)\right)\right) + u_i, \quad i=1,2,\cdots,n, \end{cases}$$
$$(2\text{-}1\text{-}3)$$

系统 (2-1-3) 可由图 2-1-1 所示的大规模集成电路实现. 在系统 (2-1-3) 中, $x_i(t)$ 为电容 $\mathcal{C}_i$ 在 t 时刻的电压, $\mathcal{R}_i, \mathcal{C}_i$ 分别表示电阻与电容, $\mathcal{W}_{ij}$ 与 $\mathcal{M}_{ij}$ 分别表示忆阻器 $\mathcal{R}_{ij}$ 与 $\mathcal{F}_{ij}$ 的性能函数. d_i 为神经元的自抑制系数, $f_j(x_j(t))$ 与 $f_j(x_j(t-\tau_j))$ 分别表示神经元的激活函数, u_i 表示外部输入, $y_i(t)$ 为系统的输出. $\delta \geqslant 0$ 为 leakage 时滞, $\Delta d_i(t), \Delta a_i(t)$ 与 $\Delta b_i(t)$ 表示参数的不确定性. $a_{ij}(x_i(t), x_j(t))$ 与 $b_{ij}(x_i(t), x_j(t))$ 表示基于忆阻器的连接权重. 研究表明, 忆阻设备具有收缩的磁滞回线, 磁滞回线取决于忆阻性能函数的非线性性质, 对于不同的磁滞回线, 忆阻系统有着不同形式的演化趋势与进程[9,10]. 根据忆阻器的特点及电流电压特性[11], 有

$$\begin{aligned} a_{ij}(x_i(t), x_j(t)) &= \begin{cases} \widehat{a}_{ij}, & \dot{f}_j(x_j(t)) - x_i(t) < 0, \\ \breve{a}_{ij}, & \dot{f}_j(x_j(t)) - x_i(t) \geqslant 0, \end{cases} \\ b_{ij}(x_i(t), x_j(t)) &= \begin{cases} \widehat{b}_{ij}, & \dot{f}_j(x_j(t-\tau_j(t))) - x_i(t) < 0, \\ \breve{b}_{ij}, & \dot{f}_j(x_j(t-\tau_j(t))) - x_i(t) \geqslant 0, \end{cases} \end{aligned} \qquad (2\text{-}1\text{-}4)$$

其中, $\widehat{a}_{ij}, \breve{a}_{ij}, \widehat{b}_{ij}$ 与 $\breve{b}_{ij}$ 均为常数, $i, j = 1, 2, \cdots, n$. 显然, (2-1-3) 为状态依赖的

阈值切换系统. 针对系统 (2-1-3), 做以下假设:

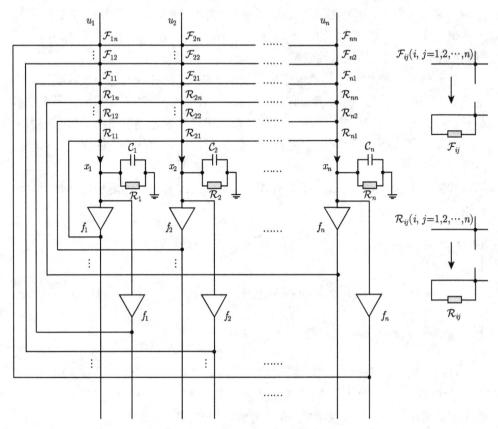

图 2-1-1   忆阻神经网络 (2-1-3) 的电路图

(A2.1.1) 对于任意的 $\varsigma, \xi \in \mathbb{R}, \varsigma \neq \xi$, 神经元的激活函数 $f_i(\cdot)$ 满足

$$k_i^- \leqslant \frac{f_i(\varsigma) - f_i(\xi)}{\varsigma - \xi} \leqslant k_i^+, \quad f_i(0) = 0, \quad i = 1, 2, \cdots, n, \tag{2-1-5}$$

其中, $k_i^-, k_i^+ (i = 1, 2, \cdots, n)$ 为已知的正常数.

(A2.1.2) δ 与 $\tau_j(t)$ 满足 $\delta \geqslant 0, 0 < \tau_j(t) \leqslant \tau$, 其中, δ 与 τ 均为常数.

(A2.1.3) 假定

$$\Delta D(t) = \mathrm{diag}\left(\Delta d_1(t), \Delta d_2(t), \cdots, \Delta d_n(t)\right),$$

$$\Delta A(t) = (\Delta a_{ij}(t))_{n \times n}, \quad \Delta B(t) = (\Delta b_{ij}(t))_{n \times n}$$

满足

$$[\Delta D(t), \Delta A(t), \Delta B(t)] = HF(t)\,[E_1, E_2, E_3]\,,$$

其中, $F(t)$ 为未知的时变矩阵, 满足 $F^{\mathrm{T}}(t)F(t) \leqslant I, H, E_1, E_2$ 与 E_3 为已知的常数矩阵.

假定系统 (2-1-3) 的初始条件为

$$x_i(t) = \phi_i(t), \quad t \in [-\rho, 0], \quad \rho = \max[\delta, \tau], \quad i = 1, 2, \cdots, n,$$

其中, $\phi(t) = (\phi_1(t), \phi_2(t), \cdots, \phi_n(t)) \in \mathcal{C}\left([-\rho, 0], \mathbb{R}^n\right).$

定义 2.1.1[1]   对于系统 (2-1-3), 如果存在连续可微的半正定的存储函数 $V(t)$, 使得

$$V\left(x(t)\right) - V\left(x(0)\right) \leqslant \int_0^t w\left(y^{\mathrm{T}}(s)u(s)\right)\mathrm{d}s, \quad \forall t > 0,$$

则系统 (2-1-3) 相对于供给率 $w(u, y)$ 是耗散的. 上述不等式称为耗散不等式.

2.1.2   全局耗散性分析

下面给出系统 (2-1-3) 的全局耗散性判据.

为方便, 记

$$\tilde{A} = (\tilde{a}_{ij})_{n \times n}, \quad \tilde{B} = (\tilde{b}_{ij})_{n \times n}, \quad D = \mathrm{diag}(d_1, d_2, \cdots, d_n),$$

$$K^- = \mathrm{diag}(k_1^-, k_2^-, \cdots, k_n^-), \quad K^+ = \mathrm{diag}(k_1^+, k_2^+, \cdots, k_n^+),$$

$$K^* = \mathrm{diag}(k_1^- k_1^+, k_2^- k_2^+, \cdots, k_n^- k_n^+),$$

$$K^\star = \mathrm{diag}\left(\frac{k_1^- + k_1^+}{2}, \frac{k_2^- + k_2^+}{2}, \cdots, \frac{k_n^- + k_n^+}{2}\right).$$

定理 2.1.1   假设 (A2.1.1)—(A2.1.3) 成立. 如果存在正定对角矩阵 Λ, Υ, P, Q, 对称正定矩阵 $J_i(i = 1, 2, \cdots, 6), R_i(i = 1, 2, \cdots, 8)$ 以及适当维数的实对称矩阵 $N, S, M_i(i = 1, 2, \cdots, 8)$, 使得

$$\Theta = \begin{bmatrix} \Xi & MH & \varepsilon E^{\mathrm{T}} \\ * & -\varepsilon I & 0 \\ * & * & -\varepsilon I \end{bmatrix} < 0, \tag{2-1-6}$$

其中

$$\Xi = \begin{bmatrix} \Sigma_{11} & \Sigma_{12} & S & 0 & \Sigma_{15} & DJ_1D & \Sigma_{17} & M_1\tilde{B} \\ * & \Sigma_{22} & -M_3^{\mathrm{T}} & -M_4^{\mathrm{T}} & \Sigma_{25} & \Sigma_{26} & \Sigma_{27} & \Sigma_{28} \\ * & * & \Sigma_{33} & N & -M_3D & 0 & M_3\tilde{A} & \Sigma_{38} \\ * & * & * & \Sigma_{44} & -M_4D & 0 & M_4\tilde{A} & M_4\tilde{B} \\ * & * & * & * & \Sigma_{55} & \Sigma_{56} & \Sigma_{57} & \Sigma_{58} \\ * & * & * & * & * & \Sigma_{66} & M_6\tilde{A} & M_6\tilde{B} \\ * & * & * & * & * & * & \Sigma_{77} & \Sigma_{78} \\ * & * & * & * & * & * & * & \Sigma_{88} \end{bmatrix},$$

$$M = [M_1^{\mathrm{T}}, M_2^{\mathrm{T}}, M_3^{\mathrm{T}}, M_4^{\mathrm{T}}, M_5^{\mathrm{T}}, M_6^{\mathrm{T}}, M_7^{\mathrm{T}}, M_8^{\mathrm{T}}]^{\mathrm{T}}, \quad E = [-E_1, 0, 0, 0, 0, 0, E_2, E_3],$$

$$\Sigma_{11} = -J_1D - DJ_1 + J_2 + \delta^2 J_3 + J_4 - S - S^{\mathrm{T}} + \tau SJ_5^{-1}S^{\mathrm{T}}$$
$$\qquad - K^*P + M_1R_1^{-1}M_1^{\mathrm{T}} + J_6,$$

$$\Sigma_{12} = J_1 - K^-\Lambda + K^+\Upsilon - M_1, \quad \Sigma_{15} = J_1D - M_1D, \quad \Sigma_{17} = K^*P + M_1\tilde{A},$$

$$\Sigma_{22} = \tau J_5 + M_2R_2^{-1}M_2^{\mathrm{T}} - M_2 - M_2^{\mathrm{T}}, \quad \Sigma_{25} = -M_2D - M_5^{\mathrm{T}}, \quad \Sigma_{26} = -J_1D - M_6^{\mathrm{T}},$$

$$\Sigma_{27} = \Lambda - \Upsilon + M_2\tilde{A} - M_7^{\mathrm{T}}, \quad \Sigma_{28} = M_2\tilde{B} - M_8^{\mathrm{T}},$$

$$\Sigma_{33} = -N - N^{\mathrm{T}} + \tau NJ_5^{-1}N^{\mathrm{T}} - K^*Q + M_3R_3^{-1}M_3^{\mathrm{T}}, \quad \Sigma_{38} = K^*Q + M_3\tilde{B},$$

$$\Sigma_{44} = M_4R_4^{-1}M_4^{\mathrm{T}} - J_4, \quad \Sigma_{55} = M_5R_5^{-1}M_5^{\mathrm{T}} - M_5D - D^{\mathrm{T}}M_5^{\mathrm{T}} - J_2,$$

$$\Sigma_{56} = -DJ_1D - D^{\mathrm{T}}M_6^{\mathrm{T}}, \quad \Sigma_{57} = M_5\tilde{A} - D^{\mathrm{T}}M_7^{\mathrm{T}}, \quad \Sigma_{58} = M_5\tilde{B} - D^{\mathrm{T}}M_8^{\mathrm{T}},$$

$$\Sigma_{66} = M_6R_6^{-1}M_6 - J_3, \quad \Sigma_{77} = M_7R_7^{-1}M_7^{\mathrm{T}} + M_7\tilde{A} + \tilde{A}^{\mathrm{T}}M_7^{\mathrm{T}} - P,$$

$$\Sigma_{78} = M_7\tilde{B} + \tilde{A}^{\mathrm{T}}M_8^{\mathrm{T}}, \quad \Sigma_{88} = M_8R_8^{-1}M_8^{\mathrm{T}} + M_8B + \tilde{B}^{\mathrm{T}}M_8^{\mathrm{T}} - Q,$$

则系统 (2-1-3) 是全局耗散的,

$$S = \left\{ z : \|z\| \leqslant \sqrt{\frac{\sum_{i=1}^{8} u^{\mathrm{T}}R_iu}{\lambda_{\min}(J_6)}}, \quad z \in \mathbb{R}^n \right\}$$

为系统的全局吸引集.

　　证明　首先, 应用微分包含与集值映射理论, 由系统 (2-1-3) 可以得到

$$
\begin{cases}
\dot{x}_i(t) \in -\left(d_i + \Delta d_i(t)\right) x_i(t-\delta) + \displaystyle\sum_{j=1}^{n} \left\{ \mathrm{co}\{\widehat{a}_{ij}, \breve{a}_{ij}\} + \Delta a_{ij}(t) \right\} \times f_j\left(x_j(t)\right) \\
\qquad + \displaystyle\sum_{j=1}^{n} \left\{ \mathrm{co}\{\widehat{b}_{ij}, \breve{b}_{ij}\} + \Delta b_{ij}(t) \right\} \times f_j\left(x_j\left(t-\tau_j(t)\right)\right) + u_i, \quad i = 1, 2, \cdots, n, \\
y_i(t) = f_i\left(x_i(t)\right) + f_i\left(x_i\left(t-\tau_i(t)\right)\right) + u_i, \quad i = 1, 2, \cdots, n,
\end{cases}
$$

$$(2\text{-}1\text{-}7)$$

抑或存在 $a_{ij} \in \mathrm{co}\{\widehat{a}_{ij}, \breve{a}_{ij}\}, b_{ij} \in \mathrm{co}\{\widehat{b}_{ij}, \breve{b}_{ij}\}$, 使得

$$
\begin{cases}
\dot{x}_i(t) = -\left(d_i + \Delta d_i(t)\right) x_i(t-\delta) + \left(a_{ij} + \Delta a_{ij}(t)\right) \times f_j\left(x_j(t)\right) \\
\qquad + \left(b_{ij} + \Delta b_{ij}(t)\right) \times f_j\left(x_j\left(t-\tau_j(t)\right)\right) + u_i, \quad i = 1, 2, \cdots, n, \\
y_i(t) = f_i\left(x_i(t)\right) + f_i\left(x_i\left(t-\tau_i(t)\right)\right) + u_i, \quad i = 1, 2, \cdots, n,
\end{cases}
$$

$$(2\text{-}1\text{-}8)$$

显然, $\mathrm{co}\{\widehat{a}_{ij}, \breve{a}_{ij}\} = [\underline{a}_{ij}, \bar{a}_{ij}]$, $\mathrm{co}\{\widehat{b}_{ij}, \breve{b}_{ij}\} = [\underline{b}_{ij}, \bar{b}_{ij}]$, 系统 (2-1-8) 中 a_{ij} 与 b_{ij} 依赖于时刻 t 以及系统 (2-1-3) 的初始条件.

当满足初始条件 $x(t) = \phi(t), t \in [-\rho, 0], \rho = \max[\delta, \tau]$, 系统 (2-1-3) Filippov 意义下的解 $x(t) = (x_1(t), x_2(t), \cdots, x_n(t))^{\mathrm{T}}$ 在 $[0, +\infty)$ 的任意紧区间上是绝对连续的, 并且满足微分包含

$$
\dot{x}_i(t) \in -\left(d_i + \Delta d_i(t)\right) x_i(t-\delta) + \sum_{j=1}^{n} \left\{ \mathrm{co}\{\widehat{a}_{ij}, \breve{a}_{ij}\} + \Delta a_{ij}(t) \right\} \times f_j\left(x_j(t)\right)
$$

$$
+ \sum_{j=1}^{n} \left\{ \mathrm{co}\{\widehat{b}_{ij}, \breve{b}_{ij}\} + \Delta b_{ij}(t) \right\} \times f_j\left(x_j\left(t-\tau_j(t)\right)\right) + u_i, \quad i = 1, 2, \cdots, n.
$$

系统 (2-1-7) 与系统 (2-1-8) 的紧形式分别为

$$
\begin{cases}
\dot{x}(t) \in -\left(D + \Delta D(t)\right) x(t-\delta) + \left(\mathrm{co}\{\widehat{A}, \breve{A}\} + \Delta A(t)\right) f\left(x(t)\right) \\
\qquad + \left(\mathrm{co}\{\widehat{B}, \breve{B}\} + \Delta B(t)\right) f\left(x\left(t-h(t)\right)\right) + u, \\
y(t) = f\left(x(t)\right) + f\left(x\left(t-\tau(t)\right)\right) + u,
\end{cases}
$$

$$(2\text{-}1\text{-}9)$$

抑或存在 $A \in \mathrm{co}\{\widehat{A}_{ij}, \breve{A}_{ij}\}, B \in \mathrm{co}\{\widehat{B}_{ij}, \breve{B}_{ij}\}$, 使得

$$
\begin{cases}
\dot{x}(t) = -\left(D + \Delta D(t)\right) x(t-\delta) + \left(A + \Delta A(t)\right) f\left(x(t)\right) \\
\qquad + \left(B + \Delta B(t)\right) f\left(x\left(t-h(t)\right)\right) + u, \\
y(t) = f\left(x(t)\right) + f\left(x\left(t-\tau(t)\right)\right) + u,
\end{cases}
$$

$$(2\text{-}1\text{-}10)$$

其中

$$x(t) = (x_1(t), x_2(t), \cdots, x_n(t))^{\mathrm{T}}, \quad y(t) = (y_1(t), y_2(t), \cdots, y_n(t))^{\mathrm{T}},$$

$$f(x(\cdot)) = (f_1(x_1(\cdot)), f_2(x_2(\cdot)), \cdots, f_n(x_n(\cdot)))^{\mathrm{T}}, \quad u = (u_1, u_2, \cdots, u_n)^{\mathrm{T}},$$

$$\widehat{A} = (\widehat{a}_{ij})_{n \times n}, \quad \breve{A} = (\breve{a}_{ij})_{n \times n}, \quad \widehat{B} = (\widehat{b}_{ij})_{n \times n}, \quad \breve{B} = (\breve{b}_{ij})_{n \times n}.$$

显然, $\mathrm{co}\{\widehat{A}_{ij}, \breve{A}_{ij}\} = [\underline{A}, \bar{A}], \mathrm{co}\{\widehat{B}_{ij}, \breve{B}_{ij}\} = [\underline{B}, \bar{B}]$, 其中, $\underline{A} = (\underline{a}_{ij})_{n \times n}, \bar{A} = (\bar{a}_{ij})_{n \times n}, \underline{B} = (\underline{b}_{ij})_{n \times n}, \bar{B} = (\bar{b}_{ij})_{n \times n}$.

其次, 根据 (A2.1.1), 下列不等式成立:

$$\int_0^{x_i(t)} \left(f_i(s) - K_i^-(s)\right) \mathrm{d}s \geqslant 0,$$

$$\int_0^{x_i(t)} \left(K_i^+ s - f_i(s)\right) \mathrm{d}s \geqslant 0, \quad i = 1, 2, \cdots, n.$$

定义 Lyapunov-Krasovskii 泛函:

$$V(t) = V_1(t) + V_2(t) + V_3(t) + V_4(t), \tag{2-1-11}$$

其中

$$V_1(t) = \left(x(t) - D \int_{t-\delta}^t x(s)\mathrm{d}s\right)^{\mathrm{T}} J_1 \left(x(t) - D \int_{t-\delta}^t x(s)\mathrm{d}s\right),$$

$$V_2(t) = 2\sum_{i=1}^n \lambda_i \int_0^{x_i(t)} \left(f_i(s) - K_i^-(s)\right) \mathrm{d}s + 2\sum_{i=1}^n \gamma_i \int_0^{x_i(t)} \left(K_i^+(s) - f_i(s)\right) \mathrm{d}s \geqslant 0,$$

$$V_3(t) = \int_{t-\delta}^t x^{\mathrm{T}}(s)J_2 x(s)\mathrm{d}s + \delta \int_{-\delta}^0 \int_{t+\theta}^t x^{\mathrm{T}}(s)J_3 x(s)\mathrm{d}s\mathrm{d}\theta,$$

$$V_4(t) = \int_{t-\tau}^t x^{\mathrm{T}}(s)J_4 x(s)\mathrm{d}s + \int_{-\tau}^0 \int_{t+\theta}^t \dot{x}^{\mathrm{T}}(s)J_5 \dot{x}(s)\mathrm{d}s\mathrm{d}\theta.$$

沿着系统 (2-1-10) 的解计算 $V_i(t)(i = 1, 2, 3, 4)$ 的导数, 由引理 1.3.2 与 (A2.1.1) 得到

$$\dot{V}_1(t) = 2\left(x(t) - D \int_{t-\delta}^t x(s)\mathrm{d}s\right)^{\mathrm{T}} J_1 (\dot{x}(t) - Dx(t) + Dx(t-\delta)),$$

$$\dot{V}_2(t) = 2\dot{x}^{\mathrm{T}}(t)\Lambda \left(f(x(t)) - K^- x(t)\right) + 2\dot{x}^{\mathrm{T}}(t)\Upsilon \left(K^+ x(t) - f(x(t))\right)$$

$$= 2x^{\mathrm{T}}(t)(K^+ \Upsilon - K^- \Lambda)\dot{x}(t) + 2\dot{x}^{\mathrm{T}}(t)(\Lambda - \Upsilon)f(x(t)),$$

$$\dot{V}_3(t) = x^{\mathrm{T}}(t)(J_2 + \delta^2 J_3)x(t) - x^{\mathrm{T}}(t-\delta)J_2 x(t-\delta) - \delta \int_{t-\delta}^{t} x^{\mathrm{T}}(s)J_3 x(s)\mathrm{d}s$$

$$\leqslant x^{\mathrm{T}}(t)(J_2 + \delta^2 J_3)x(t) - x^{\mathrm{T}}(t-\delta)J_2 x(t-\delta)$$

$$- \left(\int_{t-\delta}^{t} x(s)\mathrm{d}s \right)^{\mathrm{T}} J_3 \left(\int_{t-\delta}^{t} x(s)\mathrm{d}s \right),$$

$$\dot{V}_4(t) = x^{\mathrm{T}}(t)J_4 x(t) - x^{\mathrm{T}}(t-\tau)J_4 x(t-\tau) + \tau \dot{x}^{\mathrm{T}}(t)J_5 \dot{x}(t) - \int_{t-\tau}^{t} \dot{x}^{\mathrm{T}}(s)J_5 \dot{x}(s)\mathrm{d}s.$$

$$(2\text{-}1\text{-}12)$$

根据 (2-1-8)，有

$$\varphi_1(t) = 2\eta^{\mathrm{T}}(t)M \left[-\dot{x}(t) - Dx(t-\delta) + \tilde{A}f\left(x(t)\right) + \tilde{B}f\left(x\left(t-\tau(t)\right)\right) + u \right]$$

$$+ 2\eta^{\mathrm{T}}(t)M \left[-\Delta D(t)x(t-\delta) + \Delta A(t)f\left(x(t)\right) + \Delta B(t)f\left(x\left(t-\tau(t)\right)\right) \right]$$

$$= 0, \qquad\qquad (2\text{-}1\text{-}13)$$

其中

$$\eta^{\mathrm{T}}(t) = \Big[x^{\mathrm{T}}(t), \dot{x}^{\mathrm{T}}(t), x^{\mathrm{T}}\left(t-\tau(t)\right), x^{\mathrm{T}}(t-\tau), x^{\mathrm{T}}(t-\delta),$$

$$\int_{t-\delta}^{t} x^{\mathrm{T}}(s)\mathrm{d}s, f^{\mathrm{T}}\left(x(t)\right), f^{\mathrm{T}}\left(x\left(t-\tau(t)\right)\right) \Big].$$

$$\tilde{A} = (\tilde{a}_{ij})_{n\times n}, \quad \tilde{B} = (\tilde{b}_{ij})_{n\times n}, \quad \tilde{a}_{ij} = \max\left\{ \left|\hat{a}_{ij}\right|, \left|\breve{a}_{ij}\right| \right\},$$

$$\tilde{b}_{ij} = \max\left\{ \left|\hat{b}_{ij}\right|, \left|\breve{b}_{ij}\right| \right\}.$$

由牛顿-莱布尼茨公式及 (A2.1.2) 可得

$$\varphi_2(t) = -2x^{\mathrm{T}}\left(t-\tau(t)\right)N \left[x\left(t-\tau(t)\right) - x(t-\tau) - \int_{t-\tau}^{t-\tau(t)} \dot{x}(s)\mathrm{d}s \right] = 0,$$

$$\varphi_2(t) \leqslant -2x^{\mathrm{T}}\left(t-\tau(t)\right)Nx\left(t-\tau(t)\right) + 2x^{\mathrm{T}}\left(t-\tau(t)\right)Nx\left(t-\tau(t)\right)$$

$$+ \tau x^{\mathrm{T}}\left(t-\tau(t)\right)NJ_5^{-1}N^{\mathrm{T}}x\left(t-\tau(t)\right) + \int_{t-\tau}^{t-\tau(t)} \dot{x}^{\mathrm{T}}(s)J_5 \dot{x}(s)\mathrm{d}s, \quad (2\text{-}1\text{-}14)$$

$$\varphi_3(t) = -2x^{\mathrm{T}}(t)S \left[x(t) - x\left(t-\tau(t)\right) - \int_{t-\tau(t)}^{t} \dot{x}(s)\mathrm{d}s \right] = 0,$$

$$\varphi_3(t) \leqslant -2x^{\mathrm{T}}(t)Sx(t) + 2x^{\mathrm{T}}(t)Sx\left(t-\tau(t)\right)$$

$$+ \tau x^{\mathrm{T}}(t)SJ_5^{-1}S^{\mathrm{T}}x(t) + \int_{t-\tau(t)}^{t} \dot{x}^{\mathrm{T}}(s)J_5 \dot{x}(s)\mathrm{d}s. \qquad (2\text{-}1\text{-}15)$$

根据 (A2.1.1), 对于正定对角矩阵 P, Q, 下列不等式成立:

$$\xi^{\mathrm{T}}(t) \begin{bmatrix} K^*P & -K^*P \\ -K^*P & P \end{bmatrix} \xi(t) \leqslant 0, \quad \zeta^{\mathrm{T}}(t) \begin{bmatrix} K^*Q & -K^*Q \\ -K^*Q & Q \end{bmatrix} \zeta(t) \leqslant 0,$$

$$(2\text{-}1\text{-}16)$$

其中, $\xi^{\mathrm{T}}(t) = (x(t), f(x(t))), \zeta^{\mathrm{T}}(t) = (x(t-\tau(t)), f(x(t-\tau(t))))$.

由 (2-1-12)—(2-1-16) 可得

$$\begin{aligned}
\dot{V}(t) \leqslant\ & x^{\mathrm{T}}(t)(-2J_1D + J_2 + \delta^2 J_3 + J_4 - 2S + \tau S J_5^{-1} S^{\mathrm{T}} - K^*P + M_1 R_1^{-1} M_1^{\mathrm{T}})x(t) \\
& + 2x^{\mathrm{T}}(t)(J_1 - K^-\Lambda + K^+\Upsilon - M_1)\dot{x}(t) + 2x^{\mathrm{T}}(t)Sx\,(t-\tau(t)) \\
& + 2x^{\mathrm{T}}(t)(J_1D - M_1D)x(t-\delta) \\
& + 2x^{\mathrm{T}}(t)DJ_1D\int_{t-\delta}^{t} x(s)\mathrm{d}s + 2x^{\mathrm{T}}(t)(K^*P + M_1\tilde{A})f\,(x(t)) \\
& + 2x^{\mathrm{T}}(t)M_1\tilde{B}f\,(x\,(t-\tau(t))) \\
& + \dot{x}^{\mathrm{T}}(t)(\tau J_5 + M_2 R_2^{-1} M_2^{\mathrm{T}} - 2M_2)\dot{x}(t) - 2x^{\mathrm{T}}\,(t-\tau(t))\,M_3\dot{x}(t) \\
& - 2x^{\mathrm{T}}(t-\tau)M_4\dot{x}(t) \\
& - 2\dot{x}^{\mathrm{T}}(t)M_2Dx(t-\delta) - 2x^{\mathrm{T}}(t-\delta)M_5\dot{x}(t) \\
& - 2\dot{x}^{\mathrm{T}}(t)J_1D\int_{t-\delta}^{t} x(s)\mathrm{d}s - 2\int_{t-\delta}^{t} x^{\mathrm{T}}(s)\mathrm{d}s M_6\dot{x}(t) \\
& + 2\dot{x}^{\mathrm{T}}(t)(\Lambda - \Upsilon + M_2\tilde{A})f\,(x(t)) - 2f^{\mathrm{T}}\,(x(t))\,M_7\dot{x}(t) \\
& + 2\dot{x}^{\mathrm{T}}(t)M_2\tilde{B}f\,(x\,(t-\tau(t))) - 2f^{\mathrm{T}}\,(t-\tau(t))\,M_8\dot{x}(t) \\
& + 2x^{\mathrm{T}}\,(t-\tau(t))\,Nx\,(t-\tau(t)) \\
& + x^{\mathrm{T}}\,(t-\tau(t))\,(-2N + \tau N J_5^{-1} N^{\mathrm{T}} - K^*Q + M_3 R_3^{-1} M_3^{\mathrm{T}})x\,(t-\tau(t)) \\
& - 2x^{\mathrm{T}}\,(t-\tau(t))\,M_3Dx(t-\delta) + 2x^{\mathrm{T}}\,(t-\tau(t))\,M_3\tilde{A}f\,(x(t)) \\
& + 2x^{\mathrm{T}}\,(t-\tau(t))\,(K^*Q + M_3\tilde{B})f\,(x\,(t-\tau(t))) \\
& + x^{\mathrm{T}}\,(t-\tau(t))\,(M_4 R_4^{-1} M_4^{\mathrm{T}} - J_4)x\,(t-\tau(t)) \\
& - 2x^{\mathrm{T}}\,(t-\tau(t))\,M_4Dx(t-\delta) + 2x^{\mathrm{T}}\,(t-\tau(t))\,M_4\tilde{A}f\,(x(t)) \\
& + 2x^{\mathrm{T}}\,(t-\tau(t))\,M_4\tilde{B}f\,(x\,(t-\tau(t))) \\
& + x^{\mathrm{T}}(t-\delta)(M_5 R_5^{-1} M_5^{\mathrm{T}} - 2M_5D - J_2)x(t-\delta) \\
& - 2x^{\mathrm{T}}(t-\delta)DJ_1D\int_{t-\delta}^{t} x(s)\mathrm{d}s - 2\int_{t-\delta}^{t} x^{\mathrm{T}}(s)\mathrm{d}s M_6Dx(t-\delta) \\
& + 2x^{\mathrm{T}}(t-\delta)M_5\tilde{A}f\,(x(t)) - 2f^{\mathrm{T}}\,(x(t))\,M_7Dx(t-\delta)
\end{aligned}$$

$$+ 2x^{\mathrm{T}}(t-\delta)M_5\tilde{B}f\left(x\left(t-\tau(t)\right)\right) - 2f^{\mathrm{T}}\left(x\left(t-\tau(t)\right)\right)M_8Dx(t-\delta)$$

$$+ \left(\int_{t-\delta}^{t} x(s)\mathrm{d}s\right)^{\mathrm{T}}(M_6R_6^{-1}M_6^{\mathrm{T}} - J_3)\left(\int_{t-\delta}^{t} x(s)\mathrm{d}s\right)$$

$$+ 2\int_{t-\delta}^{t} x^{\mathrm{T}}(s)\mathrm{d}s M_6\tilde{A}f\left(x(t)\right) + 2\int_{t-\delta}^{t} x^{\mathrm{T}}(s)\mathrm{d}s M_6\tilde{B}f\left(x\left(t-\tau(t)\right)\right)$$

$$+ f^{\mathrm{T}}\left(x(t)\right)(M_7R_7^{-1}M_7^{\mathrm{T}} + 2M_7\tilde{A} - P)f\left(x(t)\right)$$

$$+ 2f^{\mathrm{T}}\left(x(t)\right)M_7\tilde{B}f\left(x\left(t-\tau(t)\right)\right) + 2f^{\mathrm{T}}\left(x\left(t-\tau(t)\right)\right)M_8\tilde{A}f\left(x(t)\right)$$

$$+ f^{\mathrm{T}}\left(x\left(t-\tau(t)\right)\right)(M_8R_8^{-1}M_8^{\mathrm{T}} + 2M_8\tilde{B} - Q)f\left(x\left(t-\tau(t)\right)\right)$$

$$+ \sum_{i=1}^{8} u^{\mathrm{T}}R_i u + 2\eta^{\mathrm{T}}(t)M[-\Delta D(t)x(t)$$

$$+ \Delta A(t)f\left(x(t)\right) + \Delta B(t)f\left(x\left(t-\tau(t)\right)\right)].$$

整理可得, $\dot{V}(x(t)) \leqslant \eta^{\mathrm{T}}(t)(\Xi + \Delta\Xi)\eta(t) - x^{\mathrm{T}}(t)J_6 x(t) + \sum_{i=1}^{8} u^{\mathrm{T}}R_i u$, 其中

$$\Delta\Xi = MHF(t)E + (MHF(t)E)^{\mathrm{T}} \leqslant \varepsilon^{-1}MHH^{\mathrm{T}}M^{\mathrm{T}} + \varepsilon E^{\mathrm{T}}E.$$

应用引理 1.3.1 容易证明, 对于 $x(t) \in \mathbb{R}^n/S$,

$$\dot{V}(x(t)) \leqslant -x^{\mathrm{T}}(t)J_6 x(t) + \sum_{i=1}^{8} u^{\mathrm{T}}R_i u$$

$$\leqslant -\lambda_{\min}(J_6)\left\|x(t)\right\|^2 + \sum_{i=1}^{8} u^{\mathrm{T}}R_i u$$

$$< 0.$$

因此, 系统 (2-1-3) 是全局耗散的, S 是其吸引集. □

2.1.3 数值模拟

为方便, 记 $f_j(t) = f_j(x_j(t)) - x_i(t)$, $f_j(t-0.1) = f_j(x_j(t-0.1)) - x_i(t)$.

例 2.1.1 考虑具有两个神经元的忆阻神经网络

$$\begin{cases} \dot{x}_1(t) = -2.2x_1(t-\delta) + (a_{11}(t)+\Delta a_{11}(t))f_1(x_1(t)) + (a_{12}(t)+\Delta a_{12}(t))f_2(x_2(t)) \\ \qquad + (b_{11}(t)+\Delta b_{11}(t))f_1(x_1(t-0.1)) + (b_{11}(t)+\Delta b_{11}(t))f_2(x_2(t-0.1)) + u_1, \\ \dot{x}_2(t) = -1.5x_2(t-\delta) + (a_{21}(t)+\Delta a_{21}(t))f_1(x_1(t)) + (a_{22}(t)+\Delta a_{22}(t))f_2(x_2(t)) \\ \qquad + (b_{21}(t)+\Delta b_{21}(t))f_1(x_1(t-0.1)) + (b_{22}(t)+\Delta b_{22}(t))f_2(x_2(t-0.1)) + u_2, \end{cases}$$

$$(2\text{-}1\text{-}17)$$

其中, $x_1(t)$ 与 $x_2(t)$ 分别表示电容的电压. 神经元的激活函数 $f_1(\rho), f_2(\rho)$ 满足 $f(\rho) = f_1(\rho) = f_2(\rho) = 0.25\left(|\rho + 1| - |\rho - 1|\right)$. 外部输入 $u_1 = 3, u_2 = -4$, 基于忆阻器的连接权重

$$a_{11}(t) = \begin{cases} -1, & \dot{f}_{11}(t) < 0, \\ 1, & \dot{f}_{11}(t) \geqslant 0, \end{cases} \qquad a_{12}(t) = \begin{cases} -0.6, & \dot{f}_{12}(t) < 0, \\ 0.1, & \dot{f}_{12}(t) \geqslant 0, \end{cases}$$

$$a_{21}(t) = \begin{cases} -0.1, & \dot{f}_{21}(t) < 0, \\ 0.1, & \dot{f}_{21}(t) \geqslant 0, \end{cases} \qquad a_{22}(t) = \begin{cases} -0.3, & \dot{f}_{22}(t - \tau) < 0, \\ 0.2, & \dot{f}_{22}(t - \tau) \geqslant 0, \end{cases}$$

$$b_{11}(t) = \begin{cases} -1, & \dot{f}_{11}(t - \tau) < 0, \\ 0.5, & \dot{f}_{11}(t - \tau) \geqslant 0, \end{cases} \qquad b_{12}(t) = \begin{cases} -0.1, & \dot{f}_{12}(t - \tau) < 0, \\ 0.1, & \dot{f}_{12}(t - \tau) \geqslant 0, \end{cases}$$

$$b_{21}(t) = \begin{cases} 0.1, & \dot{f}_{21}(t - \tau) < 0, \\ 0.05, & \dot{f}_{21}(t - \tau) \geqslant 0, \end{cases} \qquad b_{22}(t) = \begin{cases} 0.2, & \dot{f}_{22}(t - \tau) < 0, \\ 0.1, & \dot{f}_{22}(t - \tau) \geqslant 0. \end{cases}$$

假定 $\Delta a_{ij}(t), \Delta b_{ij}(t), i, j = 1, 2$ 满足假设 (A2.1.3), 且

$$H = \begin{bmatrix} 0.1 & 0 \\ 0 & 0.1 \end{bmatrix}, \quad F(t) = \begin{bmatrix} 0.1 & 0 \\ 0 & 0.1 \end{bmatrix}, \quad E_1 = \begin{bmatrix} 0.1 & 0 \\ 0 & 0.1 \end{bmatrix},$$

$$E_2 = \begin{bmatrix} 0.2 & 0 \\ 0 & 0.2 \end{bmatrix}, \quad E_3 = \begin{bmatrix} 0.3 & 0 \\ 0 & 0.3 \end{bmatrix}.$$

对于系统 (2-1-17), 根据 (A2.1.1), 可得 $k_i^- = -0.5, k_i^+ = 0.5$. 因此, 有

$$F^- = \begin{bmatrix} -0.5 & 0 \\ 0 & -0.5 \end{bmatrix}, \quad F^+ = \begin{bmatrix} 0.5 & 0 \\ 0 & 0.5 \end{bmatrix}, \quad F^* = \begin{bmatrix} -0.25 & 0 \\ 0 & -0.25 \end{bmatrix},$$

$$F^\star = \begin{bmatrix} 0 & 0 \\ 0 & 0 \end{bmatrix}, \quad \tilde{A} = \begin{bmatrix} 1 & 0.6 \\ 0.1 & 0.3 \end{bmatrix}, \quad \tilde{B} = \begin{bmatrix} 1 & 0.1 \\ 0.1 & 0.2 \end{bmatrix}.$$

首先, 假定 $\delta = 0.1$, 应用 MATLAB 对 (2-1-6) 求解得到一组可行解:

$$J_1 = \begin{bmatrix} 0.4660 & 0.1071 \\ 0.1071 & 0.6068 \end{bmatrix}, \quad J_2 = \begin{bmatrix} 0.3045 & -0.0406 \\ -0.0406 & 0.4027 \end{bmatrix},$$

$$J_3 = \begin{bmatrix} 5.9426 & 0.8307 \\ 0.8307 & 2.8307 \end{bmatrix}, \quad J_4 = \begin{bmatrix} 0.4077 & 0.0281 \\ 0.0281 & 0.4286 \end{bmatrix},$$

$$J_5 = \begin{bmatrix} 0.1427 & 0.0046 \\ 0.0046 & 0.1565 \end{bmatrix}, \quad J_6 = \begin{bmatrix} 0.0762 & -0.0188 \\ -0.0188 & 0.1572 \end{bmatrix},$$

$$R_1 = \begin{bmatrix} 1.1162 & 0.0707 \\ 0.0707 & 1.1353 \end{bmatrix}, \quad R_2 = \begin{bmatrix} 1.2559 & 0.0200 \\ 0.0200 & 1.1855 \end{bmatrix},$$

$$R_3 = \begin{bmatrix} 0.9597 & -0.0014 \\ -0.0014 & 0.9620 \end{bmatrix}, \quad R_4 = \begin{bmatrix} 0.9588 & -10^{-4} \\ -10^{-4} & 0.9588 \end{bmatrix},$$

$$R_5 = \begin{bmatrix} 1.0491 & 0.0137 \\ 0.0137 & 1.0257 \end{bmatrix}, \quad R_6 = \begin{bmatrix} 1.0280 & 0.0222 \\ 0.0222 & 1.0593 \end{bmatrix},$$

$$R_7 = \begin{bmatrix} 0.9777 & 0.0062 \\ 0.0062 & 0.9994 \end{bmatrix}, \quad R_8 = \begin{bmatrix} 0.9808 & -0.0048 \\ -0.0048 & 0.9859 \end{bmatrix},$$

$$N = \begin{bmatrix} 0.2956 & 0.0277 \\ 0.0277 & 0.2787 \end{bmatrix}, \quad S = \begin{bmatrix} 0.1121 & -0.0386 \\ -0.0386 & 0.2372 \end{bmatrix},$$

$$M_1 = \begin{bmatrix} 0.1800 & 0.0540 \\ 0.0540 & 0.2635 \end{bmatrix}, \quad M_2 = \begin{bmatrix} 0.0958 & -0.0135 \\ -0.0135 & 0.2228 \end{bmatrix},$$

$$M_3 = \begin{bmatrix} 0.0102 & -0.0104 \\ -0.0104 & 0.0315 \end{bmatrix}, \quad M_4 = 10^{-3} \begin{bmatrix} 2.7 & -2.3 \\ -2.3 & 4.6 \end{bmatrix},$$

$$M_5 = \begin{bmatrix} 0.1277 & 0.0011 \\ 0.0011 & 0.1660 \end{bmatrix}, \quad M_6 = \begin{bmatrix} -0.2771 & -0.0467 \\ -0.0467 & -0.3446 \end{bmatrix},$$

$$M_7 = \begin{bmatrix} 0.1150 & -0.0079 \\ -0.0079 & 0.1832 \end{bmatrix}, \quad M_8 = \begin{bmatrix} 0.1002 & -0.014 \\ -0.014 & 0.1548 \end{bmatrix},$$

$$\Lambda = \text{diag}(0.0382, 0.0382), \quad \Upsilon = \text{diag}(0.0729, 0.0729),$$

$$P = \text{diag}(0.8666, 0.8666), \quad Q = \text{diag}(0.7246, 0.7246),$$

$$\varepsilon = 0.7909, \quad \lambda_{\min}(J_6) = 0.0721.$$

由定理 2.1.1 可得系统 (2-1-17) 是全局耗散的, $S = \{z : \|z\| \leqslant 53.3079, z \in \mathbb{R}^2\}$ 为其全局吸引集. 选取初值 $(\phi_1(s), \phi_2(s)) \in [-5, 5] \times [-5, 5], s \in [-0.1, 1]$, 当 $\delta = 0.1$ 时, 系统 (2-1-17) 的状态曲线如图 2-1-2 所示. 由图 2-1-2 可看出, 状态变量 x_1, x_2 均趋向于有界区域.

然后, 分别选取 $\delta = 0, \delta = 0.1, \delta = 0.2, \delta = 0.3$, 研究时滞 δ 对系统 (2-1-17) 动力学性态的影响, 初始条件等参数的选取均与前述相同. 当 δ 取上述不同值时, 我们均可以根据定理 2.1.1 获得可行解. 从数值模拟结果可看出, 系统 (2-1-17) 是全局耗散的, 忆阻系统在 δ 取不同值时的状态响应曲线如图 2-1-3 所示.

进一步, 如果选取 $\delta = 0.4$, 我们不再能够得到满足定理 2.1.1 的可行解, 但是如图 2-1-3 所示, 系统 (2-1-17) 仍然能够保持稳定. 这表明定理 2.1.1 的条件偏强. 由图 2-1-3 可以看出, leakage 时滞的存在对神经网络的动力学性态具有破坏作用.

最后, 如果选取 $\delta = 0.7$, 输入 $u = (0,0)^{\mathrm{T}}$, 其余参数取值均保持不变, 系统 (2-1-17) 的动力学性态如图 2-1-4 所示, 系统在 $\delta = 0.7$ 时失稳并且存在周期解.

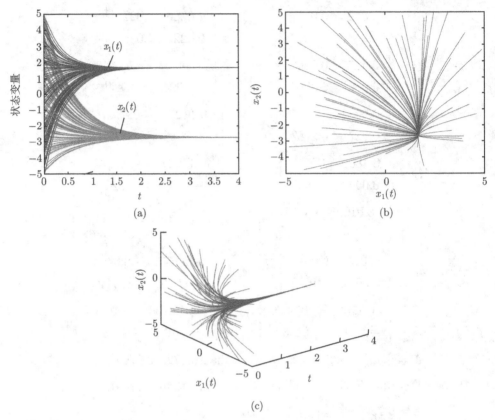

图 2-1-2　系统 (2-1-17) 的状态曲线图. $\delta=0.1$, 初值 $(\phi_1(s),\phi_2(s))\in[-5,5]\times[-5,5]$, $s\in[-0.1,1]$

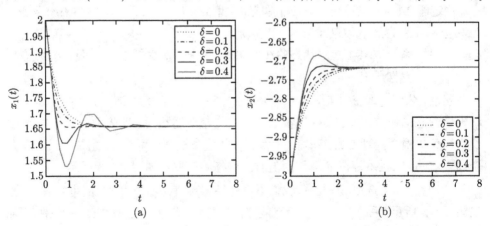

图 2-1-3　δ 取不同值时状态变量 $x_1(t), x_2(t)$ 的轨线

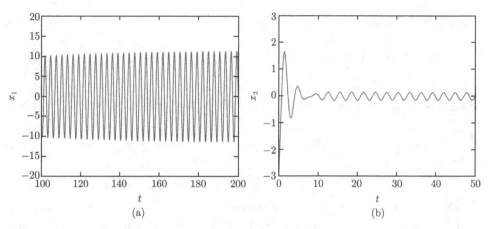

图 2-1-4 系统 (2-1-17) 的状态曲线图. 输入 $u(t) = (2 + \sin(t), 2 - \sin(t))^{\mathrm{T}}$

2.1.4 小结

本节研究了一类具有 leakage 时滞、时变传输时滞与参数不确定性的忆阻神经网络. 运用微分包含与集值映射理论将忆阻神经网络转化为微分包含问题, 通过构造适当的 Lyapunov-Krasovskii 泛函, 借助 Jensen 不等式、Schur 补引理以及自由权矩阵技巧, 得到了系统的全局耗散性判据与全局吸引集. 与文献 [4, 12—14] 的模型相比, 系统 (2-1-3) 既考虑了时变传输时滞, 又考虑了神经元的自衰减过程产生的 leakage 时滞; 与文献 [5] 的模型相比, 系统 (2-1-3) 还考虑了参数不确定性的影响, 建模更加合理; 与文献 [4, 5] 给出的判据相比, 本节得到的充分条件不要求激活函数的单调性、时变传输时滞的可微性与有界性; 通过数值模拟发现, 随着 leakage 时滞的增大, 其对忆阻神经网络动力学性态的破坏作用愈加明显.

2.2 具有 leakage 时滞的忆阻神经网络的无源性

无源性 (passivity) 是与系统的外部输入、输出相关的概念, 是系统耗散性的特例. 无源控制 (passivity-based control) 是一种非线性控制方法, 并且对系统参数的变化及外来摄动有较强的鲁棒性[3,15,16]. 无源控制的核心是从能量处理的角度将系统无源化. 无源控制系统的存储函数与 Lyapunov 函数密切相关, 能够实现系统的全局稳定性, 这使得无源控制理论广泛应用于系统的控制器设计中, 成为研究控制系统的有力工具[1,17]. 近年来, 在忆阻神经网络的研究中, 无源控制理论日益得到国内外学者的关注[13-17].

2.2.1　问题的描述

文献 [13] 研究了以下具有常传输时滞的忆阻神经网络

$$\begin{cases} \dot{x}_i(t) = -x_i(t) + \sum_{j=1}^{n} a_{ij}\left(x_i(t)\right)f_j\left(x_j(t)\right) + \sum_{j=1}^{n} b_{ij}\left(x_i(t)\right)f_j\left(x_j(t-\tau_j)\right) + u_i(t), \\ z_i(t) = f_i\left(x_i(t)\right) + f_i\left(x_i(t-\tau_i)\right) + u_i(t), \quad t \geqslant 0,\ i = 1,2,\cdots,n, \end{cases}$$

$$(2\text{-}2\text{-}1)$$

其中, $x_i(t)$ 为 t 时刻电容的电压, $u_i(t)$ 与 $z_i(t)$ 分别表示外部输入与系统输出, τ_j 为传输时滞, 满足 $0 \leqslant \tau_j \leqslant \tau$ ($\tau \geqslant 0$ 为常数). $f_j(\cdot)$ 是神经元的激活函数, 满足 $f_j(0) = 0$, $a_{ij}\left(x_i(t)\right)$ 与 $b_{ij}\left(x_i(t)\right)$ 为基于忆阻器的连接权重. 基于非光滑分析理论及线性矩阵不等式技巧, 通过构造适当的 Lyapunov 泛函, 研究了系统 (2-2-1) 的指数无源性问题.

我们注意到, 在文献 [13] 中假定神经元的自衰减为瞬时过程, 实际上, 在神经网络切断外部输入后, 神经元重置到静态电位的过程需要一定的时间. 然而在 leakage 项中时滞的存在往往引起系统的振荡甚至不稳定.

受文献 [13, 18—20] 的启发, 并且参考文献 [14, 20—25] 的电路设计, 本节研究下列具有 leakage 时滞的忆阻神经网络

$$\begin{cases} x_i(t) = -d_i x_i(t-\delta) + \sum_{j=1}^{n} \dfrac{\mathcal{W}_{ij}}{\mathcal{C}_i} \times \text{sign}_{ij} f_j\left(x_j(t)\right) \\ \qquad\quad + \sum_{j=1}^{n} \dfrac{\mathcal{M}_{ij}}{\mathcal{C}_i} \times \text{sign}_{ij} g_j\left(x_j(t-\tau_j)\right) + u_i(t), \\ y_i(t) = f_i\left(x_i(t)\right) + g_i\left(x_i(t-\tau_i)\right), \quad t \geqslant 0, i = 1,2,\cdots,n. \end{cases}$$

$$(2\text{-}2\text{-}2)$$

系统 (2-2-2) 可由图 2-2-1 所示大规模集成电路实现, 其中, $x_i(t)$ 为电容 $\mathcal{C}_i$ 在 t 时刻的电压, $\mathcal{R}_i, \mathcal{C}_i$ 分别表示电阻与电容, $\mathcal{W}_{ij}$ 与 $\mathcal{M}_{ij}$ 分别表示忆阻器 $\mathcal{R}_{ij}$ 与 $\mathcal{F}_{ij}$ 的性能函数. d_i 为神经元的自抑制系数, $f_j(x_j(t))$ 与 $g_j(x_j(t-\tau_j))$ 分别表示神经元的激活函数, $u_i(t)$ 表示外部输入, $y_i(t)$ 为系统的输出. $\delta \geqslant 0$ 为 leakage 项中的时滞, $\tau_j \geqslant 0$ 为传输时滞, 并且

$$\text{sign}_{ij} = \begin{cases} 1, & i \neq j, \\ -1, & i = j. \end{cases}$$

$$(2\text{-}2\text{-}3)$$

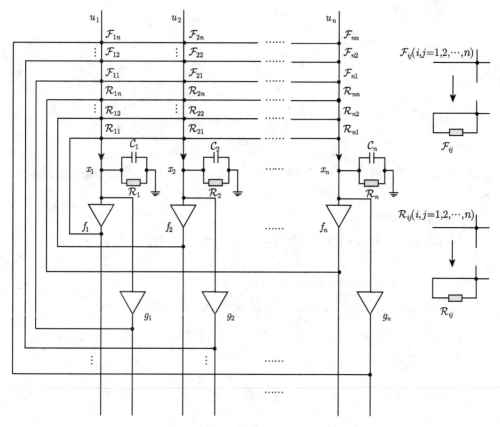

图 2-2-1 忆阻神经网络 (2-2-2) 的电路图

系统 (2-2-2) 可以改写为

$$
\begin{cases}
\dot{x}_i(t) = -d_i x_i(t-\delta) + \sum_{j=1}^{n} a_{ij}(x_i(t)) f_j(x_j(t)) + \sum_{j=1}^{n} b_{ij}(x_i(t)) g_j(x_j(t-\tau_j)) + u_i(t), \\
y_i(t) = f_i(x_i(t)) + g_i(x_i(t-\tau_i)), \quad t \geqslant 0, \; i = 1, 2, \cdots, n,
\end{cases}
$$

$$(2\text{-}2\text{-}4)$$

其中, $a_{ij}(x_i(t))$ 与 $b_{ij}(x_i(t))$ 表示基于忆阻器的连接权重, 且满足

$$
a_{ij}(x_i(t)) = \frac{\mathcal{W}_{ij}}{\mathcal{C}_i} \times \mathrm{sign}_{ij}, \quad b_{ij}(x_i(t)) = \frac{\mathcal{M}_{ij}}{\mathcal{C}_i} \times \mathrm{sign}_{ij}. \tag{2-2-5}
$$

根据忆阻器的特点及电流电压特性[23], 有

$$a_{ij}(x_i(t)) = \begin{cases} \widehat{a}_{ij}, & \mathrm{sign}\dfrac{\mathrm{d}f_j\left(x_j(t)\right)}{\mathrm{d}t} - \dfrac{\mathrm{d}x_i(t)}{\mathrm{d}t} \leqslant 0, \\[3mm] \breve{a}_{ij}, & \mathrm{sign}\dfrac{\mathrm{d}f_j\left(x_j(t)\right)}{\mathrm{d}t} - \dfrac{\mathrm{d}x_i(t)}{\mathrm{d}t} > 0, \end{cases}$$

$$b_{ij}(x_i(t)) = \begin{cases} \widehat{b}_{ij}, & \mathrm{sign}\dfrac{\mathrm{d}g_j\left(x_j(t-\tau_j)\right)}{\mathrm{d}t} - \dfrac{\mathrm{d}x_i(t)}{\mathrm{d}t} \leqslant 0, \\[3mm] \breve{b}_{ij}, & \mathrm{sign}\dfrac{\mathrm{d}g_j\left(x_j(t-\tau_j)\right)}{\mathrm{d}t} - \dfrac{\mathrm{d}x_i(t)}{\mathrm{d}t} > 0, \end{cases} \tag{2-2-6}$$

其中, $\widehat{a}_{ij}, \breve{a}_{ij}, \widehat{b}_{ij}$ 与 $\breve{b}_{ij}$ 均为常数, $i,j = 1,2,\cdots,n$. 显然, 具有 leakage 时滞的模型 (2-2-4) 为状态依赖的阈值切换系统.

针对系统 (2-2-4), 做以下假设:

(A2.2.1) 神经元的激活函数 $f(x(t))$ 与 $g(x(t-\tau))$ 满足 $f(0) = g(0) = 0$, 并且

$$\begin{aligned} \|f\left(x(t)\right)\| &\leqslant \alpha\left\|E_\alpha x(t)\right\|, & i = 1,2,\cdots,n, \\ \|g\left(x(t-\tau)\right)\| &\leqslant \beta\left\|E_\beta x(t-\tau)\right\|, & i = 1,2,\cdots,n, \end{aligned} \tag{2-2-7}$$

其中, α 与 β 为非负实数, E_α 与 E_β 为已知的实矩阵.

假定系统 (2-2-4) 的初始条件为

$$x(t) = (x_1(t), x_2(t), \cdots, x_n(t))^{\mathrm{T}} = (\phi_1(t), \phi_2(t), \cdots, \phi_n(t))^{\mathrm{T}}, \quad t_0 - \rho \leqslant t \leqslant t_0,$$

其中, $\phi_i(t) \in \mathcal{C}([t_0 - \rho, 0], \mathbb{R}), \rho = \max[\delta, \tau_1, \tau_2, \cdots, \tau_n], i = 1,2,\cdots,n$.

定义 2.2.1[26]　对于 $i = 1,2,\cdots,n$, 如果

$$0 \in -d_i x_i^* + \sum_{j=1}^{n} K\left(a_{ij}(x_i^*)\right) f_j(x_j^*) + \sum_{j=1}^{n} K\left(b_{ij}(x_i^*)\right) f_j(x_j^*),$$

则 $x^* = (x_1^*, x_2^*, \cdots, x_n^*)$ 是系统 (2-2-4) 的一个平衡点.

2.2.2　无源性分析

定理 2.2.1　假设 (A2.2.1) 成立. 对于给定的 $\delta \geqslant 0, \tau \geqslant 0$, 若存在常数 $\varepsilon > 0, \sigma > 0, \gamma \geqslant 0$, 对称正定矩阵 J_i $(i = 1,2,3,4)$ 与适当维数的实对称矩阵 S_j, F_j $(j = 1,2,3), R_k$ $(k = 1,2,3,4,5)$,

$$P = \begin{bmatrix} P_{11} & P_{12} & P_{13} \\ * & P_{22} & P_{23} \\ * & * & P_{33} \end{bmatrix}, \quad Q = \begin{bmatrix} Q_{11} & Q_{12} & Q_{13} \\ * & Q_{22} & Q_{23} \\ * & * & Q_{33} \end{bmatrix},$$

使得

$$\begin{bmatrix} P & -S \\ * & J_3 \end{bmatrix} \geqslant 0, \quad \begin{bmatrix} Q & -F \\ * & J_4 \end{bmatrix} \geqslant 0, \qquad (2\text{-}2\text{-}8)$$

$$\Xi = \begin{bmatrix} \Sigma_{11} & \Sigma_{12} & \Sigma_{13} & 0 & \Sigma_{15} & J_1\tilde{A} & J_1\tilde{B} & J_1 \\ * & \Sigma_{22} & \Sigma_{23} & \Sigma_{24} & 0 & \Sigma_{26} & \Sigma_{27} & \Sigma_{28} \\ * & * & \Sigma_{33} & 0 & 0 & 0 & 0 & 0 \\ * & * & * & \Sigma_{44} & 0 & \Sigma_{46} & \Sigma_{47} & \Sigma_{48} \\ * & * & * & * & -J_2 & \Sigma_{56} & \Sigma_{57} & -D^{\mathrm{T}}J_1 \\ * & * & * & * & * & \Sigma_{66} & \Sigma_{67} & \Sigma_{68} \\ * & * & * & * & * & * & \Sigma_{77} & \Sigma_{78} \\ * & * & * & * & * & * & * & \Sigma_{88} \end{bmatrix} < 0, \qquad (2\text{-}2\text{-}9)$$

其中

$\Sigma_{11} = -J_1 D - D^{\mathrm{T}}J_1^{\mathrm{T}} + \delta^2 J_2 - S_1 - S_1^{\mathrm{T}} - F_1 - F_1^{\mathrm{T}} + 2\varepsilon\alpha^2 E_\alpha^2 E_\alpha + \delta P_{11} + \tau Q_{11},$

$\Sigma_{12} = S_1 - S_2^{\mathrm{T}} - F_2^{\mathrm{T}} + \delta P_{12} + \tau Q_{12}, \quad \Sigma_{13} = -S_3^{\mathrm{T}} + F_1 - F_3^{\mathrm{T}} + \delta P_{13} + \tau Q_{13},$

$\Sigma_{15} = DJ_1 D, \quad \Sigma_{22} = -R_2 D - D^{\mathrm{T}}R_2^{\mathrm{T}} + S_2 + S_2^{\mathrm{T}} + \delta P_{22} + \tau Q_{22},$

$\Sigma_{23} = S_3^{\mathrm{T}} + F_2 + \delta P_{23} + \tau Q_{23}, \quad \Sigma_{24} = -R_2 - D^{\mathrm{T}}R_1^{\mathrm{T}},$

$\Sigma_{26} = R_2\tilde{A} - D^{\mathrm{T}}R_3^{\mathrm{T}}, \quad \Sigma_{27} = -D^{\mathrm{T}}R_4^{\mathrm{T}} + R_2\tilde{B}, \quad \Sigma_{28} = R_2 - D^{\mathrm{T}}R_5^{\mathrm{T}},$

$\Sigma_{33} = F_3 + F_3^{\mathrm{T}} + 2\varepsilon\beta^2 E_\beta^{\mathrm{T}} E_\beta + \delta P_{33} + \tau Q_{33}, \quad \Sigma_{44} = \delta J_3 + \tau J_4 - R_1 - R_1^{\mathrm{T}},$

$\Sigma_{46} = R_1\tilde{A} - R_3^{\mathrm{T}}, \quad \Sigma_{47} = R_1\tilde{B}F_3 - R_4^{\mathrm{T}}, \quad \Sigma_{48} = R_1 - R_5^{\mathrm{T}},$

$\Sigma_{56} = -D^{\mathrm{T}}J_1\tilde{A}, \quad \Sigma_{57} = -D^{\mathrm{T}}J_1\tilde{B}, \quad \Sigma_{66} = R_3\tilde{A} + \tilde{A}^{\mathrm{T}}R_3 - \varepsilon I,$

$\Sigma_{67} = \tilde{A}^{\mathrm{T}}R_4^{\mathrm{T}} + R_3\tilde{B}, \quad \Sigma_{68} = R_3 + \tilde{A}R_5^{\mathrm{T}} - I, \quad \Sigma_{77} = \tilde{B}^{\mathrm{T}}R_4^{\mathrm{T}} + R_4\tilde{B} - \sigma I,$

$\Sigma_{78} = \tilde{B}R_5^{\mathrm{T}} + R_4 - I, \quad \Sigma_{88} = R_5 + R_5^{\mathrm{T}} - \gamma I, \quad S = [S_1^{\mathrm{T}}, S_2^{\mathrm{T}}, S_3^{\mathrm{T}}],$

$\quad F = [F_1^{\mathrm{T}}, F_2^{\mathrm{T}}, F_3^{\mathrm{T}}],$

则系统 (2-2-4) 是无源的.

证明 首先, 应用微分包含与集值映射理论, 由系统 (2-2-4) 可以得到

$$\begin{cases} \dot{x}_i(t) \in -d_i x_i(t-\delta) + \sum_{j=1}^{n} \mathrm{co}\{\widehat{a}_{ij}, \breve{a}_{ij}\} f_j(x_j(t)) \\ \qquad + \sum_{j=1}^{n} \mathrm{co}\{\widehat{b}_{ij}, \breve{b}_{ij}\} g_j(x_j(t-\tau_j)) + u_i(t), \\ y_i(t) = f_i(x_i(t)) + g_i(x_i(t-\tau_i)), \quad i = 1, 2, \cdots, n, \end{cases} \qquad (2\text{-}2\text{-}10)$$

或者存在 $a_{ij} \in \mathrm{co}\{\widehat{a}_{ij}, \breve{a}_{ij}\}, b_{ij} \in \mathrm{co}\{\widehat{b}_{ij}, \breve{b}_{ij}\}$, 使得

$$\begin{cases} \dot{x}_i(t) = -d_i x_i(t-\delta) + a_{ij} f_j\left(x_j(t)\right) + b_{ij} g_j\left(x_j(t-\tau_j)\right) + u_i(t), \\ y_i(t) = f_i\left(x_i(t)\right) + g_i\left(x_i(t-\tau_i)\right) + u_i, \quad i = 1, 2, \cdots, n. \end{cases} \tag{2-2-11}$$

显然, $\mathrm{co}\{\widehat{a}_{ij}, \breve{a}_{ij}\} = [\underline{a}_{ij}, \bar{a}_{ij}]$, $\mathrm{co}\{\widehat{b}_{ij}, \breve{b}_{ij}\} = [\underline{b}_{ij}, \bar{b}_{ij}]$, 系统 (2-2-11) 中的 a_{ij} 与 b_{ij} 在 t 时刻的取值依赖于系统 (2-2-4) 的初始条件. 系统 (2-2-10) 与系统 (2-2-11) 的向量形式分别为

$$\begin{cases} \dot{x}(t) \in -Dx(t-\delta) + \mathrm{co}\{\widehat{A}, \breve{A}\} f\left(x(t)\right) + \mathrm{co}\{\widehat{B}, \breve{B}\} g\left(x\left(t-\tau\right)\right) + u(t), \\ y(t) = f\left(x(t)\right) + g\left(x(t-\tau)\right), \end{cases} \tag{2-2-12}$$

抑或存在 $A \in \mathrm{co}\{\widehat{A}_{ij}, \breve{A}_{ij}\}, B \in \mathrm{co}\{\widehat{B}_{ij}, \breve{B}_{ij}\}$ 使得

$$\begin{cases} \dot{x}(t) = -Dx(t-\delta) + Af\left(x(t)\right) + Bg\left(x\left(t-\tau\right)\right) + u(t), \\ y(t) = f\left(x(t)\right) + g\left(x(t-\tau)\right), \end{cases} \tag{2-2-13}$$

其中

$$x(t) = (x_1(t), x_2(t), \cdots, x_n(t))^{\mathrm{T}},$$
$$y(t) = (y_1(t), y_2(t), \cdots, y_n(t))^{\mathrm{T}},$$
$$f(x(\cdot)) = (f_1\left(x_1(\cdot)\right), f_2\left(x_2(\cdot)\right), \cdots, f_n\left(x_n(\cdot)\right))^{\mathrm{T}},$$
$$g(x(t-\tau)) = (g_1\left(x_1(t-\tau_1)\right), g_2\left(x_2(t-\tau_2)\right), \cdots, g_n\left(x_n(t-\tau_n)\right))^{\mathrm{T}},$$
$$u(t) = (u_1(t), u_2(t), \cdots, u_n(t))^{\mathrm{T}},$$
$$\widehat{A} = (\widehat{a}_{ij})_{n \times n}, \quad \breve{A} = (\breve{a}_{ij})_{n \times n},$$
$$\widehat{B} = (\widehat{b}_{ij})_{n \times n}, \quad \breve{B} = (\breve{b}_{ij})_{n \times n}.$$

显然, $\mathrm{co}\{\widehat{A}_{ij}, \breve{A}_{ij}\} = [\underline{A}, \bar{A}]$, $\mathrm{co}\{\widehat{B}_{ij}, \breve{B}_{ij}\} = [\underline{B}, \bar{B}]$, 其中, $\underline{A} = (\underline{a}_{ij})_{n \times n}$, $\bar{A} = (\bar{a}_{ij})_{n \times n}$, $\underline{B} = (\underline{b}_{ij})_{n \times n}$, $\bar{B} = (\bar{b}_{ij})_{n \times n}$.

定义 Lyapunov-Krasovskii 泛函:

$$V(t) = V_1(t) + V_2(t) + V_3(t), \tag{2-2-14}$$

其中

$$V_1(t) = \left(x(t) - D \int_{t-\delta}^{t} x(s)\mathrm{d}s\right)^{\mathrm{T}} J_1 \left(x(t) - D \int_{t-\delta}^{t} x(s)\mathrm{d}s\right),$$

$$V_2(t) = \delta \int_{-\delta}^0 \int_{t+\theta}^t x^{\mathrm{T}}(s)J_2x(s)\mathrm{d}s\mathrm{d}\theta + \int_{-\delta}^0 \int_{t+\theta}^t \dot{x}^{\mathrm{T}}(s)J_3\dot{x}(s)\mathrm{d}s\mathrm{d}\theta,$$

$$V_3(t) = \int_{-\tau}^0 \int_{t+\theta}^t \dot{x}^{\mathrm{T}}(s)J_4\dot{x}(s)\mathrm{d}s\mathrm{d}\theta.$$

沿着系统 (2-2-13) 的解, 计算 $V_i(t)(i=1,2,3)$ 的导数, 由引理 2.1.1 可得

$$\dot{V}(t) = 2\left(x(t) - D\int_{t-\delta}^t x(s)\mathrm{d}s\right)^{\mathrm{T}} J_1(-Dx(t)+A\mathcal{F}+B\mathcal{G}+u(t)) + \delta^2 x^{\mathrm{T}}(t)J_2x(t)$$

$$-\delta \int_{-\delta}^0 x^{\mathrm{T}}(t+s)J_2x(t+s)\mathrm{d}s + \delta\dot{x}^{\mathrm{T}}(t)J_3\dot{x}(t) - \int_{-\delta}^0 \dot{x}^{\mathrm{T}}(t+s)J_3\dot{x}(t+s)\mathrm{d}s$$

$$+\tau\dot{x}^{\mathrm{T}}(t)J_4\dot{x}(t) - \int_{-\tau}^0 \dot{x}^{\mathrm{T}}(t+s)J_5\dot{x}(t+s)\mathrm{d}s$$

$$\leqslant x^{\mathrm{T}}(t)(-2J_1D+\delta^2 J_2)x(t) + 2x^{\mathrm{T}}(t)D^{\mathrm{T}}J_1D\int_{t-\delta}^t x(s)\mathrm{d}s$$

$$+2x^{\mathrm{T}}(t)J_1A\mathcal{F} + 2x^{\mathrm{T}}(t)J_1B\mathcal{G} + 2x^{\mathrm{T}}(t)J_1u(t) + \dot{x}^{\mathrm{T}}(t)(\delta J_3+\tau J_4)\dot{x}(t)$$

$$-\int_{t-\delta}^t x^{\mathrm{T}}(s)\mathrm{d}sJ_2\int_{t-\delta}^t x(s)\mathrm{d}s - 2\int_{t-\delta}^t x^{\mathrm{T}}(s)\mathrm{d}sD^{\mathrm{T}}J_1u(t)$$

$$-2\int_{t-\delta}^t x^{\mathrm{T}}(s)\mathrm{d}sDJ_1A\mathcal{F} - 2\int_{t-\delta}^t x^{\mathrm{T}}(s)\mathrm{d}sDJ_1B\mathcal{G}$$

$$-\int_{t-\delta}^t \dot{x}^{\mathrm{T}}(s)J_3\dot{x}(s)\mathrm{d}s - \int_{t-\tau}^t \dot{x}^{\mathrm{T}}(s)J_4\dot{x}(s)\mathrm{d}s, \tag{2-2-15}$$

其中, $\mathcal{F} = f(x(t)), \mathcal{G} = g(x(t-\tau))$.

根据系统 (2-2-13), 对于 $R = [R_1^{\mathrm{T}}, R_2^{\mathrm{T}}, R_3^{\mathrm{T}}, R_4^{\mathrm{T}}, R_5^{\mathrm{T}}]^{\mathrm{T}}$, 下式成立:

$$\varphi_1(t) = 2(\dot{x}^{\mathrm{T}}(t), x^{\mathrm{T}}(t-\delta), \mathcal{F}^{\mathrm{T}}, \mathcal{G}^{\mathrm{T}}, u^{\mathrm{T}}(t))R(-\dot{x}(t) - Dx(t-\delta)+\tilde{A}\mathcal{F}+\tilde{B}\mathcal{G}+u(t))$$

$$= -2\dot{x}^{\mathrm{T}}(t)R_1\dot{x}(t) - 2\dot{x}^{\mathrm{T}}(t)R_1Dx(t-\delta) + 2\dot{x}^{\mathrm{T}}(t)R_1\tilde{A}\mathcal{F} + 2\dot{x}^{\mathrm{T}}(t)R_1\tilde{B}\mathcal{G}$$

$$+2\dot{x}^{\mathrm{T}}(t)R_1u(t) - 2x^{\mathrm{T}}(t-\delta)R_2\dot{x}(t) - 2x^{\mathrm{T}}(t-\delta)R_2Dx(t-\delta)$$

$$+2x^{\mathrm{T}}(t-\delta)R_2\tilde{A}\mathcal{F} + 2x^{\mathrm{T}}(t-\delta)R_2\tilde{B}\mathcal{G} + 2x^{\mathrm{T}}(t-\delta)R_2u(t) - 2\mathcal{F}^{\mathrm{T}}R_3\dot{x}(t)$$

$$-2\mathcal{F}^{\mathrm{T}}R_3Dx(t-\delta) + 2\mathcal{F}^{\mathrm{T}}R_3\tilde{A}\mathcal{F} + 2\mathcal{F}^{\mathrm{T}}R_3\tilde{B}\mathcal{G} + 2\mathcal{F}^{\mathrm{T}}R_3u(t) - 2\mathcal{G}^{\mathrm{T}}R_4\dot{x}(t)$$

$$-2\mathcal{G}^{\mathrm{T}}R_4Dx(t-\delta) + 2\mathcal{G}^{\mathrm{T}}R_4\tilde{A}\mathcal{F} + 2\mathcal{G}^{\mathrm{T}}R_4\tilde{B}\mathcal{G} + 2\mathcal{G}^{\mathrm{T}}R_4u(t) - 2u^{\mathrm{T}}(t)R_5\dot{x}(t)$$

$$-2u^{\mathrm{T}}(t)R_5Dx(t-\delta) + 2u^{\mathrm{T}}(t)R_5\tilde{A}\mathcal{F} + 2u^{\mathrm{T}}(t)R_5\tilde{B}\mathcal{G} + 2u^{\mathrm{T}}(t)R_5u(t)$$

$$= 0. \tag{2-2-16}$$

应用牛顿-莱布尼茨公式, 对于 $S = [S_1^{\mathrm{T}}, S_2^{\mathrm{T}}, S_3^{\mathrm{T}}]^{\mathrm{T}}$, $F = [F_1^{\mathrm{T}}, F_2^{\mathrm{T}}, F_3^{\mathrm{T}}]^{\mathrm{T}}$, P 与

Q, 有

$$\varphi_2(t) = 2\eta^{\mathrm{T}}(t)S\left(-x(t) + x(t-\delta) - \int_{t-\delta}^{t} \dot{x}(s)\mathrm{d}s\right) = 0, \tag{2-2-17}$$

$$\varphi_3(t) = 2\eta^{\mathrm{T}}(t)F\left(-x(t) + x(t-\tau) - \int_{t-\tau}^{t} \dot{x}(s)\mathrm{d}s\right) = 0, \tag{2-2-18}$$

$$\varphi_4(t) = \delta\eta^{\mathrm{T}}(t)P\eta(t) - \int_{t-\delta}^{t} \eta^{\mathrm{T}}(t)P\eta(t)\mathrm{d}s = 0, \tag{2-2-19}$$

$$\varphi_5(t) = \delta\eta^{\mathrm{T}}(t)Q\eta(t) - \int_{t-\delta}^{t} \eta^{\mathrm{T}}(t)Q\eta(t)\mathrm{d}s = 0, \tag{2-2-20}$$

其中, $\eta(t) = [x^{\mathrm{T}}(t), x^{\mathrm{T}}(t-\delta), x^{\mathrm{T}}(t-\tau)]^{\mathrm{T}}$.

根据 (A2.2.1), 对于任意的 $\varepsilon > 0$, $\sigma > 0$, 下列不等式成立:

$$\begin{aligned} 2\varepsilon\alpha^2 x^{\mathrm{T}}(t)E_\alpha^{\mathrm{T}} E_\alpha x(t) - \varepsilon\mathcal{F}^{\mathrm{T}}\mathcal{F} \geqslant 0, \\ 2\sigma\beta^2 x^{\mathrm{T}}(t-\tau)E_\beta^{\mathrm{T}} E_\beta x(t-\tau) - \sigma\mathcal{G}^{\mathrm{T}}\mathcal{G} \geqslant 0. \end{aligned} \tag{2-2-21}$$

由 (2-2-16)—(2-2-21) 可得

$$\begin{aligned} &\dot{V}(t) - 2y^{\mathrm{T}}(t)u(t) - \gamma u^{\mathrm{T}}(t)u(t) \\ \leqslant\ & \dot{V}(t) - 2y^{\mathrm{T}}(t)u(t) - \gamma u^{\mathrm{T}}(t)u(t) + \sum_{i=1}^{5} \varphi_i(t) \\ \leqslant\ & \xi^{\mathrm{T}}(t)\Xi\xi(t) - \int_{t-\delta}^{t} (\eta^{\mathrm{T}}(t), \dot{x}^{\mathrm{T}}(s)) \begin{pmatrix} P & -S \\ * & J_3 \end{pmatrix} \begin{pmatrix} \eta(t) \\ \dot{x}(s) \end{pmatrix} \mathrm{d}s \\ & - \int_{t-\tau}^{t} (\eta^{\mathrm{T}}(t), \dot{x}^{\mathrm{T}}(s)) \begin{pmatrix} Q & -F \\ * & J_4 \end{pmatrix} \begin{pmatrix} \eta(t) \\ \dot{x}(s) \end{pmatrix} \mathrm{d}s, \end{aligned} \tag{2-2-22}$$

其中, $\xi(t) = [x^{\mathrm{T}}(t), x^{\mathrm{T}}(t-\delta), x^{\mathrm{T}}(t-\tau), \dot{x}^{\mathrm{T}}(t), \int_{t-\delta}^{t} x^{\mathrm{T}}(s)\mathrm{d}s, \mathcal{F}^{\mathrm{T}}, \mathcal{G}^{\mathrm{T}}, u^{\mathrm{T}}(t)]^{\mathrm{T}}$.

由 (2-2-9) 与 (2-2-22) 可得

$$\dot{V}(t) - 2y^{\mathrm{T}}(t)u(t) - \gamma u^{\mathrm{T}}(t)u(t) \leqslant 0. \tag{2-2-23}$$

对 (2-2-23) 在时间区间 0 到 t_p 求积分, 当 $x(0) = 0$ 时,

$$2\int_{0}^{t_p} y^{\mathrm{T}}(s)u(s)\mathrm{d}s \geqslant V(t_p, x(t_p)) - V(0, x(0)) - \gamma\int_{0}^{t_p} u^{\mathrm{T}}(s)u(s)\mathrm{d}s.$$

由于 $V(0, x(0)) = 0, V(t_p, x(t_p)) \geqslant 0$, 有

$$2\int_0^{t_p} y^{\mathrm{T}}(s)u(s)\mathrm{d}s \geqslant -\gamma \int_0^{t_p} u^{\mathrm{T}}(s)u(s)\mathrm{d}s.$$

根据定义 1.3.7, 可证忆阻神经网络 (2-2-4) 是无源的. □

若输入 $u(t) = (u_1(t), u_2(t), \cdots, u_n(t))^{\mathrm{T}} = (0, 0, \cdots, 0)^{\mathrm{T}}$, 可由定理 2.2.1 直接得到系统 (2-2-4) 的稳定性条件.

推论 2.2.1 假设 (A2.2.1) 与定理 2.2.1 中的条件成立. 当输入 $u(t) = (0, 0, \cdots, 0)^{\mathrm{T}}$ 时, 对于给定 $\delta \geqslant 0, \tau \geqslant 0$, 如果存在常数 $\varepsilon > 0, \delta > 0, \gamma \geqslant 0$, 对称正定矩阵 $J_i(i = 1, 2, 3, 4)$ 与适当维数的实对称矩阵 $S_j, F_j(j = 1, 2, 3), R_k(k = 1, 2, \cdots, 5)$,

$$P = \begin{bmatrix} P_{11} & P_{12} & P_{13} \\ * & P_{22} & P_{23} \\ * & * & P_{33} \end{bmatrix}, \quad Q = \begin{bmatrix} Q_{11} & Q_{12} & Q_{13} \\ * & Q_{22} & Q_{23} \\ * & * & Q_{33} \end{bmatrix},$$

使得

$$\begin{bmatrix} P & -S \\ * & J_3 \end{bmatrix} \geqslant 0, \quad \begin{bmatrix} Q & -F \\ * & J_4 \end{bmatrix} \geqslant 0, \tag{2-2-24}$$

并且

$$\Xi = \begin{bmatrix} \Sigma_{11} & \Sigma_{12} & \Sigma_{13} & 0 & \Sigma_{15} & J_1\tilde{A} & J_1\tilde{B} & J_1 \\ * & \Sigma_{22} & \Sigma_{23} & \Sigma_{24} & 0 & \Sigma_{26} & \Sigma_{27} & \Sigma_{28} \\ * & * & \Sigma_{33} & 0 & 0 & 0 & 0 & 0 \\ * & * & * & \Sigma_{44} & 0 & \Sigma_{46} & \Sigma_{47} & \Sigma_{48} \\ * & * & * & * & -J_2 & \Sigma_{56} & \Sigma_{57} & -D^{\mathrm{T}}J_1 \\ * & * & * & * & * & \Sigma_{66} & \Sigma_{67} & \Sigma_{68} \\ * & * & * & * & * & * & \Sigma_{77} & \Sigma_{78} \\ * & * & * & * & * & * & * & \Sigma_{88} \end{bmatrix} < 0, \tag{2-2-25}$$

其中

$\Sigma_{11} = -J_1 D - D^{\mathrm{T}}J_1^{\mathrm{T}} + \delta^2 J_2 - S_1 - S_1^{\mathrm{T}} - F_1 - F_1^{\mathrm{T}} + 2\varepsilon\alpha^2 E_\alpha^2 E_\alpha + \delta P_{11} + \tau Q_{11},$

$\Sigma_{12} = S_1 - S_2^{\mathrm{T}} - F_2^{\mathrm{T}} + \delta P_{12} + \tau Q_{12}, \quad \Sigma_{13} = -S_3^{\mathrm{T}} + F_1 - F_3^{\mathrm{T}} + \delta P_{13} + \tau Q_{13},$

$\Sigma_{15} = DJ_1 D, \quad \Sigma_{22} = -R_2 D - D^{\mathrm{T}}R_2^{\mathrm{T}} + S_2 + S_2^{\mathrm{T}} + \delta P_{22} + \tau Q_{22},$

$\Sigma_{23} = S_3^{\mathrm{T}} + F_2 + \delta P_{23} + \tau Q_{23}, \quad \Sigma_{24} = -R_2 - D^{\mathrm{T}}R_1^{\mathrm{T}}, \quad \Sigma_{26} = R_2\tilde{A} - D^{\mathrm{T}}R_3^{\mathrm{T}},$

$$\Sigma_{27} = -D^{\mathrm{T}}R_4^{\mathrm{T}} + R_2\tilde{B}, \quad \Sigma_{28} = R_2 - D^{\mathrm{T}}R_5^{\mathrm{T}},$$

$$\Sigma_{33} = F_3 + F_3^{\mathrm{T}} + 2\varepsilon\beta^2 E_\beta^{\mathrm{T}} E_\beta + \delta P_{33} + \tau Q_{33},$$

$$\Sigma_{44} = \delta J_3 + \tau J_4 - R_1 - R_1^{\mathrm{T}},$$

$$\Sigma_{46} = R_1\tilde{A} - R_3^{\mathrm{T}}, \quad \Sigma_{47} = R_1\tilde{B}F_3 - R_4^{\mathrm{T}}, \quad \Sigma_{48} = R_1 - R_5^{\mathrm{T}}, \quad \Sigma_{56} = -D^{\mathrm{T}}J_1\tilde{A},$$

$$\Sigma_{57} = -D^{\mathrm{T}}J_1\tilde{B}, \quad \Sigma_{66} = R_3\tilde{A} + \tilde{A}^{\mathrm{T}}R_3 - \varepsilon I, \quad \Sigma_{67} = \tilde{A}^{\mathrm{T}}R_4^{\mathrm{T}} + R_3\tilde{B},$$

$$\Sigma_{68} = R_3 + \tilde{A}R_5^{\mathrm{T}} - I, \quad \Sigma_{77} = \tilde{B}^{\mathrm{T}}R_4^{\mathrm{T}} + R_4\tilde{B} - \sigma I, \quad \Sigma_{78} = \tilde{B}R_5^{\mathrm{T}} + R_4 - I,$$

$$\Sigma_{88} = R_5 + R_5^{\mathrm{T}} - \gamma I, \quad S = [S_1^{\mathrm{T}}, S_2^{\mathrm{T}}, S_3^{\mathrm{T}}], \quad F = [F_1^{\mathrm{T}}, F_2^{\mathrm{T}}, F_3^{\mathrm{T}}].$$

则系统 (2-2-4) 的平衡点是全局渐近稳定的.

证明　当输入 $u(t) = (0, 0, \cdots, 0)^{\mathrm{T}}$ 时, 与定理 2.2.1 类似, 由 (2-2-22) 可得

$$\dot{V}(t) \leqslant \xi^{\mathrm{T}}(t)\Xi\xi(t). \tag{2-2-26}$$

因此, 对于 $\forall t \geqslant t_0, V(x(t)) \leqslant V(x(t_0))$.

另一方面, 我们能够得到

$$\begin{aligned}
V(t_0) &= \left(x(t_0) - D\int_{t_0-\delta}^{t_0} x(s)\mathrm{d}s\right)^{\mathrm{T}} J_1\left(x(t_0) - D\int_{t_0-\delta}^{t_0} x(s)\mathrm{d}s\right) \\
&\quad + \delta\int_{-\delta}^{0}\int_{t_0+\theta}^{t_0} x^{\mathrm{T}}(s)J_2 x(s)\mathrm{d}s\mathrm{d}\theta \\
&\quad + \int_{-\delta}^{0}\int_{t_0+\theta}^{t_0} \dot{x}^{\mathrm{T}}(s)J_3\dot{x}(s)\mathrm{d}s\mathrm{d}\theta + \int_{-\tau}^{0}\int_{t_0+\theta}^{t_0} \dot{x}^{\mathrm{T}}(s)J_4\dot{x}(s)\mathrm{d}s\mathrm{d}\theta \\
&\leqslant \lambda_m(J_1)\left\|x(t_0) - D\int_{t_0-\delta}^{t_0} x(s)\mathrm{d}s\right\|^2 + \delta\lambda_m(J_2)\int_{-\delta}^{0}\int_{t_0+\theta}^{t_0} \|x(s)\|^2\mathrm{d}s\mathrm{d}\theta \\
&\quad + \lambda_m(J_3)\int_{-\delta}^{0}\int_{t_0+\theta}^{t_0} \|\dot{x}(s)\|^2\mathrm{d}s\mathrm{d}\theta + \lambda_m(J_4)\int_{-\tau}^{0}\int_{t_0+\tau}^{t_0} \|\dot{x}(s)\|^2\mathrm{d}s\mathrm{d}\theta \\
&\leqslant \frac{1}{2}\left[2\lambda_m(J_1) + (1 + \delta\|D\|)^2 + 2\delta^3\lambda_m(J_2) + \delta^2\lambda_m(J_3) + \tau^2\lambda_m(J_4)\right]\|\phi\|_1^2 \\
&\triangleq M\|\phi\|_1^2 \\
&< \infty.
\end{aligned}$$

由 $V(t)$ 的定义可得

$$\lambda_m(J_1)\left\|x(t) - D\int_{t-\delta}^{t} x(s)\mathrm{d}s\right\|^2 \leqslant V(t) \leqslant V(t_0) \leqslant M\|\phi\|_1^2. \tag{2-2-27}$$

由 (2-2-27) 可得

$$\|x(t)\| \leqslant \|D\| \int_{t-\delta}^{t} \|x(s)\| \mathrm{d}s + \frac{\sqrt{M}}{\sqrt{\lambda_m(J_1)}} \|\phi\|_1, \quad t > t_0.$$

由 Gronwall 不等式得

$$\|x(t)\| \leqslant \frac{\sqrt{M}}{\sqrt{\lambda_m(J_1)}} \|\phi\|_1 \exp\{\delta \|D\|\}, \quad t > t_0. \tag{2-2-28}$$

由于 $\|\phi\|_1$ 能够取任意小, 可知系统 (2-2-4) 在平衡点处局部稳定. 系统 (2-2-4) 的解在 $[t_0, \infty)$ 上一致有界, 这表明系统 (2-2-4) 的解的导数在 $[t_0, \infty)$ 上有界, 由此可得系统 (2-2-4) 的解的一致连续性. 由 (2-2-26) 可得

$$V(t) - \int_{t_0}^{t} \xi^{\mathrm{T}}(s) \Xi \xi(s) \mathrm{d}s \leqslant V(t_0) < \infty. \tag{2-2-29}$$

应用 Barbalat 引理可得, 当 $t \to \infty$ 时, $x(t) \to 0$. 即可证明系统 (2-2-4) 是全局吸引的. $\qquad\square$

2.2.3 数值模拟

我们给出一个例子来说明本节的理论结果.

例 2.2.1 考虑具有两个神经元的忆阻神经网络, 如图 2-2-2 所示.

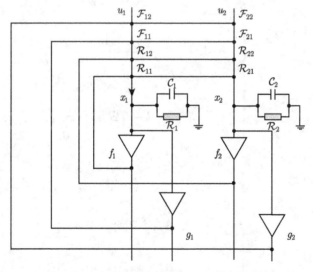

图 2-2-2 忆阻神经网络 (2-2-30) 的电路图

由 Kirchhoff 电流定律可得到以下系统:

$$
\begin{cases}
\dot{x}_1(t) = -2.2x_1(t-\delta) + a_{11}\left(x_1(t)\right) f_1\left(x_1(t)\right) + a_{12}\left(x_1(t)\right) f_2\left(x_2(t)\right) \\
\qquad + b_{11}\left(x_1(t)\right) g_1\left(x_1(t-0.2)\right) + b_{12}\left(x_1(t)\right) g_2\left(x_2(t-0.2)\right) + u_1(t), \\
\dot{x}_2(t) = -1.5x_2(t-\delta) + a_{21}\left(x_2(t)\right) f_1\left(x_1(t)\right) + a_{22}\left(x_2(t)\right) f_2\left(x_2(t)\right) \\
\qquad + b_{21}\left(x_2(t)\right) g_1\left(x_1(t-0.2)\right) + b_{22}\left(x_2(t)\right) g_2\left(x_2(t-0.2)\right) + u_2(t),
\end{cases}
$$

$$(2\text{-}2\text{-}30)$$

其中

$$
\|f_1\left(x_1(t)\right)\| \leqslant 0.2\left\|x_1(t)\right\|, \quad \|g_1\left(x_1(t-\tau)\right)\| \leqslant 0.2\left\|x_1(t-0.2)\right\|,
$$

$$
\|f_2\left(x_2(t)\right)\| \leqslant 0.2\left\|x_2(t)\right\|, \quad \|g_2\left(x_2(t-0.2)\right)\| \leqslant 0.2\left\|x_2(t-0.2)\right\|,
$$

$$
a_{11}\left(x_1(t)\right) = \begin{cases}
-0.2, & -\dfrac{\mathrm{d}f_1(x_1(t))}{\mathrm{d}t} - \dfrac{\mathrm{d}x_1(t)}{\mathrm{d}t} \leqslant 0, \\
-0.3, & -\dfrac{\mathrm{d}f_1(x_1(t))}{\mathrm{d}t} - \dfrac{\mathrm{d}x_1(t)}{\mathrm{d}t} > 0,
\end{cases}
$$

$$
a_{12}\left(x_1(t)\right) = \begin{cases}
0.3, & \dfrac{\mathrm{d}f_2(x_2(t))}{\mathrm{d}t} - \dfrac{\mathrm{d}x_1(t)}{\mathrm{d}t} \leqslant 0, \\
0.7, & \dfrac{\mathrm{d}f_2(x_2(t))}{\mathrm{d}t} - \dfrac{\mathrm{d}x_1(t)}{\mathrm{d}t} > 0,
\end{cases}
$$

$$
b_{11}\left(x_1(t)\right) = \begin{cases}
-0.3, & -\dfrac{\mathrm{d}f_1(x_1(t-0.2))}{\mathrm{d}t} - \dfrac{\mathrm{d}x_1(t)}{\mathrm{d}t} \leqslant 0, \\
-0.4, & -\dfrac{\mathrm{d}f_1(x_1(t-0.2))}{\mathrm{d}t} - \dfrac{\mathrm{d}x_1(t)}{\mathrm{d}t} > 0,
\end{cases}
$$

$$
b_{12}\left(x_1(t)\right) = \begin{cases}
0.4, & \dfrac{\mathrm{d}f_2(x_2(t-0.2))}{\mathrm{d}t} - \dfrac{\mathrm{d}x_1(t)}{\mathrm{d}t} \leqslant 0, \\
0.8, & \dfrac{\mathrm{d}f_2(x_2(t-0.2))}{\mathrm{d}t} - \dfrac{\mathrm{d}x_1(t)}{\mathrm{d}t} > 0,
\end{cases}
$$

$$
a_{21}\left(x_2(t)\right) = \begin{cases}
0.3, & \dfrac{\mathrm{d}f_1(x_1(t))}{\mathrm{d}t} - \dfrac{\mathrm{d}x_2(t)}{\mathrm{d}t} \leqslant 0, \\
0.5, & \dfrac{\mathrm{d}f_1(x_1(t))}{\mathrm{d}t} - \dfrac{\mathrm{d}x_2(t)}{\mathrm{d}t} > 0,
\end{cases}
$$

$$
a_{22}\left(x_2(t)\right) = \begin{cases}
-0.2, & -\dfrac{\mathrm{d}f_2(x_2(t))}{\mathrm{d}t} - \dfrac{\mathrm{d}x_2(t)}{\mathrm{d}t} \leqslant 0, \\
-0.8, & -\dfrac{\mathrm{d}f_2(x_2(t))}{\mathrm{d}t} - \dfrac{\mathrm{d}x_2(t)}{\mathrm{d}t} > 0,
\end{cases}
$$

$$b_{21}\left(x_{2}(t)\right)=\begin{cases} 0.4, & \dfrac{\mathrm{d}f_{1}(x_{1}(t-0.2))}{\mathrm{d}t}-\dfrac{\mathrm{d}x_{2}(t)}{\mathrm{d}t}\leqslant 0, \\ 0.6, & \dfrac{\mathrm{d}f_{1}(x_{1}(t-0.2))}{\mathrm{d}t}-\dfrac{\mathrm{d}x_{2}(t)}{\mathrm{d}t}> 0, \end{cases}$$

$$b_{22}\left(x_{2}(t)\right)=\begin{cases} -0.3, & -\dfrac{\mathrm{d}f_{2}(x_{2}(t-0.2))}{\mathrm{d}t}-\dfrac{\mathrm{d}x_{2}(t)}{\mathrm{d}t}\leqslant 0, \\ -0.9, & -\dfrac{\mathrm{d}f_{2}(x_{2}(t-0.2))}{\mathrm{d}t}-\dfrac{\mathrm{d}x_{2}(t)}{\mathrm{d}t}> 0. \end{cases}$$

在系统 (2-2-30) 中, 根据 (A2.2.1), 可得 $\tau=0.2, \alpha=\beta=0.2, E_{\alpha}=E_{\beta}=I_{2}$, 并且

$$D=\begin{bmatrix} 2.2 & 0 \\ 0 & 1.5 \end{bmatrix}, \quad \tilde{A}=\begin{bmatrix} 0.3 & 0.7 \\ 0.5 & 0.8 \end{bmatrix}, \quad \tilde{B}=\begin{bmatrix} 0.4 & 0.8 \\ 0.6 & 0.9 \end{bmatrix}.$$

当 $\delta=0.1$ 时, 应用 MATLAB 对 (2-2-8) 与 (2-2-9) 或者 (2-2-24) 与 (2-2-25) 求解得到一组可行解:

$$\varepsilon=107.0465, \quad \sigma=130.92, \quad \gamma=26.5287,$$

$$J_{1}=\begin{bmatrix} 18.2641 & 0.9868 \\ 0.9868 & 22.5628 \end{bmatrix}, \quad J_{2}=\begin{bmatrix} 321.4744 & 25.8172 \\ 25.8172 & 214.5488 \end{bmatrix},$$

$$J_{3}=\begin{bmatrix} 17.5260 & 2.5754 \\ 2.5754 & 32.7910 \end{bmatrix}, \quad J_{4}=\begin{bmatrix} 9.4478 & 1.8675 \\ 1.8675 & 19.5368 \end{bmatrix},$$

$$R_{1}=\begin{bmatrix} 13.7247 & 0.6115 \\ 0.6115 & 13.8945 \end{bmatrix}, \quad R_{2}=\begin{bmatrix} 22.1267 & 0.6758 \\ 0.6758 & 9.3506 \end{bmatrix},$$

$$R_{3}=\begin{bmatrix} 20.7228 & -4.8262 \\ -4.8262 & 14.5245 \end{bmatrix}, \quad R_{4}=\begin{bmatrix} 4.7829 & 0.8740 \\ 0.8740 & 3.7141 \end{bmatrix},$$

$$R_{5}=\begin{bmatrix} -2.0908 & -0.0522 \\ -0.0522 & -2.4413 \end{bmatrix},$$

$$P_{11}=\begin{bmatrix} 60.6484 & -4.4108 \\ -4.4108 & 61.4368 \end{bmatrix}, \quad P_{12}=\begin{bmatrix} -39.5761 & 8.9099 \\ 8.9099 & -36.4072 \end{bmatrix},$$

$$P_{13}=\begin{bmatrix} -13.3593 & -2.0586 \\ -2.0586 & -14.6190 \end{bmatrix},$$

$$P_{22}=\begin{bmatrix} 107.7480 & -6.3561 \\ -6.3561 & 89.8217 \end{bmatrix}, \quad P_{23}=\begin{bmatrix} -29.0843 & 2.3209 \\ 2.3209 & -27.8287 \end{bmatrix},$$

$$P_{33} = \begin{bmatrix} 39.0859 & 1.0505 \\ 1.0505 & 46.3592 \end{bmatrix},$$

$$Q_{11} = \begin{bmatrix} 50.9600 & 0.5056 \\ 0.5056 & 51.7296 \end{bmatrix}, \quad Q_{12} = \begin{bmatrix} -15.1722 & -0.9126 \\ -0.9126 & -16.9778 \end{bmatrix},$$

$$Q_{13} = \begin{bmatrix} -29.5613 & 2.4480 \\ 2.4480 & -29.2045 \end{bmatrix},$$

$$Q_{22} = \begin{bmatrix} 35.3545 & 1.8023 \\ 1.8023 & 41.9570 \end{bmatrix}, \quad Q_{23} = \begin{bmatrix} -17.8065 & -1.3723 \\ -1.3723 & -20.0257 \end{bmatrix},$$

$$Q_{33} = \begin{bmatrix} 63.6214 & 0.4431 \\ 0.4431 & 63.4047 \end{bmatrix},$$

$$S_1 = \begin{bmatrix} 11.2882 & -4.6694 \\ -4.6694 & 15.5928 \end{bmatrix}, \quad S_2 = \begin{bmatrix} -34.5226 & 0.8498 \\ 0.8498 & -36.9168 \end{bmatrix},$$

$$S_3 = \begin{bmatrix} 6.6944 & -0.6059 \\ -0.6059 & 9.2486 \end{bmatrix},$$

$$F_1 = \begin{bmatrix} 6.1717 & -0.9662 \\ -0.9662 & 8.1644 \end{bmatrix}, \quad F_2 = \begin{bmatrix} 2.8356 & 1.0295 \\ 1.0295 & 3.8516 \end{bmatrix},$$

$$F_3 = \begin{bmatrix} -18.2209 & -0.8611 \\ -0.8611 & -22.5311 \end{bmatrix}.$$

当外部输入时, 应用定理 2.2.1, 可知系统 (2-2-30) 是无源的. 同时, 当 $u_1(t) = u_2(t) = 0$ 时, 应用推论 2.2.1, 可知系统 (2-2-30) 的平衡点是全局渐近稳定的.

特别地, 取 $f_1 = 0.2\sin x_1(t), f_2 = 0.2\sin x_2(t), g_1 = 0.2\sin x_1(t - 0.2), g_2 = 0.2\sin x_2(t - 0.2)$, 初值 $(\phi_1(s), \phi_2(s)) \in [-5, 5] \times [-5, 5], s \in [-0.2, 0]$. 图 2-2-3 与图 2-2-4 分别为系统 (2-2-30) 在有输入与无输入时的状态曲线. 如图 2-2-3 所示, 外部输入 $u_1(t) = 1 + \sin t, u_2(t) = 2 + \sin t$ 时, 系统 (2-2-30) 能够保持内部稳定. 如图 2-2-4 所示, 外部输入 $u_1(t) = u_2(t) = 0$ 时, 系统 (2-2-30) 的平衡点是全局渐近稳定的.

为了研究时滞 δ 对系统动力学性态的影响, 固定 $\tau = 0.2, u_1(t) = u_2(t) = 0$, 分别选取 $\delta = 0, \delta = 0.05, \delta = 0.1, \delta = 0.15, \delta = 0.2, \delta = 0.25$, 初始条件 $\phi_1(s) =$

$4, \phi_2(s) = -2$, 其余条件均与前述相同. 对于不同的 δ 取值, 我们均可以找到满足推论 2.2.1 中条件的可行解. 从数值模拟结果可看出, 系统 (2-2-30) 是全局渐近稳定的, 忆阻系统在 δ 取上述不同值时的状态反应曲线如图 2-2-5 所示. 由图 2-2-5 可以看出, leakage 时滞对于神经网络的稳定性有破坏作用.

2.2.4 小结

本节研究了一类具有 leakage 时滞与传输时滞的忆阻神经网络. 基于微分包含及集值映射理论, 应用 Lyapunov 方法得到了依赖于时滞的无源性判据. 基于无源性分析结果, 运用 Barbalat 引理与 Gronwall 不等式得到了系统在平衡点处的全局渐近稳定性判据. 区别于文献 [28] 中的模型, 系统 (2-2-2) 同时考虑了传输时滞与 leakage 时滞. 通过数值例子说明了 leakage 时滞对忆阻神经网络稳定性的破坏作用. 另外, 与文献 [4] 相比 (A2.2.1) 不限制激活函数的单调性, 从而降低了本节条件的保守性.

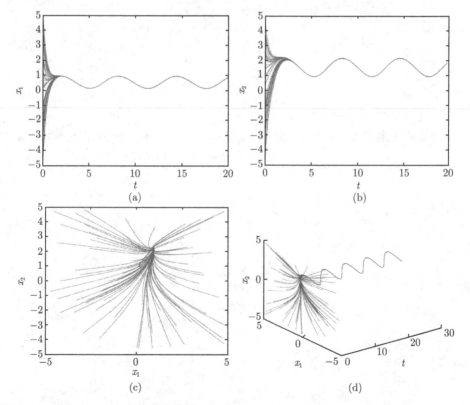

图 2-2-3　系统 (2-2-30) 的状态曲线图. $\delta = 0.1, \tau = 0.2, u_1(t) = 1 + \sin t, u_2(t) = 2 + \sin t$, 随机初值 $(\phi_1(s), \phi_2(s)) \in [-5, 5] \times [-5, 5], s \in [-0.2, 0]$

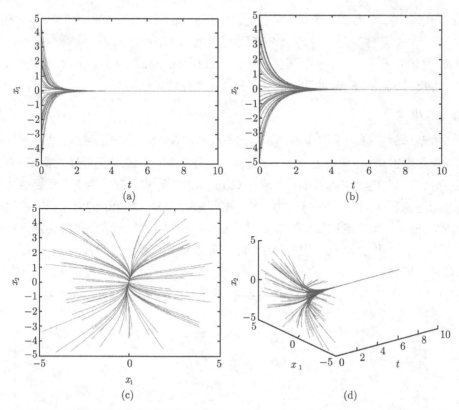

图 2-2-4　系统 (2-2-30) 的状态曲线图. $\delta = 0.1, \tau = 0.2, u_1(t) = u_2(t) = 0$, 随机初值
$(\phi_1(s), \phi_2(s)) \in [-5, 5] \times [-5, 5], s \in [-0.2, 0]$

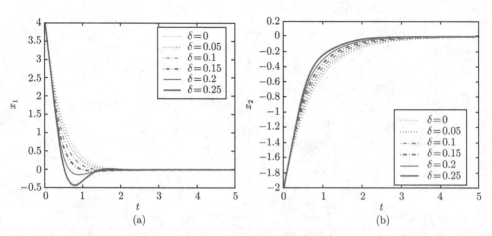

图 2-2-5　δ 取不同值时状态变量 $x_1(t), x_2(t)$ 的轨线, 初值 $\phi_1(s) = 4, \phi_2(s) = -2$

2.3 具有比例时滞的忆阻神经网络的无源性与状态估计

为获得强大的信息处理能力, 神经网络通常由大量神经元经过高度互联构成. 在神经网络模型中, 由于神经元的数量庞大且结构繁杂, 人们难以准确获知神经元的状态信息[28,29]. 但在实际应用中往往需要掌握神经元的状态信息, 并以此实现信号处理、系统反馈控制等预期目标. 这便要求我们去估计神经网络中神经元的状态信息. 状态估计问题便持续地成为神经网络研究领域的热点问题[30,31]. 神经网络的无源性蕴含着系统的稳定性, 是系统稳定性在更高水平的抽象概念. 本节基于无源性分析来解决忆阻神经网络的状态估计问题.

2.3.1 问题的描述

比例时滞是一类具有时间比例的时变时滞, 经常出现在星际物质中光的吸收现象和网络服务路由决策过程中. 比例时滞系统是一类重要的数学模型, 在物理学、生物学及控制理论研究中具有重要作用. 近年来, 具有比例时滞的神经网络动力学性态方面的研究引起了学者的关注[32—36].

文献 [37] 研究了一类具有比例时滞的忆阻神经网络

$$\dot{x}_i(t) = -x_i(t) + \sum_{j=1}^{n} a_{ij}(x_i(t)) f_j(x_j(t))$$

$$+ \sum_{j=1}^{n} b_{ij}(x_i(t)) f_j(x_j(q_j(t))), \quad t \geqslant 0, \quad i = 1, 2, \cdots, n, \quad (2\text{-}3\text{-}1)$$

其中, $x_i(t)$ 为电容 C_i 在 t 时刻的电压, $f_j(x_j(t))$ 与 $f_j(x_j(q_j(t)))$ 分别表示在 t 时刻与 $q_j(t)$ 时刻神经元突触的连接权重. $q_j(t) = t - (1 - q_j)t$, 其中, $(1 - q_j)t$ 刻画信号在神经元之间的传输时滞. 应用微分包含理论来处理右端不连续的忆阻神经网络, 给出了系统 (2-3-1) 的反同步判据.

受文献 [37—41] 的启发, 本节研究以下具有比例时滞的忆阻神经网络

$$\begin{cases} \dot{x}_i(t) = -d_i x_i(t) + \sum_{j=1}^{n} a_{ij}(x_i(t)) f_j(x_j(t)) + \sum_{j=1}^{n} b_{ij}(x_i(t)) f_j(x_j(\rho_j(t))) + I_i(t), \\ y_i(t) = f_i(x_i(t)), \quad t \geqslant 0, \quad i = 1, 2, \cdots, n, \end{cases}$$

$$(2\text{-}3\text{-}2)$$

$$\begin{cases} \dot{x}(t) = -Dx(t) + A(x(t)) f(x(t)) + B(x(t)) f(x(\rho(t))) + I(t), \\ y(t) = f(x(t)), \quad t \geqslant 0, \quad i = 1, 2, \cdots, n, \end{cases}$$

$$(2\text{-}3\text{-}3)$$

其中, $x(t) = [x_1(t), x_2(t), \cdots, x_n(t)]^{\mathrm{T}}$ 为 t 时刻电容的电压, $D = \mathrm{diag}(d_1, d_2, \cdots, d_n)$ 刻画神经元在脱离与外部输入时将电位重置为静息状态的速率. 第 j 个神经元在 t 时刻与 $q_j t$ 时刻的激活函数分别用 $f_j(x_j(t))$ 与 $f_j(x_j(t - \rho_j(t)))$ 表示. $y(t) = [y_1(t), y_2(t), \cdots, y_n(t)]^{\mathrm{T}}$ 为系统的输出, $I(t) = [I_1(t), I_2(t), \cdots, I_n(t)]^{\mathrm{T}}$ 为外部输入. $\rho(t) = [\rho_1(t), \rho_2(t), \cdots, \rho_n(t)]^{\mathrm{T}}$ 为比例时滞项, $\rho_j(t) = t - (1 - q_j)t, 0 < q_j \leqslant 1$. 满足当 $q_j \neq 1, t \to +\infty$ 时, $(1 - q_j)t \to +\infty$. $A(x(t)) = (a_{ij}(x_i(t)))_{n \times n}$ 与 $B(x(t)) = (b_{ij}(x_i(t)))_{n \times n}$ 表示基于忆阻器的连接权重矩阵, 且

$$a_{ij}(x_i(t)) = \frac{\mathcal{W}_{ij}}{\mathcal{C}_i} \times \mathrm{sign}_{ij}, \quad b_{ij}(x_i(t)) = \frac{\mathcal{M}_{ij}}{\mathcal{C}_i} \times \mathrm{sign}_{ij}, \quad \mathrm{sign}_{ij} = \begin{cases} 1, & i \neq j, \\ -1, & i = j, \end{cases}$$
$$(2\text{-}3\text{-}4)$$

其中, $\mathcal{W}_{ij}$ 与 $\mathcal{M}_{ij}$ 表示忆阻器 $\mathcal{R}_{ij}$ 与 $\mathcal{F}_{ij}$ 的性能. $\mathcal{R}_{ij}$ 表示 $x_j(t)$ 与激活函数 $f_j(x_j(t))$ 之间的忆阻器, $\mathcal{F}_{ij}$ 表示 $x_j(t)$ 与激活函数 $f_j(x_j(\rho_j(t)))$ 之间的忆阻器. 根据忆阻器的特点及电流电压特性:

$$a_{ij}(x_i(t)) = \begin{cases} \widehat{a}_{ij}, & \mathrm{sign}\dfrac{\mathrm{d}f_j(x_j(t))}{\mathrm{d}t} - \dfrac{\mathrm{d}x_i(t)}{\mathrm{d}t} \leqslant 0, \\ \breve{a}_{ij}, & \mathrm{sign}\dfrac{\mathrm{d}f_j(x_j(t))}{\mathrm{d}t} - \dfrac{\mathrm{d}x_i(t)}{\mathrm{d}t} > 0, \end{cases}$$
$$b_{ij}(x_i(t)) = \begin{cases} \widehat{b}_{ij}, & \mathrm{sign}\dfrac{\mathrm{d}f_j(x_j(\rho_j(t)))}{\mathrm{d}t} - \dfrac{\mathrm{d}x_i(t)}{\mathrm{d}t} \leqslant 0, \\ \breve{b}_{ij}, & \mathrm{sign}\dfrac{\mathrm{d}f_j(x_j(\rho_j(t)))}{\mathrm{d}t} - \dfrac{\mathrm{d}x_i(t)}{\mathrm{d}t} > 0, \end{cases} \quad (2\text{-}3\text{-}5)$$

其中, $\widehat{a}_{ij}, \breve{a}_{ij}, \widehat{b}_{ij}$ 与 $\breve{b}_{ij}$ 均为常数, $i, j = 1, 2, \cdots, n$. 显然, 具有比例时滞的模型 (2-3-2) 为状态依赖的阈值切换系统. 针对系统 (2-3-2), 做以下假设:

(A2.3.1) 神经元的激活函数 $f_i(\cdot)$ 满足 Lipschitz 条件, 即对任意的两个实数 u, v, 均有

$$|f_i(u) - f_i(v)| \leqslant k_i |u - v|, \quad \forall u, v \in \mathbb{R}, u \neq v, i = 1, 2, \cdots, n,$$

其中, k_i 为 Lipschitz 常数, 并且 $f_i(0) = 0$.

定义非线性变换

$$z_i(t) = x_i(e^t). \quad (2\text{-}3\text{-}6)$$

我们能够证明系统 (2-3-2) 等价于下列具有常时滞的时变非线性系统

$$\begin{cases} \dot{z}_i(t)=e^t\left[-d_i z_i(t)+\sum_{j=1}^n a_{ij}(z_i(t))f_j(z_j(t))+\sum_{j=1}^n b_{ij}(z_i(t))f_j(z_j(t-\tau_j))+u_i(t)\right], \\ y_i(t)=f_i(z_i(t)), \quad t\geqslant 0, \quad i=1,2,\cdots,n, \end{cases}$$

(2-3-7)

其中, $\tau_j=-\log q_j\geqslant 0, u_i(t)=I_i(e^t)$.

假定系统 (2-3-7) 的初始条件为

$$z_i(t)=\phi_i(t), \quad t\in[-\tau,0], \quad \tau=\max[\tau_j], \quad i,j=1,2,\cdots,n,$$

其中, $\phi(t)=(\phi_1(t),\phi_2(t),\cdots,\phi_n(t))\in\mathcal{C}\left([-\rho,0],\mathbb{R}^n\right)$.

由 (2-3-5) 可以看出, 连接权重 $a_{ij}(x_i(t))$ 在两个不同的常数 $\widehat{a}$ 与 $\breve{a}$ 之间切换, $b_{ij}(x_i(t))$ 在 $\widehat{b}$ 与 $\breve{b}$ 之间切换. 因此, 连接权重矩阵 $A(x(t))$ 与 $B(x(t))$ 可能的组合形式共有 2^{2n^2} 种. 我们可以将 2^{2n^2} 种情形按下列方法排序:

$$(A_1,B_1),(A_2,B_2),\cdots,(A_{2^{2n^2}},B_{2^{2n^2}}).$$

在任意时刻 $t\geqslant 0$, $A(x(t))$ 与 $B(x(t))$ 的组合形式必为上述 2^{2n^2} 种情形之一. 对于 $l\in\left\{1,2,\cdots,2^{2n^2}\right\}$, 在任意时刻 t, 我们能够定义

$$\pi_l(t)=\begin{cases} 1, & A(x(t))=A_l, B(x(t))=B_l, \\ 0, & \text{否则.} \end{cases}$$

(2-3-8)

显然 $\sum_{l=1}^{2^{2n^2}}\pi_l(t)=1$. 因此, 系统 (2-3-2) 可改写为

$$\begin{cases} \dot{x}(t)=\sum_{l=1}^{2^{2n^2}}\pi_l(t)\left[-Dx(t)+A(x(t))f(x(t))+B(x(t))f(x(q(t)))+I(t)\right], \\ y(t)=f(x(t)), \quad t\geqslant 0. \end{cases}$$

(2-3-9)

由 (2-3-3) 与 (2-3-9) 可得

$$A(x(t))=\sum_{l=1}^{2^{2n^2}}\pi_l(t)A_l, \quad B(x(t))=\sum_{l=1}^{2^{2n^2}}\pi_l(t)B_l.$$

(2-3-10)

记

$$\Gamma=\text{diag}\left(\frac{d_1}{k_1},\frac{d_2}{k_2},\cdots,\frac{d_n}{k_n}\right), \quad K=\text{diag}(k_1,k_2,\cdots,k_n),$$

$$\Lambda = \mathrm{diag}(\lambda_1, \lambda_2, \cdots, \lambda_n), \qquad \lambda_i = \begin{cases} 1, & i = j, \\ 0, & i \neq j. \end{cases}$$

2.3.2 无源性分析

定理 2.3.1 假设 (A2.3.1) 成立, 并且

$$\Theta = \begin{bmatrix} \Pi & B_l \\ * & -I \end{bmatrix} < 0, \tag{2-3-11}$$

其中, $\Pi = A_l + A_l^{\mathrm{T}} + \Lambda - \Lambda\Gamma - \Gamma^{\mathrm{T}}\Lambda^{\mathrm{T}}$, 则系统 (2-3-2) 是无源的.

证明 定义 Lyapunov-Krasovskii 泛函:

$$V\left(z(t)\right) = 2\sum_{i=1}^{n} e^{-t} \int_0^{z_i(t)} f_i(s)\mathrm{d}s + \sum_{i=1}^{n} \int_{t-\tau_i}^{t} f_i^2\left(z_i(s)\right)\mathrm{d}s. \tag{2-3-12}$$

沿着系统 (2-3-7) 的解计算 $V\left(z(t)\right)$ 的全导数, 可得

$$\dot{V}(z(t)) - 2y^{\mathrm{T}}(t)u(t) - \gamma u^{\mathrm{T}}(t)u(t)$$

$$= -2\sum_{i=1}^{n} e^{-t} \int_0^{z_i(t)} f_i(s)\mathrm{d}s + 2\sum_{i=1}^{n} e^{-t} f_i\left(z_i(t)\right)\dot{z}_i(t) + \sum_{i=1}^{n} f_i^2\left(z_i(t)\right)$$

$$- \sum_{i=1}^{n} f_i^2\left(z_i(t-\tau_i)\right) - 2y^{\mathrm{T}}(t)u(t) - \gamma u^{\mathrm{T}}(t)u(t)$$

$$\leqslant 2\sum_{i=1}^{n} e^{-t} f_i\left(z_i(t)\right)\dot{z}_i(t) + \sum_{i=1}^{n} f_i^2\left(z_i(t)\right) - \sum_{i=1}^{n} f_i^2\left(z_i(t-\tau_i)\right)$$

$$- 2y^{\mathrm{T}}(t)u(t) - \gamma u^{\mathrm{T}}(t)u(t)$$

$$= 2\sum_{i=1}^{n} f_i\left(z_i(t)\right)\left[-d_i z_i(t) + \sum_{j=1}^{n} a_{ij}\left(z_i(t)\right) f_j\left(z_j(t)\right)\right.$$

$$\left. + \sum_{j=1}^{n} b_{ij}\left(z_i(t)\right) f_j\left(z_j(t-\tau_j)\right) + u_i(t)\right]$$

$$+ \sum_{i=1}^{n} f_i^2\left(z_i(t)\right) - \sum_{i=1}^{n} f_i^2\left(z_i(t-\tau_i)\right) - 2y^{\mathrm{T}}(t)u(t) - \gamma u^{\mathrm{T}}(t)u(t)$$

$$= 2\sum_{i=1}^{n}\left[-d_i z_i(t) f_i\left(z_i(t)\right) + \sum_{j=1}^{n} a_{ij}\left(z_i(t)\right) f_i\left(z_i(t)\right) f_j\left(z_j(t)\right)\right.$$

$$\left. + \sum_{j=1}^{n} b_{ij}\left(z_i(t)\right) f_i\left(z_i(t)\right) f_j\left(z_j(t-\tau_j)\right)\right]$$

$$+ \sum_{i=1}^{n} f_i^2 \left(z_i(t) \right) - \sum_{i=1}^{n} f_i^2 \left(z_i(t - \tau_i) \right) - \gamma u^{\mathrm{T}}(t) u(t)$$

$$\leqslant 2 \sum_{i=1}^{n} \left[\left(\frac{1}{2} - \frac{d_i}{k_i} \right) f_i^2 \left(z_i(t) \right) + \sum_{j=1}^{n} a_{ij} \left(z_i(t) \right) f_i \left(z_i(t) \right) f_j \left(z_j(t) \right) \right.$$

$$\left. + \sum_{j=1}^{n} b_{ij} \left(z_i(t) \right) f_i \left(z_i(t) \right) f_j \left(z_j(t - \tau_j) \right) \right] - \sum_{i=1}^{n} f_i^2 \left(z_i(t - \tau_i) \right) - \gamma u^{\mathrm{T}}(t) u(t)$$

$$= 2 \sum_{i=1}^{n} \left[\sum_{j=1}^{n} \left(a_{ij} \left(z_i(t) \right) + \lambda_{ij} \left(\frac{1}{2} - \frac{d_i}{k_i} \right) \right) f_i \left(z_i(t) \right) f_j \left(z_j(t) \right) \right.$$

$$\left. + \sum_{j=1}^{n} b_{ij} \left(z_i(t) \right) f_i \left(z_i(t) \right) f_j \left(z_j(t - \tau_j) \right) \right] - \sum_{i=1}^{n} f_i^2 (z_i(t - \tau_i)) - \gamma u^{\mathrm{T}}(t) u(t)$$

$$= \eta^{\mathrm{T}}(t) \tilde{\Xi} \eta(t), \tag{2-3-13}$$

其中

$$\eta(t) = \left[f \left(z(t) \right), f \left(z(t - \tau) \right), u(t) \right]^{\mathrm{T}},$$

$$\tilde{\Xi} = \begin{pmatrix} \tilde{\Pi} & B \left(z(t) \right) & 0 \\ * & -I & 0 \\ * & * & -\gamma \end{pmatrix},$$

$$\tilde{\Pi} = A \left(z(t) \right) + A^{\mathrm{T}} \left(z(t) \right) + \Lambda - \Lambda \Gamma - \Gamma^{\mathrm{T}} \Lambda^{\mathrm{T}}.$$

根据 (2-3-10), 有

$$\tilde{\Xi} = \sum_{l=1}^{2^{2n^2}} \pi_l(t) \begin{pmatrix} \Theta & 0 \\ * & -\gamma \end{pmatrix} < 0. \tag{2-3-14}$$

由 (2-3-13) 和 (2-3-14) 可得

$$\dot{V} \left(z(t) \right) - 2 y^{\mathrm{T}}(t) u(t) - \gamma u^{\mathrm{T}}(t) u(t) \leqslant 0. \tag{2-3-15}$$

对 $z(0) = 0$, (2-3-15) 在时间区间 0 到 t_p 求积分可得

$$2 \int_0^{t_p} y^{\mathrm{T}}(s) u(s) \mathrm{d}s \geqslant V \left(t_p, z(t_p) \right) - V \left(0, z(0) \right) - \gamma \int_0^{t_p} u^{\mathrm{T}}(s) u(s) \mathrm{d}s.$$

由于 $V \left(0, z(0) \right) = 0, V \left(t_p, z(t_p) \right) \geqslant 0$, 易知

$$2 \int_0^{t_p} y^{\mathrm{T}}(s) u(s) \mathrm{d}s \geqslant -\gamma \int_0^{t_p} u^{\mathrm{T}}(s) u(s) \mathrm{d}s.$$

因此, 忆阻神经网络 (2-3-2) 是无源的.　　　　　　　　　　　　　　□

推论 2.3.1　当输入 $I(t) = (I_1(t), I_2(t), \cdots, I_n(t))^{\mathrm{T}} = (0, 0, \cdots, 0)^{\mathrm{T}}$ 时, 假设 (A2.3.1) 成立, 且

$$\Theta = \begin{bmatrix} \Pi & B_l \\ * & -I \end{bmatrix} < 0, \tag{2-3-16}$$

其中, $\Pi = A_l + A_l^{\mathrm{T}} + \Lambda - \Lambda\Gamma - \Gamma^{\mathrm{T}}\Lambda^{\mathrm{T}}$, 则系统 (2-3-2) 是全局渐近稳定的.

2.3.3　基于无源性的状态估计

本节, 我们基于无源性理论设计系统 (2-3-2) 的状态估计器:

$$\begin{cases} \dot{\bar{x}}_i(t) = -d_i\bar{x}_i(t) + \sum_{j=1}^n a_{ij}\left(\bar{x}_i(t)\right) f_j\left(\bar{x}_j(t)\right) + \sum_{j=1}^n b_{ij}\left(\bar{x}_i(t)\right) f_j\left(\bar{x}_j\left(\rho_j(t)\right)\right) + I_i(t) \\ \qquad + m_i\left(y_i(t) - \bar{y}_i(t)\right) - J_i(t), \\ \bar{y}_i(t) = f_i\left(\bar{x}_i(t)\right), \quad t \geqslant 0, \quad i = 1, 2, \cdots, n, \end{cases} \tag{2-3-17}$$

其中, $\bar{x}_i(t)$ 为第 i 个神经元状态的估计量, $\bar{y}_i(t)$ 为第 i 个状态估计器的输出量, $J_i(t)$ 为控制输入量, m_i 为已知的增益权重.

定义估计误差 $r(t) = x(t) - \bar{x}(t)$ 以及输出误差 $\tilde{y} = y(t) - \bar{y}(t)$, 则估计误差系统为

$$\begin{cases} \dot{r}_i(t) = -d_i r_i(t) + \sum_{j=1}^n \bar{a}_{ij}\left(r_i(t)\right) \bar{f}_j\left(r_j(t)\right) \\ \qquad + \sum_{j=1}^n \bar{b}_{ij}\left(r_i(t)\right) \bar{f}_j\left(r_j\left(\rho_j(t)\right)\right) - m_i\bar{f}_i\left(r_i(t)\right) + J_i(t), \\ \tilde{y}_i(t) = \bar{f}_i\left(r_i(t)\right), \quad t \geqslant 0, \quad i = 1, 2, \cdots, n, \end{cases} \tag{2-3-18}$$

其中

$$\bar{a}_{ij}\left(r_i(t)\right) = a_{ij}\left(x_i(t)\right) - a_{ij}\left(\bar{x}_i(t)\right), \quad \bar{b}_{ij}\left(r_i(t)\right) = b_{ij}\left(x_i(t)\right) - b_{ij}\left(\bar{x}_i(t)\right),$$
$$\bar{f}_i\left(r_i(t)\right) = f_i\left(x_i(t)\right) - f_i\left(\bar{x}_i(t)\right), \quad \bar{f}_i\left(r_i\left(\rho_j(t)\right)\right) = f_i\left(x_i\left(\rho_j(t)\right)\right) - f_i\left(\bar{x}_i\left(\rho_j(t)\right)\right).$$

定义

$$w_i(t) = r_r(e^t). \tag{2-3-19}$$

系统 (2-3-18) 可化为下列具有常时滞的时变非线性系统:

$$
\begin{cases}
\dot{w}_i(t) = e^t \Bigg[-d_i w_i(t) + \displaystyle\sum_{j=1}^{n} \bar{a}_{ij}\left(w_i(t)\right) \bar{f}_j\left(w_j(t)\right) + \sum_{j=1}^{n} \bar{b}_{ij}\left(w_i(t)\right) \bar{f}_j\left(w_j(t-\tau_j)\right) \\
\qquad\qquad - m_i \bar{f}_i\left(w_i(t)\right) + u_i(t) \Bigg], \\
\tilde{y}_i(t) = \bar{f}_i\left(w_i(t)\right), \quad t \geqslant 0, \quad i = 1, 2, \cdots, n,
\end{cases}
\tag{2-3-20}
$$

其中, $\tau_j = -\log q_j \geqslant 0, u_i(t) = J_i(e^t)$.

假定系统 (2-3-20) 的初始条件为

$$
w_i(t) = \varphi_i(t), \quad t \in [-\tau, 0], \quad \tau = \max[\tau_j], \quad i, j = 1, 2, \cdots, n,
$$

其中, $\varphi(t) = (\varphi_1(t), \varphi_2(t), \cdots, \varphi_n(t)) \in \mathcal{C}\left([-\tau, 0], \mathbb{R}^n\right)$.

定理 2.3.2 假设 (A2.3.1) 成立, 如果存在 $M = \operatorname{diag}(m_1, m_2, \cdots, m_n)$ 使得

$$
\Theta = \begin{bmatrix} \Pi & B_l \\ * & -I \end{bmatrix} < 0,
\tag{2-3-21}
$$

其中, $\Pi = A_l + A_l^{\mathrm{T}} + \Lambda - \Lambda\Gamma - \Gamma^{\mathrm{T}}\Lambda^{\mathrm{T}} - \Lambda M - M^{\mathrm{T}}\Lambda^{\mathrm{T}}$, 则估计误差系统 (2-3-18) 是无源的, M 为状态估计器的增益矩阵.

证明 定义 Lyapunov-Krasovskii 泛函:

$$
V(w(t)) = 2 \sum_{i=1}^{n} e^{-t} \int_0^{w_i(t)} \bar{f}_i(s)\mathrm{d}s + \sum_{i=1}^{n} \int_{t-\tau_i}^{t} \bar{f}_i^2\left(w_i(s)\right) \mathrm{d}s.
\tag{2-3-22}
$$

沿着系统 (2-3-20) 的解计算 $V(w(t))$ 的导数, 可得

$$
\dot{V}(w(t)) - 2\tilde{y}^{\mathrm{T}}(t)u(t) - \gamma u^{\mathrm{T}}(t)u(t)
$$

$$
= -2 \sum_{i=1}^{n} e^{-t} \int_0^{w_i(t)} \bar{f}_i(s)\mathrm{d}s + 2 \sum_{i=1}^{n} e^{-t} \bar{f}_i\left(w_i(t)\right) \dot{w}_i(t)
$$

$$
+ \sum_{i=1}^{n} \bar{f}_i^2\left(w_i(t)\right) - \sum_{i=1}^{n} \bar{f}_i^2\left(w_i(t-\tau_i)\right) - 2\tilde{y}^{\mathrm{T}}(t)u(t) - \gamma u^{\mathrm{T}}(t)u(t)
$$

$$
\leqslant 2 \sum_{i=1}^{n} e^{-t} \bar{f}_i\left(w_i(t)\right) \dot{w}_i(t) + \sum_{i=1}^{n} \bar{f}_i^2\left(w_i(t)\right) - \sum_{i=1}^{n} \bar{f}_i^2\left(w_i(t-\tau_i)\right)
$$

$$
- 2\tilde{y}^{\mathrm{T}}(t)u(t) - \gamma u^{\mathrm{T}}(t)u(t)
$$

$$
= 2 \sum_{i=1}^{n} \bar{f}_i\left(w_i(t)\right) \Bigg[-d_i w_i(t) + \sum_{j=1}^{n} a_{ij}\left(w_i(t)\right) \bar{f}_j\left(w_j(t)\right)
$$

$$+ \sum_{j=1}^{n} b_{ij}\left(w_i(t)\right)\bar{f}_j\left(w_j(t-\tau_j)\right) - m_i\bar{f}_i\left(w_i(t)\right) + u_i(t) \Bigg]$$

$$+ \sum_{i=1}^{n} \bar{f}_i^2\left(w_i(t)\right) - \sum_{i=1}^{n} \bar{f}_i^2\left(w_i(t-\tau_i)\right) - 2\tilde{y}^{\mathrm{T}}(t)u(t) - \gamma u^{\mathrm{T}}(t)u(t)$$

$$\leqslant 2\sum_{i=1}^{n} \left[\left(\frac{1}{2} - \frac{d_i}{k_i} - m_i\right)\bar{f}_i^2\left(w_i(t)\right) + \sum_{j=1}^{n} a_{ij}\left(w_i(t)\right)\bar{f}_i\left(w_i(t)\right)\bar{f}_j\left(w_j(t)\right) \right.$$

$$\left. + \sum_{j=1}^{n} b_{ij}\left(w_i(t)\right)\bar{f}_i\left(w_i(t)\right)\bar{f}_j\left(w_j(t-\tau_j)\right) \right] - \sum_{i=1}^{n} \bar{f}_i^2\left(w_i(t-\tau_i)\right) - \gamma u^{\mathrm{T}}(t)u(t)$$

$$= 2\sum_{i=1}^{n} \left[\sum_{j=1}^{n} \left(a_{ij}\left(w_i(t)\right) + \lambda_{ij}\left(\frac{1}{2} - \frac{d_i}{k_i} - m_i\right)\right)\bar{f}_i\left(w_i(t)\right)\bar{f}_j\left(w_j(t)\right) \right.$$

$$\left. + \sum_{j=1}^{n} b_{ij}\left(w_i(t)\right)\bar{f}_i\left(w_i(t)\right)\bar{f}_j\left(w_j(t-\tau_j)\right) \right] - \sum_{i=1}^{n} \bar{f}_i^2(w_i(t-\tau_i)) - \gamma u^{\mathrm{T}}(t)u(t)$$

$$= \eta^{\mathrm{T}}(t)\tilde{\Xi}\eta(t), \tag{2-3-23}$$

其中

$$\eta(t) = \left[\bar{f}\left(w(t)\right), \bar{f}\left(w(t-\tau)\right), u(t)\right]^{\mathrm{T}},$$

$$\tilde{\Xi} = \begin{pmatrix} \tilde{\Pi} & B\left(w(t)\right) & 0 \\ * & -I & 0 \\ * & * & -\gamma \end{pmatrix},$$

$$\tilde{\Pi} = A\left(w(t)\right) + A^{\mathrm{T}}\left(w(t)\right) + \Lambda - \Lambda\Gamma - \Gamma^{\mathrm{T}}\Lambda^{\mathrm{T}} - \Lambda M - M^{\mathrm{T}}\Lambda^{\mathrm{T}}.$$

根据 (2-3-10), 有

$$\tilde{\Xi} = \sum_{l=1}^{2^{2n^2}} \pi_l(t)\begin{pmatrix} \Theta & 0 \\ * & -\gamma \end{pmatrix} < 0. \tag{2-3-24}$$

由 (2-3-23) 及 (2-3-24) 可得

$$\dot{V}\left(w(t)\right) - 2y^{\mathrm{T}}(t)u(t) - \gamma u^{\mathrm{T}}(t)u(t) \leqslant 0. \tag{2-3-25}$$

对 $w(0) = 0$, 在时间区间 0 到 t_p, 对 (2-3-25) 求积分可得

$$2\int_0^{t_p} y^{\mathrm{T}}(s)u(s)\mathrm{d}s \geqslant V\left(t_p, w(t_p)\right) - V\left(0, w(0)\right) - \gamma\int_0^{t_p} u^{\mathrm{T}}(s)u(s)\mathrm{d}s.$$

由于 $V\left(0, w(0)\right) = 0, V\left(t_p, w(t_p)\right) \geqslant 0$, 有

$$2 \int_0^{t_p} y^{\mathrm{T}}(s)u(s)\mathrm{d}s \geqslant -\gamma \int_0^{t_p} u^{\mathrm{T}}(s)u(s)\mathrm{d}s.$$

因此, 估计误差系统 (2-3-18) 是无源的. □

若输入 $J(t) = (J_1(t), J_2(t), \cdots, J_n(t))^{\mathrm{T}} = (0, 0, \cdots, 0)^{\mathrm{T}}$, 由定理 2.3.2 可直接得到系统 (2-3-18) 的稳定性条件.

推论 2.3.2 当输入 $J(t) = (J_1(t), J_2(t), \cdots, J_n(t))^{\mathrm{T}} = (0, 0, \cdots, 0)^{\mathrm{T}}$ 时, 假设 (A2.3.1) 成立, 如果存在 $M = \mathrm{diag}(m_1, m_2, \cdots, m_n)$ 使得

$$\Theta = \begin{bmatrix} \tilde{\Pi} & B_l \\ * & -I \end{bmatrix} < 0, \tag{2-3-26}$$

其中, $\tilde{\Pi} = A_l + A_l^{\mathrm{T}} + \Lambda - \Lambda\Gamma - \Gamma^{\mathrm{T}}\Lambda^{\mathrm{T}} - \Lambda M - M^{\mathrm{T}}\Lambda^{\mathrm{T}}$, 则估计误差系统 (2-3-18) 是全局渐近稳定的, M 为状态估计器 (2-3-17) 的增益矩阵.

2.3.4 数值模拟

例 2.3.1 考虑具有两个神经元的忆阻神经网络

$$\begin{cases} \dot{x}_1(t) = - x_1(t) + a_{11}(x_1(t)) f_1(x_1(t)) + a_{12}(x_1(t)) f_2(x_2(t)) \\ \quad + b_{11}(x_1(t)) f_1(x_1(\rho_1(t))) + b_{12}(x_1(t)) f_2(x_2(\rho_2(t))) + I_1(t), \\ \dot{x}_2(t) = - x_2(t) + a_{21}(x_2(t)) f_1(x_1(t)) + a_{22}(x_2(t)) f_2(x_2(t)) \\ \quad + b_{21}(x_2(t)) f_1(x_1(\rho_1(t))) + b_{22}(x_2(t)) f_2(x_2(\rho_2(t))) + I_2(t), \end{cases} \tag{2-3-27}$$

其中, $f_1(x) = f_2(x) = 0.5\left(|x+1| - |x-1|\right), \rho_1(t) = t - (1-q_1)t, \rho_2(t) = t - (1-q_2)t, q_1 = 0.6, q_2 = 0.5$,

$$a_{11}(x_1(t)) = \begin{cases} -0.2, & -\dfrac{\mathrm{d}f_1(x_1(t))}{\mathrm{d}t} - \dfrac{\mathrm{d}x_1(t)}{\mathrm{d}t} \leqslant 0, \\[3mm] -0.3, & -\dfrac{\mathrm{d}f_1(x_1(t))}{\mathrm{d}t} - \dfrac{\mathrm{d}x_1(t)}{\mathrm{d}t} > 0, \end{cases}$$

$$a_{12}(x_1(t)) = \begin{cases} 0.3, & \dfrac{\mathrm{d}f_2(x_2(t))}{\mathrm{d}t} - \dfrac{\mathrm{d}x_1(t)}{\mathrm{d}t} \leqslant 0, \\[3mm] 0.7, & \dfrac{\mathrm{d}f_2(x_2(t))}{\mathrm{d}t} - \dfrac{\mathrm{d}x_1(t)}{\mathrm{d}t} > 0, \end{cases}$$

$$b_{11}(x_1(t)) = \begin{cases} -0.3, & -\dfrac{\mathrm{d}f_1(x_1(\rho_1(t)))}{\mathrm{d}t} - \dfrac{\mathrm{d}x_1(t)}{\mathrm{d}t} \leqslant 0, \\[3mm] -0.4, & -\dfrac{\mathrm{d}f_1(x_1(\rho_1(t)))}{\mathrm{d}t} - \dfrac{\mathrm{d}x_1(t)}{\mathrm{d}t} > 0, \end{cases}$$

$$b_{12}\left(x_1(t)\right)=\begin{cases}0.4, & \dfrac{\mathrm{d}f_2\left(x_2\left(\rho_2(t)\right)\right)}{\mathrm{d}t}-\dfrac{\mathrm{d}x_1(t)}{\mathrm{d}t}\leqslant 0,\\[3mm] 0.8, & \dfrac{\mathrm{d}f_2\left(x_2\left(\rho_2(t)\right)\right)}{\mathrm{d}t}-\dfrac{\mathrm{d}x_1(t)}{\mathrm{d}t}>0,\end{cases}$$

$$a_{21}\left(x_2(t)\right)=\begin{cases}0.3, & \dfrac{\mathrm{d}f_1\left(x_2(t)\right)}{\mathrm{d}t}-\dfrac{\mathrm{d}x_2(t)}{\mathrm{d}t}\leqslant 0,\\[3mm] 0.5, & \dfrac{\mathrm{d}f_1\left(x_2(t)\right)}{\mathrm{d}t}-\dfrac{\mathrm{d}x_2(t)}{\mathrm{d}t}>0,\end{cases}$$

$$a_{22}\left(x_2(t)\right)=\begin{cases}-0.2, & -\dfrac{\mathrm{d}f_2\left(x_2(t)\right)}{\mathrm{d}t}-\dfrac{\mathrm{d}x_2(t)}{\mathrm{d}t}\leqslant 0,\\[3mm] -0.8, & -\dfrac{\mathrm{d}f_2\left(x_2(t)\right)}{\mathrm{d}t}-\dfrac{\mathrm{d}x_2(t)}{\mathrm{d}t}>0,\end{cases}$$

$$b_{21}\left(x_2(t)\right)=\begin{cases}0.4, & \dfrac{\mathrm{d}f_1\left(x_1\left(\rho_1(t)\right)\right)}{\mathrm{d}t}-\dfrac{\mathrm{d}x_2(t)}{\mathrm{d}t}\leqslant 0,\\[3mm] 0.6, & \dfrac{\mathrm{d}f_1\left(x_1\left(\rho_1(t)\right)\right)}{\mathrm{d}t}-\dfrac{\mathrm{d}x_2(t)}{\mathrm{d}t}>0,\end{cases}$$

$$b_{22}\left(x_2(t)\right)=\begin{cases}-0.3, & -\dfrac{\mathrm{d}f_2\left(x_2\left(\rho_2(t)\right)\right)}{\mathrm{d}t}-\dfrac{\mathrm{d}x_2(t)}{\mathrm{d}t}\leqslant 0,\\[3mm] -0.9, & -\dfrac{\mathrm{d}f_2\left(x_2\left(\rho_2(t)\right)\right)}{\mathrm{d}t}-\dfrac{\mathrm{d}x_2(t)}{\mathrm{d}t}>0,\end{cases}$$

对于系统 (2-3-27), 可得

$$\Theta=\begin{pmatrix}-1.6 & 0.6 & -0.4 & 0.4\\ 0.6 & -2.6 & 0.4 & -0.9\\ * & * & -1 & 0\\ * & * & * & -1\end{pmatrix}<0.$$

根据定理 2.3.1, 当输入 $I_1(t)=1+\sin(t),I_2(t)=2+\sin(t)$ 时, 系统 (2-3-27) 是无源的, 其数值模拟结果如图 2-3-1 所示. 同时, 根据推论 2.3.2, 当输入 $I_1(t)=I_2(t)=0$ 时, 系统 (2-3-27) 是全局渐近稳定的, 其数值模拟结果如图 2-3-2 所示.

为系统 (2-3-27) 设计以下状态估计器:

$$\begin{cases}\dot{\bar{x}}_1(t)=-\,\bar{x}_1(t)+a_{11}\left(\bar{x}_1(t)\right)f_1\left(\bar{x}_1(t)\right)+a_{12}\left(\bar{x}_1(t)\right)f_2\left(\bar{x}_2(t)\right)\\ \qquad\quad+b_{11}\left(\bar{x}_1(t)\right)f_1\left(\bar{x}_1\left(\rho_1(t)\right)\right)+b_{12}\left(\bar{x}_1(t)\right)f_2\left(\bar{x}_2\left(\rho_2(t)\right)\right)+I_1(t)\\ \qquad\quad+y_1(t)-\bar{y}_1(t)-J_1(t),\\ \dot{\bar{x}}_2(t)=-\,\bar{x}_2(t)+a_{21}\left(\bar{x}_2(t)\right)f_1\left(\bar{x}_1(t)\right)+a_{22}\left(\bar{x}_2(t)\right)f_2\left(\bar{x}_2(t)\right)\\ \qquad\quad+b_{21}\left(\bar{x}_2(t)\right)f_1\left(\bar{x}_1\left(\rho_1(t)\right)\right)+b_{22}\left(\bar{x}_2(t)\right)f_2\left(\bar{x}_2\left(\rho_2(t)\right)\right)+I_2(t)\\ \qquad\quad+y_2(t)-\bar{y}_2(t)-J_2(t),\end{cases}\tag{2-3-28}$$

其中, $J_1(t) = 1 + \sin(t)$, $J_2(t) = 2 + \sin(t)$ 其他参数与系统 (2-3-27) 相同. 则系统 (2-3-27) 与系统 (2-3-28) 的误差系统可表示为

$$
\begin{cases}
\dot{r}_1(t)=-r_1(t)+\bar{a}_{11}(r_1(t))\bar{f}_1(r_1(t))+\bar{a}_{12}(r_1(t))\bar{f}_2(r_2(t)) \\
\qquad +\bar{b}_{11}(r_1(t))\bar{f}_1(r_1(\rho_1(t)))+\bar{b}_{12}(r_1(t))\bar{f}_2(r_2(\rho_2(t)))-\bar{f}_1(r_1(t))+J_1(t), \\
\dot{r}_2(t)=-r_2(t)+\bar{a}_{21}(r_2(t))\bar{f}_1(r_1(t))+\bar{a}_{22}(r_2(t))\bar{f}_2(r_2(t)) \\
\qquad +\bar{b}_{21}(r_2(t))\bar{f}_1(r_1(\rho_1(t)))+\bar{b}_{22}(r_2(t))\bar{f}_2(r_2(\rho_2(t)))-\bar{f}_1(r_1(t))+J_2(t).
\end{cases}
$$
$$(2\text{-}3\text{-}29)$$

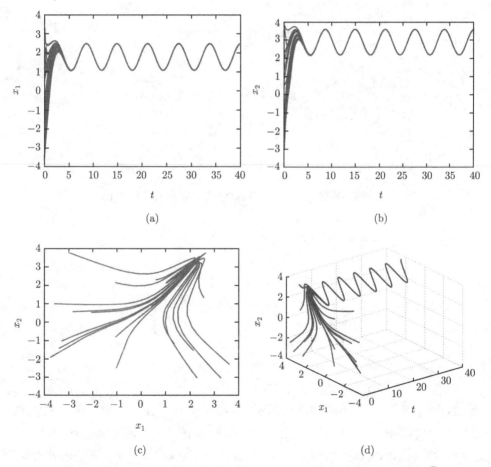

(a)   (b)

(c)   (d)

图 2-3-1   系统 (2-3-27) 的状态曲线图, 输入 $I(t) = (1 + \sin(t), 2 + \sin(t))^{\mathrm{T}}$

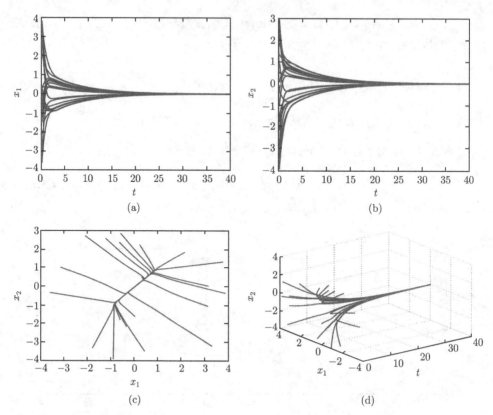

图 2-3-2　系统 (2-3-27) 的状态曲线图, 输入 $I(t) = (0,0)^{\mathrm{T}}$

对误差系统 (2-3-29), 可得

$$
\Theta = \begin{pmatrix}
-3.6 & 0.6 & -0.4 & 0.4 \\
0.6 & -4.6 & 0.4 & -0.9 \\
* & * & -1 & 0 \\
* & * & * & -1
\end{pmatrix} < 0.
$$

当控制输入 $J_1(t) = 1 + \sin(t), J_2(t) = 2 + \sin(t)$ 时, 根据定理 2.3.2 可知, 系统 (2-3-29) 是无源的, 如图 2-3-3 所示. 当控制输入 $J_1(t) = J_2(t) = 0$ 时, 根据推论 2.3.2 , 系统 (2-3-29) 是全局渐近稳定的. 由图 2-3-4 可见, 当估计增益矩阵 $K = I$, 控制输入 $J(t) = 0$ 时, 误差系统的响应曲线趋近于 0. 这便说明了系统 (2-3-27) 作为忆阻神经网络 (2-3-27) 的状态估计器的有效性.

对系统 (2-3-27), 如果取

$$a_{22}\left(x_2(t)\right) = \begin{cases} -0.2, & -\dfrac{\mathrm{d}f_2(x_2(t))}{\mathrm{d}t} - \dfrac{\mathrm{d}x_2(t)}{\mathrm{d}t} \leqslant 0, \\[4mm] -0.3, & -\dfrac{\mathrm{d}f_2(x_2(t))}{\mathrm{d}t} - \dfrac{\mathrm{d}x_2(t)}{\mathrm{d}t} > 0, \end{cases} \tag{2-3-30}$$

其他参数保持不变, 可得

$$\Theta = \begin{pmatrix} -1.6 & 0.6 & -0.4 & 0.4 \\ 0.6 & -0.6 & 0.4 & -0.9 \\ * & * & -1 & 0 \\ * & * & * & -1 \end{pmatrix},$$

则 Θ 不是正定的, 即定理 2.3.1 与推论 2.3.1 的条件不再满足. 由图 2-3-5 可见, 当输入 $I_1(t) = 1 + \sin(t)$, $I_2(t) = 2 + \sin(t)$ 时, 系统 (2-3-27) 仍然是无源的, 由图 2-3-6 可见, 当 $I_1(t) = I_2(t) = 0$ 时, 系统 (2-3-27) 仍然稳定. 这表明, 定理 2.3.1 与推论 2.3.1 中的条件是充分但不必要的.

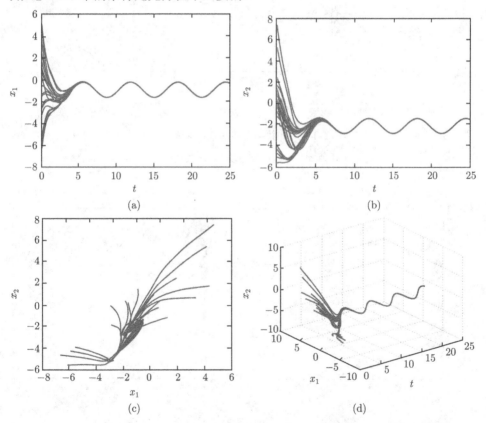

图 2-3-3　误差系统 (2-3-29) 的状态曲线图, 控制输入 $J(t) = (1+\sin(t), 2+\sin(t))^{\mathrm{T}}$

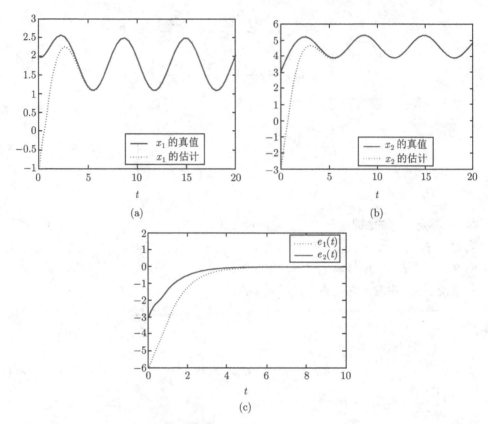

图 2-3-4　系统 (2-3-27) 与 (2-3-28) 的状态曲线对比图以及无控制输入时的误差状态曲线图，
初值 $x_1 = 2, x_2 = 3, \bar{x}_1 = -1, \bar{x}_2 = -3$

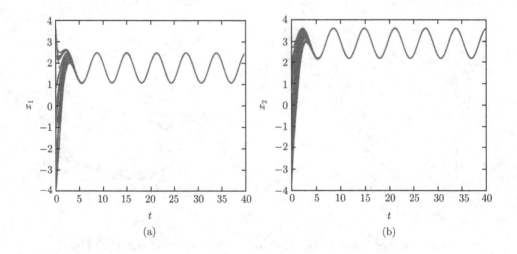

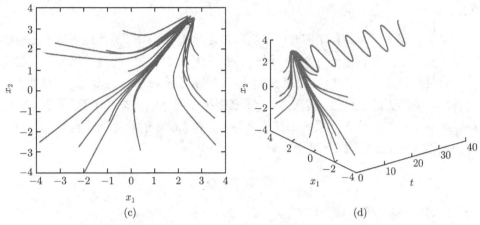

图 2-3-5　系统 (2-3-27) 的状态曲线图, 输入 $I(t) = (1 + \sin(t), 2 + \sin(t))^{\mathrm{T}}$,
$a_{22}(x_2(t))$ 由 (2-3-30) 给定

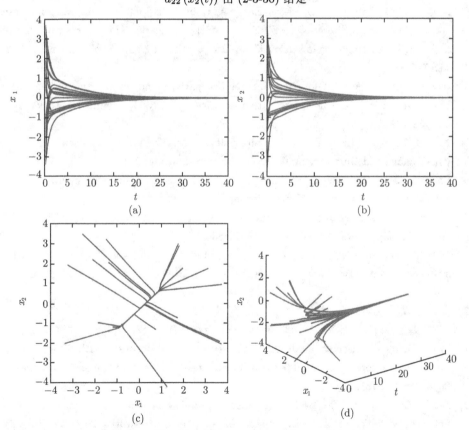

图 2-3-6　系统 (2-3-27) 的状态曲线图, 输入 $I(t) = (0,0)^{\mathrm{T}}$, $a_{22}(x_2(t))$ 由 (2-3-30) 给定

2.3.5   小结

本节研究了一类具有比例时滞的忆阻神经网络模型. 首先, 通过对基于忆阻器的连接权重矩阵进行定性分析, 利用非线性变换将忆阻神经网络转化为与其等价的具有常时滞的时变非线性系统. 应用 Lyapunov-Krasovskii 泛函方法, 得到了忆阻神经网络的无源性判据; 其次, 设计了忆阻神经网络的状态估计器, 基于无源性理论得到了状态估计误差系统的稳定性条件. 本节设计的状态估计器中的增益矩阵由线性矩阵不等式确定, 易于求解.

参 考 文 献

[1] 王久和. 无源控制理论及其应用 [M]. 北京: 电子工业出版社, 2010.

[2] Zhou L. Dissipativity of a class of cellular neural networks with proportional delays[J]. Nonlinear Dynamics, 2013, 73: 1895-1903.

[3] Nagamani G, Ramasamy S, Meyer-Baese A. Robust dissipativity and passivity based state estimation for discrete-time stochastic Markov jump neural networks with discrete and distributed time-varying delays[J]. Neural Computing and Applications, 2017, 28: 717-735.

[4] Guo Z, Wang J, Yan Z. Global exponential dissipativity and stabilization of memristor-based recurrent neural networks with time-varying delays[J]. Neural Networks, 2013, 48: 158-172.

[5] Xiao J, Zhong S, Li Y. Relaxed dissipativity criteria for memristive neural networks with leakage and time-varying delays[J]. Neurocomputing, 2016, 171: 708-718.

[6] Shen W, Zeng Z, Wang L. Stability analysis for uncertain switched neural networks with time-varying delay[J]. Neural Networks, 2016, 83: 32-41.

[7] Senan S. Robustness analysis of uncertain dynamical neural networks with multiple time delays[J]. Neural Networks, 2015, 70: 53-60.

[8] Wu Y, Cao J, Alofic A, et al. Finite-time boundedness and stabilization of uncertain switched neural networks with time-varying delay[J]. Neural Networks, 2015, 69: 135-143.

[9] 吴爱龙. 基于忆阻的递归神经网络的动力学分析 [D]. 武汉: 华中科技大学, 2013.

[10] 鲍刚. 基于忆阻递归神经网络的联想记忆分析与设计 [D]. 武汉: 华中科技大学, 2012.

[11] Wu A, Zeng Z. Passivity analysis of memristive neural networks with different memductance functions[J]. Communications in Nonlinear Science and Numerical Simulation, 2014, 19: 274-285.

[12] Liu Y, Wang Z, Liu X. Global exponential stability of generalized recurrent neural networks with discrete and distributed delays[J]. Neural Networks, 2006, 19: 667-675.

[13] Wu A, Zeng Z. Exponential passivity of memristive neural networks with time delays[J]. Neural Networks, 2014, 49: 11-18.

[14] Wu A, Zeng Z. Passivity analysis of memristive neural networks with different memductance functions[J]. Communications in Nonlinear Science and Numerical Simulation, 2014, 19: 274-285.

[15] Meng Z, Xiang Z. Passivity analysis of memristor-based recurrent neural networks with mixed time-varying delays[J]. Neurocomputing, 2015, 165: 270-279.

[16] Wen S, Zeng Z, Huang T, et al. Passivity analysis of memristor-based recurrent neural networks with time-varying delays[J]. Journal of the Franklin Institute, 2013, 350: 2354-2370.

[17] Guo Z, Wang J, Yan Z. Passivity and passification of memristor-based recurrent neural networks with time-varying delays[J]. IEEE Transactions on Neural Networks and Learning Systems, 2014, 25(11): 2099-2109.

[18] Li R, Cao J, Tu Z. Passivity analysis of memristive neural networks with probabilistic time-varying delays[J]. Neurocomputing, 2016, 191: 249-262.

[19] Xiao Q, Huang Z, Zeng Z. Passivity analysis for memristor-based inertial neural networks with discrete and distributed delays[J]. IEEE Transactions on Systems, Man, and Cybernetics, 2017, 99: 1-11.

[20] Wang W, Li L, Peng H, et al. Finite-time anti-synchronization control of memristive neural networks with stochastic perturbations[J]. Neural Processing Letters, 2016, 43: 49-63.

[21] Xiao J, Zhong S, Li Y. New passivity criteria for memristive uncertain neural networks with leakage and time-varying delays[J]. ISA Transactions, 2015, 59: 133-148.

[22] Wen S, Bao G, Zeng Z, Chen Y, Huang T. Global exponential synchronization of memristor-based recurrent neural networks with time-varying delays[J]. Neural Networks, 2013, 48, 195-203.

[23] Wen S, Huang T, Zeng Z, et al. Circuit design and exponential stabilization of memristive neural networks[J]. Neural Networks, 2015, 63: 48-56.

[24] Wen S, Zeng Z, Huang T, et al. Noise cancellation of memristive neural networks[J]. Neural Networks, 2014, 60: 74-83.

[25] Wu H, Han X, Wang L, et al. Exponential passivity of memristive neural networks with mixed time-varying delays[J]. Journal of the Franklin Institute, 2016, 353: 688-712.

[26] Wu A, Zeng Z. An improved criterion for stability and attractability of memristive neural networks with time-varying delays[J]. Neurocomputing, 2014, 145: 316-323.

[27] Zhang G, Hu J, Shen Y. New results on synchronization control of delayed memristive neural networks[J]. Nonlinear Dynamics, 2015, 81(3): 1167-1178.

[28] Lakshmanan S, Park J, Jung H, et al. Design of state estimator for neural networks with leakage, discrete and distributed delays[J]. Applied Mathematics and Computation, 2012, 218: 11297-11310.

[29] Kan X, Wang Z, Shu H. State estimation for discrete-time delayed neural networks with

fractional uncertainties and sensor saturations[J]. Neurocomputing, 2013, 117: 64-71.

[30] Balasubramaniam P, Kalpana M, Rakkiyappan R. State estimation for fuzzy cellular neural networks with time delay in the leakage term, discrete and unbounded distributed delays[J]. Computers and Mathematics with Applications, 2011, 62: 3959-3972.

[31] Wang H, Song Q. State estimation for neural networks with mixed interval time-varying delays[J]. Neurocomputing, 2010, 73: 1281-1288.

[32] Liu Y. Asymptotic behaviour of functional differential equations with proportional time delays[J]. European Journal of Applied Mathematics, 1996, 7(1): 11-30.

[33] Van Brunt B, Marshall J, Wake G. Holomorphic solutions to pantograph type equations with neutral fixed points[J]. Journal of Mathematical Analysis and Applications, 2004, 295(2): 557-569.

[34] Zhou L. On the global dissipativity of a class of cellular neural networks with multi-pantograph delays[J]. Advances in Artificial Neural Systems, 2011, 10: 1-7.

[35] Su L, Zhou L. Passivity of memristor-based recurrent neural networks with multi-proportional delays[J]. Neurocomputing, 2017, 266: 485-493.

[36] Zhou L. Delay-dependent exponential stability of cellular neural networks with multi-proportional delays[J]. Neural Processing Letters, 2013, 38: 347-359.

[37] Wang W, Li L, Peng H, et al. Anti-synchronization control of memristive neural networks with multiple proportional delays[J]. Neural Processing Letters, 2016, 43, 269-283.

[38] Zhou L. Delay-dependent exponential synchronization of recurrent neural networks with multiple proportional delays[J]. Neural Processing Letters, 2015, 42, 619-632.

[39] Zhou L, Zhang Y. Global exponential stability of a class of impulsive recurrent neural networks with proportional delays via fixed point theory[J]. Journal of the Franklin Institute, 2016, 353: 561-575.

[40] Rakkiyappan R, Chandrasekar A, Laksmanan S, et al. State estimation of memristor-based recurrent neural networks with time-varying delays based on passivity theory[J]. Complexity, 2013, 19: 32-43.

[41] Ding S, Wang Z, Huang Z, et al. Novel switching jumps dependent exponential synchronization criteria for memristor-based neural networks[J]. Neural Processing Letters, 2017, 45(1): 15-28.

第 3 章 忆阻神经网络的稳定性

系统稳定是其正常工作的前提条件, 系统分析的首要问题便是判断系统的稳定性. 稳定性是指当一个实际的系统处于一个平衡状态时, 如果受到外来作用的影响, 系统经过一个过渡过程仍然能够回归平衡状态, 则该系统稳定, 否则该系统不稳定. 控制系统必须是稳定的, 才能实现控制功能. 社会系统、金融系统和生态系统等总是在各类偶然或者持续干扰下存在, 系统在干扰下能否保持运行与工作状态不至于失控, 至关重要. 因此, 研究神经网络的稳定性成为一个热点问题.

3.1 具有时变传输时滞的忆阻神经网络的全局指数稳定性

3.1.1 问题的描述

文献 [1] 研究了以下忆阻神经网络模型:

$$\dot{x}_i(t) = -d_i x_i(t) + \sum_{j=1}^{n} a_{ij}(x_i(t)) f_j(x_j(t))$$

$$+ \sum_{j=1}^{n} b_{ij}(x_i(t)) f_j(x_j(t - \tau_{ij}(t))) + u_i, \quad i = 1, 2, \cdots, n, \quad (3\text{-}1\text{-}1)$$

其中, $x_i(t)$ 为电容的电压, d_i 为自衰减, $\tau_{ij}(t)$ 为时变时滞并且满足 $0 \leqslant \tau_{ij}(t) \leqslant \tau, \tau$ 为非负常数, $f_i(\chi) = (|\chi + 1| - |\chi - 1|)/2$ 为反馈函数, u_i 表示外部输入, $a_{ij}(x_i(t)), b_{ij}(x_i(t))$ 表示基于忆阻器的连接权重, 并且

$$a_{ij}(x_i(t)) = \frac{W_{ij}}{C_i} \times \text{sign}_{ij}, \quad b_{ij}(x_i(t)) = \frac{M_{ij}}{C_i} \times \text{sign}_{ij}, \quad \text{sign}_{ij} = \begin{cases} 1, & i \neq j, \\ -1, & i = j. \end{cases}$$

W_{ij}, M_{ij} 为忆阻性能函数, 并且

$$a_{ij}(x_i(t)) = \begin{cases} \widehat{a}_{ij}, & x_i(t) > 0, \\ \widehat{a}_{ij} \text{ 或 } \breve{a}_{ij}, & x_i(t) = 0, \\ \breve{a}_{ij}, & x_i(t) < 0, \end{cases} \quad (3\text{-}1\text{-}2)$$

$$b_{ij}(x_i(t)) = \begin{cases} \widehat{b}_{ij}, & x_i(t) > 0, \\ \widehat{b}_{ij} \text{ 或 } \widecheck{b}_{ij}, & x_i(t) = 0, \\ \widecheck{b}_{ij}, & x_i(t) < 0, \end{cases} \tag{3-1-3}$$

$i,j = 1,2,\cdots,n$, 其中 $\widehat{a}_{ij}, \widecheck{a}_{ij}, \widehat{b}_{ij}, \widecheck{b}_{ij}$ 均为常数.

假定系统 (3-1-1) 的初始条件为

$$x(t) = (x_1(t), x_2(t), \cdots, x_n(t))^{\mathrm{T}},$$
$$= \phi(t) = (\phi_1(t), \phi_2(t), \cdots, \phi_n(t))^{\mathrm{T}}, \quad t_0 - \tau \leqslant t \leqslant t_0, \tag{3-1-4}$$

其中, $\phi_i(t) \in \mathcal{C}([t_0 - \tau, t_0], \mathbb{R}), i = 1,2,\cdots,n$.

本节讨论 Filippov 意义下系统的解. $K(\mathcal{P})$ 表示集合 $\mathcal{P}$ 的凸闭包, $\mathrm{co}\{\tilde{\Pi}, \hat{\Pi}\}$ 表示实数 $\tilde{\Pi}$ 与 $\hat{\Pi}$ 的凸闭包.

应用微分包含理论, 由系统 (3-1-1) 可得

$$\dot{x}_i(t) \in - d_i x_i(t) + \sum_{j=1}^n K(a_{ij}(x_i(t)))f_j(x_j(t))$$
$$+ \sum_{j=1}^n K(b_{ij}(x_i(t)))f_j(x_j(t - \tau_{ij}(t))) + u_i, \quad i = 1,2,\cdots,n, \tag{3-1-5}$$

其中, 集值映射

$$K(a_{ij}(x_i(t))) = \begin{cases} \widehat{a}_{ij}, & x_i(t) > 0, \\ \mathrm{co}\{\widehat{a}_{ij}, \widecheck{a}_{ij}\}, & x_i(t) = 0, \\ \widecheck{a}_{ij}, & x_i(t) < 0, \end{cases} \tag{3-1-6}$$

$$K(b_{ij}(x_i(t))) = \begin{cases} \widehat{b}_{ij}, & x_i(t) > 0, \\ \mathrm{co}\{\widehat{b}_{ij}, \widecheck{b}_{ij}\}, & x_i(t) = 0, \\ \widecheck{b}_{ij}, & x_i(t) < 0, \end{cases} \tag{3-1-7}$$

显然, $\mathrm{co}\{\widehat{a}_{ij}, \widecheck{a}_{ij}\} = [\underline{a}_{ij}, \bar{a}_{ij}], \mathrm{co}\{\widehat{b}_{ij}, \widecheck{b}_{ij}\} = [\underline{b}_{ij}, \bar{b}_{ij}]$.

定义 3.1.1 如果对于 $i = 1,2,\cdots,n$,

$$0 \in -d_i x_i^* + \sum_{j=1}^n K(a_{ij}(x_i^*))f_j(x_j^*) + \sum_{j=1}^n K(b_{ij}(x_i^*))f_j(x_j^*) + u_i,$$

则 $x^* = (x_1^*, x_2^*, \cdots, x_n^*)^{\mathrm{T}}$ 为系统 (3-1-1) 的平衡点.

3.1.2   全局指数稳定性

首先给出几个引理.

引理 3.1.1   系统 (3-1-1) 至少存在一个平衡点.

证明   考虑集值映射

$$x_i \multimap H_i(x_i) := \frac{1}{d_i} \left[\sum_{j=1}^n K(a_{ij}(x_i^*)) f_j(x_j^*) + \sum_{j=1}^n K(b_{ij}(x_i^*)) f_j(x_j^*) + u_i \right],$$

$i \in \{1, 2, \cdots, n\}.$

不难发现, 上述集值映射 $x_i \multimap H_i(x_i)$ 关于非空紧凸集是上半连续的. 同时, 由于 $f_j(\cdot)$ 是有界的, 因此 $H(x) = (H_1(x_1), H_2(x_2), \cdots, H_n(x_n))^{\mathrm{T}}$ 有界, 根据 Kakutani 不动点定理可得, $H(x)$ 至少存在一个不动点, 同时也是系统 (3-1-1) 的平衡点.   □

为方便, 记 $x^* = (x_1^*, x_2^*, \cdots, x_n^*)^{\mathrm{T}}$ 为系统 (3-1-1) 的平衡点.

引理 3.1.2   对于 $i, j = 1, 2, \cdots, n$, 由系统 (3-1-1) 可得

$$|K(a_{ij}(x_i)) f_j(x_j) - K(a_{ij}(y_i)) f_j(y_j)| \leqslant \tilde{a}_{ij} |x_j - y_j|, \tag{3-1-8}$$

$$|K(b_{ij}(x_i)) f_j(x_j) - K(b_{ij}(y_i)) f_j(y_j)| \leqslant \tilde{b}_{ij} |x_j - y_j|. \tag{3-1-9}$$

证明   对任意给定的 $i, j \in \{1, 2, \cdots, n\}$ 以及 $x_i \in \mathbb{R}, y_i \in \mathbb{R}$, 有下列三种情形.

情形 1: $x_i > 0, y_i > 0$, 此时

$$|K(a_{ij}(x_i)) f_j(x_j) - K(a_{ij}(y_i)) f_j(y_j)|$$
$$= \left| \hat{a}_{ij} f_j(x_j) - \hat{a}_{ij} f_j(y_j) \right| \leqslant \tilde{a}_{ij} |f_j(x_j) - f_j(y_j)| \leqslant \tilde{a}_{ij} |x_j - y_j|,$$
$$|K(b_{ij}(x_i)) f_j(x_j) - K(b_{ij}(y_i)) f_j(y_j)|$$
$$= \left| \hat{b}_{ij} f_j(x_j) - \hat{b}_{ij} f_j(y_j) \right| \leqslant \tilde{b}_{ij} |f_j(x_j) - f_j(y_j)| \leqslant \tilde{b}_{ij} |x_j - y_j|.$$

情形 2: $x_i < 0, y_i < 0$, 此时

$$|K(a_{ij}(x_i)) f_j(x_j) - K(a_{ij}(y_i)) f_j(y_j)|$$
$$= \left| \breve{a}_{ij} f_j(x_j) - \breve{a}_{ij} f_j(y_j) \right| \leqslant \tilde{a}_{ij} |f_j(x_j) - f_j(y_j)| \leqslant \tilde{a}_{ij} |x_j - y_j|,$$
$$|K(b_{ij}(x_i)) f_j(x_j) - K(b_{ij}(y_i)) f_j(y_j)|$$
$$= \left| \breve{b}_{ij} f_j(x_j) - \breve{b}_{ij} f_j(y_j) \right| \leqslant \tilde{b}_{ij} |f_j(x_j) - f_j(y_j)| \leqslant \tilde{b}_{ij} |x_j - y_j|.$$

情形 3: $x_i \leqslant 0 \leqslant y_i$ 或者 $y_i \leqslant 0 \leqslant x_i$, 由于两种情况类似, 此处仅讨论 $x_i \leqslant 0 \leqslant y_i$, 此时

$$
\begin{aligned}
&|K\left(a_{ij}(x_i)\right) f_j(x_j) - K\left(a_{ij}(y_i)\right) f_j(y_j)| \\
&= \left|\breve{a}_{ij} f_j(x_j) - \widehat{a}_{ij} f_j(y_j)\right| \leqslant \left|\breve{a}_{ij}\right| |f_j(x_j) - f_j(0)| + \left|\widehat{a}_{ij}\right| |f_j(0) - f_j(y_j)| \\
&\leqslant \left|\breve{a}_{ij}\right| |x_j| + \left|\widehat{a}_{ij}\right| |y_j| \leqslant \tilde{a}_{ij} |x_j - y_j|, \\
&|K\left(b_{ij}(x_i)\right) f_j(x_j) - K\left(b_{ij}(y_i)\right) f_j(y_j)| \\
&= \left|\breve{b}_{ij} f_j(x_j) - \widehat{b}_{ij} f_j(y_j)\right| \leqslant \left|\breve{b}_{ij}\right| |f_j(x_j) - f_j(0)| + \left|\widehat{b}_{ij}\right| |f_j(0) - f_j(y_j)| \\
&\leqslant \left|\breve{b}_{ij}\right| |x_j| + \left|\widehat{b}_{ij}\right| |y_j| \leqslant \tilde{b}_{ij} |x_j - y_j|. \qquad \square
\end{aligned}
$$

定理 3.1.1 指数集合 N_1, N_2, N_3 满足 $N_1 \cup N_2 \cup N_3 = \{1, 2, \cdots, n\}, N_1 \cap N_2 = \varnothing, N_1 \cap N_3 = \varnothing, N_2 \cap N_3 = \varnothing$. 如果

$$
\begin{aligned}
d_i + \sum_{j=1}^{n} (\tilde{a}_{ij} + \tilde{b}_{ij}) - u_i &< 0, & i \in N_1, \\
-d_i + \sum_{j=1}^{n} (\tilde{a}_{ij} + \tilde{b}_{ij}) < -u_i &< d_i - \sum_{j=1}^{n} (\tilde{a}_{ij} + \tilde{b}_{ij}), & i \in N_2, \\
d_i + \sum_{j=1}^{n} (\tilde{a}_{ij} + \tilde{b}_{ij}) + u_i &< 0, & i \in N_3,
\end{aligned}
\tag{3-1-10}
$$

则系统 (3-1-1) 在位于指数吸引子 D 中唯一的平衡点处是全局指数稳定的, 其中

$$
D = \prod_{i=1}^{n} D_i = D_1 \times D_2 \times \cdots \times D_n \subset \mathbb{R}^n,
$$

$$
D_i = \begin{cases}
(1, +\infty), & i \in N_1, \\
[-1, 1], & i \in N_2, \\
(-\infty, -1), & i \in N_3.
\end{cases}
\tag{3-1-11}
$$

证明 当 $i \in N_1$ 时, 如果 $x_i(t_1) \leqslant 1, \forall t_1 \geqslant t_0$, 则由 (3-1-5) 与 (3-1-10) 可得

$$
\dot{x}_i(t_1) \geqslant -d_i - \sum_{j=1}^{n} (\tilde{a}_{ij} + \tilde{b}_{ij}) + u_i > 0.
$$

因此, 存在 $T_1 \geqslant t_0$ 使得 $x_i(t) \in (1, +\infty), i \in N_1, \forall t \geqslant T_1$.

当 $i \in N_2$ 时, 如果 $x_i(t_2) \geqslant 1, \forall t_2 \geqslant t_0$, 则由 (3-1-5) 与 (3-1-10) 可得

$$
\dot{x}_i(t_2) \geqslant -d_i - \sum_{j=1}^{n} (\tilde{a}_{ij} + \tilde{b}_{ij}) + u_i < 0;
$$

如果 $x_i(t_2) \leqslant -1, \forall t_2 \geqslant t_0$, 则由 (3-1-5) 与 (3-1-10) 可得

$$\dot{x}_i(t_2) \geqslant d_i - \sum_{j=1}^{n} (\tilde{a}_{ij} + \tilde{b}_{ij}) + u_i > 0.$$

因此, 存在 $T_2 \geqslant t_0$ 使得 $x_i(t) \in [-1, 1], i \in N_2, \forall t \geqslant T_1$.

当 $i \in N_3$ 时, 如果 $x_i(t_3) \geqslant -1, \forall t_3 \geqslant t_0$, 则由 (3-1-5) 与 (3-1-10) 可得

$$\dot{x}_i(t_3) \geqslant d_i + \sum_{j=1}^{n} (\tilde{a}_{ij} + \tilde{b}_{ij}) + u_i < 0.$$

因此, 存在 $T_3 \geqslant t_0$ 使得 $x_i(t) \in (-\infty, -1), i \in N_3, \forall t \geqslant T_3$.

综上, 存在 $\bar{T} \geqslant t_0$, 使得对 $t > \bar{T} - \tau$,

$$x_i(t) = \begin{cases} (1, +\infty), & i \in N_1, \\ [-1, 1], & i \in N_2, \\ (-\infty, -1), & i \in N_3, \end{cases}$$

即 $x(t) \in D$. 显然, 平衡点 $x^* = (x_1^*, x_2^*, \cdots, x_n^*)^{\mathrm{T}} \in D$.

另一方面, 由微分包含 (3-1-5) 可得, 当 $t > \bar{T} - \tau$ 时, (3-1-5) 等价于

$$\dot{x}_i(t) \in - d_i x_i(t) + \sum_{j \in N_1}^{n} (\widehat{a}_{ij} + \widehat{b}_{ij}) + \sum_{j \in N_2}^{n} K\left(a_{ij}\left(x_i(t)\right)\right) f_j\left(x_j(t)\right)$$

$$+ \sum_{j \in N_2}^{n} K\left(b_{ij}\left(x_i(t)\right)\right) f_j\left(x_j\left(t - \tau_{ij}(t)\right)\right)$$

$$- \sum_{j \in N_3}^{n} (\breve{a}_{ij} + \breve{b}_{ij}) + u_i, \quad i = 1, 2, \cdots, n. \tag{3-1-12}$$

借助变换 $z = x - x^*$ 将平衡点 $x^* = (x_1^*, x_2^*, \cdots, x_n^*)^{\mathrm{T}}$ 平移到原点可得

$$\dot{z}_i(t) \in - d_i z_i(t) + \sum_{j \in N_2}^{n} K\left(a_{ij}\left(z_i(t)\right)\right) f_j\left(z_j(t)\right)$$

$$+ \sum_{j \in N_2}^{n} K\left(b_{ij}\left(z_i(t)\right)\right) f_j\left(z_j\left(t - \tau_{ij}(t)\right)\right), \quad i = 1, 2, \cdots, n, \tag{3-1-13}$$

其中

$$K\left(a_{ij}\left(z_i(t)\right)\right) f_j\left(z_j(t)\right) = K\left(a_{ij}\left(z_i(t)\right) + x_i^*\right) f_j\left(z_j(t) + x_i^*\right) - K\left(a_{ij}(x_i^*)\right) f_j(x_i^*),$$
$$\tag{3-1-14}$$

$$K\left(a_{ij}\left(z_i(t)\right)\right)f_j\left(z_j(t-\tau_{ij}(t))\right) = K\left(a_{ij}\left(z_i(t)\right)+x_i^*\right)f_j\left(z_j(t-\tau_{ij}(t))+x_i^*\right)$$

$$-K\left(a_{ij}(x_i^*)\right)f_j(x_i^*), \tag{3-1-15}$$

考虑 (3-1-13) 的一个子系统:

$$\dot{z}_i(t) \in -d_i z_i(t) + \sum_{j\in N_2}^{n} K\left(a_{ij}\left(z_i(t)\right)\right)f_j\left(z_j(t)\right)$$

$$+ \sum_{j\in N_2}^{n} K\left(b_{ij}\left(z_i(t)\right)\right)f_j\left(z_j\left(t-\tau_{ij}(t)\right)\right), \quad i\in N_2. \tag{3-1-16}$$

根据引理 3.1.2,

$$K\left(a_{ij}(z_i(t))\right)f_j(z_j(t)) \leqslant \tilde{a}_{ij}\left|z_j(t)\right|, \tag{3-1-17}$$

$$K\left(b_{ij}(z_i(t))\right)f_j(z_j(t-\tau_{ij}(t))) \leqslant \tilde{b}_{ij}\left|z_j(t-\tau_{ij}(t))\right|. \tag{3-1-18}$$

由 (3-1-16)—(3-1-18) 可得

$$\left|\dot{z}_i(t)\right| \leqslant -d_i\left|z_i(t)\right| + \sum_{j\in N_2}^{n}\tilde{a}_{ij}\left|z_i(t)\right| + \sum_{j\in N_2}^{n}\tilde{b}_{ij}\left|z_j(t-\tau_{ij}(t))\right|, \quad i\in N_2. \tag{3-1-19}$$

由 (3-1-10) 的第二个不等式可得

$$-d_i + \sum_{j=1}^{n}(\tilde{a}_{ij} + \tilde{b}_{ij}) < 0, \quad i\in N_2. \tag{3-1-20}$$

进而存在 $\lambda > 0$ 使得

$$-d_i + \lambda + \sum_{j=1}^{n}(\tilde{a}_{ij} + \tilde{b}_{ij}\exp\{\lambda\tau_{ij}(t)\}) < 0, \quad i\in N_2. \tag{3-1-21}$$

在 (3-1-21) 的基础上可得

$$-d_i + \lambda + \sum_{j\in N_2}^{n}(\tilde{a}_{ij} + \tilde{b}_{ij}\exp\{\lambda\tau_{ij}(t)\}) < 0, \quad i\in N_2. \tag{3-1-22}$$

令 $V_i(t) = \left|z_i(t)\right| - \tilde{z}(\bar{T})\exp\{-\lambda(t-\bar{T})\}$,其中 $\tilde{z}(\bar{T}) = \max\limits_{i\in N_2}\{\sup\limits_{t_0-\tau\leqslant S\leqslant\bar{T}}\left|z_i(S)\right|\}$.
下面证明对任意的 $t \geqslant \bar{T}, V_i(t) \leqslant 0, i\in N_2$. 否则, 对任意的 $t\in[t_0-\tau,\bar{T}], V_i(t)\leqslant 0, i\in N_2$, 必然存在 $\tilde{t}\geqslant\bar{T}$ 以及 $\ell\in N_2$, 使得 $D^+V_\ell(\tilde{t})\geqslant 0$ 并且

$$V_\ell(\tilde{t}) = 0, \quad V_j(t)\begin{cases} < 0, & t_0-\tau < t < \tilde{t}, j = \ell, j\in N_2, \\ \leqslant 0, & t_0-\tau < t \leqslant \tilde{t}, j \neq \ell, j\in N_2. \end{cases} \tag{3-1-23}$$

由 (3-1-19), (3-1-22) 与 (3-1-23) 可得

$$
\begin{aligned}
D^+ V_\ell(\tilde{t}) \leqslant & \left[-d_\ell \left| z_\ell(\tilde{t}) \right| + \sum_{j \in N_2} \tilde{a}_{\ell j} \left| z_\ell(\tilde{t}) \right| + \sum_{j \in N_2} \tilde{b}_{\ell j} \left| z_\ell(\tilde{t} - \tau_{\ell j}(\tilde{t})) \right| \right] \\
& + \lambda \tilde{z}(\tilde{T}) \exp\{-\lambda(\tilde{t} - \bar{T})\} \\
\leqslant & \left[-d_\ell \tilde{z}(\tilde{T}) \exp\{-\lambda(\tilde{t} - \bar{T})\} + \sum_{j \in N_2} \tilde{a}_{\ell j} \tilde{z}(\tilde{T}) \exp\{-\lambda(\tilde{t} - \bar{T})\} + \right. \\
& \left. + \sum_{j \in N_2} \tilde{b}_{\ell j} \tilde{z}(\tilde{T}) \exp\{-\lambda(\tilde{t} - \tau_{\ell j}(\tilde{t}) - \bar{T})\} \right] \\
& + \lambda \tilde{z}(\tilde{T}) \exp\{-\lambda(\tilde{t} - \bar{T})\} \\
\leqslant & \left[-d_\ell + \lambda + \sum_{j \in N_2} \left(\tilde{a}_{\ell j} + \tilde{b}_{\ell j} \exp\{\lambda \tau_{\ell j}(\tilde{t})\} \right) \right] \\
& \times \tilde{z}(\tilde{T}) \exp\{-\lambda(\tilde{t} - \bar{T})\} < 0.
\end{aligned}
$$

这与 $D^+ V_\ell(\tilde{t}) \geqslant 0$ 矛盾, 说明对任意的 $t \geqslant \bar{T}, V_i(t) \leqslant 0, i \in N_2$. 因此

$$
|z_i(t)| \leqslant \tilde{z}(\bar{T}) \exp\{-\lambda(t - \bar{T})\}, \quad i \in N_2, \quad t \geqslant \bar{T}. \tag{3-1-24}
$$

接下来, 考虑 (3-1-13) 的另一个子系统:

$$
\dot{z}_i(t) \in - d_i z_i(t) + \sum_{j \in N_2}^{n} K(a_{ij}(z_i(t))) f_j(z_j(t))
$$

$$
+ \sum_{j \in N_2}^{n} K(b_{ij}(z_i(t))) f_j(z_j(t - \tau_{ij}(t))), \quad i \in N_1 \cup N_3. \tag{3-1-25}
$$

类似地, 可以得到

$$
|\dot{z}_i(t)| \leqslant -d_i |z_i(t)| + \sum_{j \in N_2}^{n} \tilde{a}_{ij} |z_i(t)| + \sum_{j \in N_2}^{n} \tilde{b}_{ij} |z_j(t - \tau_{ij}(t))|, \quad i \in N_1 \cup N_3,
$$

进而

$$
|z_i(t)| \leqslant \left| z_i(\tilde{T}) \right| \exp\{-d_i(t - \bar{T})\} + \int_{\bar{T}}^{t} \exp\{-d_i(t - \vartheta)\}
$$

$$
\times \left[\sum_{j \in N_2} \tilde{a}_{ij} |z_j(\vartheta)| + \sum_{j \in N_2} \tilde{b}_{ij} |z_j(\vartheta - \tau_{\ell j}(\vartheta))| \right] d\vartheta, \quad i \in N_1 \cup N_3, t \geqslant \bar{T}.
$$

$$
\tag{3-1-26}
$$

由于 $|z_j(t)| \leqslant \tilde{z}(\bar{T})\exp\{-\lambda(t-\bar{T})\}, j \in N_2, t \geqslant \bar{T}$, 其中, $\tilde{z}(\bar{T}) = \max\limits_{j \in N_2}\left\{\sup\limits_{t_0-\tau \leqslant s \leqslant \bar{T}}|z_j(s)|\right\}$. 因此, 对于 $j \in N_1 \cup N_3, t \geqslant \bar{T}$,

$$\sum_{j \in N_2} \tilde{a}_{ij}|z_j(\vartheta)| + \sum_{j \in N_2} \tilde{b}_{ij}|z_j(\vartheta - \tau_{ij}(\vartheta))|$$

$$\leqslant \sum_{j \in N_2} \tilde{a}_{ij}\tilde{z}(\tilde{T})\exp\{-\lambda(\vartheta - \bar{T})\} + \sum_{j \in N_2} \tilde{b}_{ij}\tilde{z}(\tilde{T})\exp\{\lambda\tau\}\exp\{-\lambda(\vartheta - \bar{T})\}$$

$$= \left[\sum_{j \in N_2} \tilde{a}_{ij}\tilde{z}(\tilde{T}) + \sum_{j \in N_2} \tilde{b}_{ij}\tilde{z}(\tilde{T})\exp\{\lambda\tau\}\right]\exp\{-\lambda(\vartheta - \bar{T})\}$$

$$\leqslant \Xi \exp\{-\lambda(\vartheta - \bar{T})\},$$

其中, $\Xi = \max\limits_{i \in N_1 \cup N_3}\left\{\sum\limits_{j \in N_2} \tilde{a}_{ij}\tilde{z}(\tilde{T}) + \sum\limits_{j \in N_2} \tilde{b}_{ij}\tilde{z}(\tilde{T})\exp\{\lambda\tau\}\right\}$. 由 (3-1-21) 知, $-d_j + \lambda < 0, j \in N_2$. 选取 $\alpha = \min\left\{\lambda, \min\limits_{1 \leqslant i \leqslant n} d_i\right\} > 0$, 对于 $i \in N_1 \cup N_3, t \geqslant \bar{T}$,

$$\int_{\bar{T}}^t \exp\{-d_i(t-\vartheta)\}\left[\sum_{j \in N_2} \tilde{a}_{ij}|z_j(\vartheta)| + \sum_{j \in N_2} \tilde{b}_{ij}|z_j(\vartheta - \tau_{\ell j}(\vartheta))|\right]\mathrm{d}\vartheta$$

$$\leqslant \int_{\bar{T}}^t \exp\{-d_i(t-\vartheta)\}\Xi\exp\{-\alpha(\vartheta - \bar{T})\}\mathrm{d}\vartheta$$

$$= \Xi\exp\{-\alpha(\vartheta - \bar{T})\}\int_{\bar{T}}^t \exp\{-(d_i-\alpha)(t-\vartheta)\}\mathrm{d}\vartheta$$

$$= \Xi\exp\{-\alpha(\vartheta - \bar{T})\}\frac{1}{(d_i-\alpha)}\exp\{-(d_i-\alpha)\bar{T}\}. \tag{3-1-27}$$

由 (3-1-26) 和 (3-1-27) 可得

$$|z_i(t)| \leqslant |z_i(\bar{T})|\exp\{-d_i(t-\bar{T})\} + \Xi\exp\{-\alpha(t-\bar{T})\}\frac{1}{(d_i-\alpha)}\exp\{-(d_i-\alpha)\bar{T}\}$$

$$\leqslant \Xi\exp\{-\alpha(t-\bar{T})\}, \quad i \in N_1 \cup N_3, \quad t \geqslant \bar{T}, \tag{3-1-28}$$

其中, $\bar{\Xi} = \max\limits_{i \in N_1 \cup N_3}\left\{|z_i(\bar{T})|, \Xi\frac{1}{(d_i-\alpha)}\exp\{-(d_i-\alpha)\bar{T}\}\right\}$.

由 (3-1-24) 与 (3-1-28) 可知, 必然存在 $\tilde{\Xi} = \max\{\bar{\Xi}, \tilde{z}(\bar{T})\} > 0$ 使得

$$|z_i(t)| \leqslant \tilde{\Xi}\exp\{-\alpha(t-\bar{T})\}, \quad i \in 1, 2, \cdots, n, \quad t \geqslant \bar{T}.$$

因此, (3-1-13) 的原点全局渐近稳定, 即系统 (3-1-1) 的平衡点是全局渐近稳定的, D 为系统 (3-1-1) 的指数吸引子.   □

3.1.3　数值模拟

例 3.1.1　考虑以下忆阻神经网络

$$
\begin{cases}
\dot{x}_1(t) = -x_1(t) + a_{12}(x_1(t))f_2\left(x_2(t)\right) + b_{13}(x_1(t))f_3\left(x_3(t-1)\right) + 5, \\
\dot{x}_2(t) = -x_2(t) + a_{21}(x_2(t))f_1\left(x_1(t)\right) + a_{22}(x_2(t))f_2\left(x_2(t)\right) \\
\qquad\quad + a_{23}(x_2(t))f_3\left(x_3(t)\right) + b_{22}x_2(t)f_2\left(x_2(t-2)\right) + 0.1, \\
\dot{x}_3(t) = -x_3(t) + a_{32}(x_3(t))f_2\left(x_2(t)\right) + a_{33}(x_3(t))f_3\left(x_3(t)\right) \\
\qquad\quad + b_{31}(x_3(t))f_1\left(x_1(t-3)\right) - 4,
\end{cases} \tag{3-1-29}
$$

其中

$$
a_{12}(x_1(t)) = \begin{cases} 0.8, & x_1(t) > 0, \\ 0.8 \text{ 或 } 0.6, & x_1(t) = 0, \\ 0.6, & x_1(t) < 0, \end{cases} \quad
b_{13}(x_1(t)) = \begin{cases} 0.8, & x_1(t) > 0, \\ 0.8 \text{ 或 } 0.6, & x_1(t) = 0, \\ 0.6, & x_1(t) < 0, \end{cases}
$$

$$
a_{21}(x_2(t)) = \begin{cases} 0.2, & x_2(t) > 0, \\ 0.2 \text{ 或 } 0.1, & x_2(t) = 0, \\ 0.1, & x_2(t) < 0, \end{cases} \quad
a_{22}(x_2(t)) = \begin{cases} 0.2, & x_2(t) > 0, \\ 0.2 \text{ 或 } 0.1, & x_2(t) = 0, \\ 0.1, & x_2(t) < 0, \end{cases}
$$

$$
a_{23}(x_2(t)) = \begin{cases} 0.2, & x_2(t) > 0, \\ 0.2 \text{ 或 } 0.1, & x_2(t) = 0, \\ 0.1, & x_2(t) < 0, \end{cases} \quad
b_{22}(x_2(t)) = \begin{cases} 0.2, & x_2(t) > 0, \\ 0.2 \text{ 或 } 0.1, & x_2(t) = 0, \\ 0.1, & x_2(t) < 0, \end{cases}
$$

$$
a_{32}(x_3(t)) = \begin{cases} 1, & x_3(t) > 0, \\ 1 \text{ 或 } 0.5, & x_3(t) = 0, \\ 0.5, & x_3(t) < 0, \end{cases} \quad
a_{33}(x_3(t)) = \begin{cases} 0.8, & x_3(t) > 0, \\ 0.8 \text{ 或 } 0.6, & x_3(t) = 0, \\ 0.6, & x_3(t) < 0, \end{cases}
$$

$$
b_{31}(x_3(t)) = \begin{cases} 0.8, & x_3(t) > 0, \\ 0.8 \text{ 或 } 0.6, & x_3(t) = 0, \\ 0.6, & x_3(t) < 0. \end{cases}
$$

计算可得

$$
d_i + \sum_{j=1}^{n}\left(\tilde{a}_{ij} + \tilde{b}_{ij}\right) - u_i = -2.4 < 0, \quad i \in \{1\}, \tag{3-1-30}
$$

$$
-d_i + \sum_{j=1}^{n}\left(\tilde{a}_{ij} + \tilde{b}_{ij}\right) = -0.2 < d_i - \sum_{j=1}^{n}\left(\tilde{a}_{ij} + \tilde{b}_{ij}\right) = 0.2, \quad i \in \{2\}, \tag{3-1-31}
$$

$$d_i + \sum_{j=1}^{n} (\tilde{a}_{ij} + \tilde{b}_{ij}) + u_i = -1.4 < 0, \quad i \in \{3\}, \tag{3-1-32}$$

由 (3-1-30)—(3-1-32), 根据定理 3.1.1 可知, 系统 (3-1-29) 在位于吸引子 D 中的唯一平衡点是全局指数稳定的, 其中 $D = \prod_{i=1}^{3} D_i = D_1 \times D_2 \times D_2 \subset \mathbb{R}^3$,

$$D_i = \begin{cases} (1, +\infty), & i \in \{1\}, \\ [-1, 1], & i \in \{2\}, \\ (-\infty, -1), & i \in \{3\}. \end{cases}$$

系统 (3-1-29) 的状态曲线图如图 3-1-1 所示.

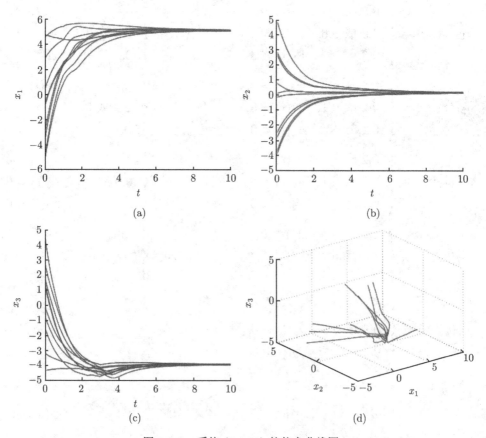

图 3-1-1　系统 (3-1-29) 的状态曲线图

3.2 Cohen-Grossberg 忆阻神经网络的多稳定性

神经网络的多个平衡点的存在性及其局部稳定性被称为多稳定性. 神经网络的多稳定性通常应用于联想记忆、组合优化、模式识别和图像处理等领域. 研究发现, 神经网络的多稳定性分析在较大程度上依赖于激活函数的形式. Cohen-Grossberg 神经网络是最为典型的网络模型, 其多稳定性研究取得了不少成果 [2-4]. 由于忆阻神经网络为状态依赖的切换系统, 其多稳定性分析相较于传统的连续型神经网络更为复杂和困难 [2].

3.2.1 问题的描述

文献 [2] 研究了下列具有时变时滞的 Cohen-Grossberg 忆阻神经网络

$$\dot{u}_i(t) = -a_i(u_i(t)) \left[b_i u_i(t) - \sum_{j=1}^{n} h_{ij}(u_j(t)) f_j(u_j(t)) \right.$$

$$\left. - \sum_{j=1}^{n} w_{ij}(u_j(t - \tau_{ij}(t))) f_j(u_j(t - \tau_{ij}(t))) - I_i \right], \tag{3-2-1}$$

其中, $\tau_{ij}(t)$ 为时变时滞, 满足 $0 \leqslant \tau_{ij}(t) \leqslant \tau = \max\limits_{1 \leqslant i,j \leqslant n} \{\sup\{\tau_{ij}(t), t \geqslant 0\}\}, h_{ij}(u_j(t))$ 与 $w_{ij}(u_j(t - \tau_{ij}(t)))$ 表示连接权重, 满足

$$h_{ij}(u_j(t)) = \begin{cases} h_{ij}^*, & |u_j(t)| \leqslant T_j, \\ h_{ij}^{**}, & |u_j(t)| > T_j, \end{cases}$$

$$w_{ij}(u_j(t - \tau_{ij}(t))) = \begin{cases} w_{ij}^*, & |u_j(t - \tau_{ij}(t))| \leqslant T_j, \\ w_{ij}^{**}, & |u_j(t - \tau_{ij}(t))| > T_j, \end{cases} \tag{3-2-2}$$

其中, $T_j > 0, h_{ij}^*, h_{ij}^{**}, w_{ij}^*, w_{ij}^{**}$ 均为常数, $i, j = 1, 2, \cdots, n$. 激活函数

$$f_i(x) = \begin{cases} m_i, & -\infty < x < p_i, \\ l_{i,1} x + c_{i,1}, & p_i \leqslant x \leqslant r_i, \\ l_{i,2} x + c_{i,2}, & r_i < x < q_i, \\ l_{i,3} x + c_{i,3}, & q_i \leqslant x \leqslant s_i, \\ M_i, & s_i < x < +\infty. \end{cases}$$

假定系统 (3-2-1) 的初始条件为

$$x_i(\theta) = \phi_i(\theta) \in \mathcal{C}([-\tau, 0], \mathbb{R}), \quad i = 1, 2, \cdots, n.$$

取 $\bar{h}_{ij} = \max\{h_{ij}^*, h_{ij}^{**}\}, \underline{h}_{ij} = \min\{h_{ij}^*, h_{ij}^{**}\}, \bar{w}_{ij} = \max\{w_{ij}^*, w_{ij}^{**}\}, \underline{w}_{ij} = \min\{w_{ij}^*, w_{ij}^{**}\}$.

给定一个集合 $\Omega \subset \mathbb{R}$, $\mathrm{co}[\Omega]$ 表示凸壳 Ω 的闭包, 有

$$
\mathrm{co}\left[h_{ij}(u_j(t))\right] = \begin{cases} h_{ij}^*, & |u_j(t)| < T_j, \\ [\underline{h}_{ij}, \bar{h}_{ij}], & |u_j(t)| = T_j, \\ h_{ij}^{**}, & |u_j(t)| > T_j, \end{cases}
$$

$$
\mathrm{co}\left[u_j(t - \tau_{ij}(t))\right] = \begin{cases} w_{ij}^*, & |u_j(t - \tau_{ij}(t))| < T_j, \\ [\underline{w}_{ij}, \bar{w}_{ij}], & |u_j(t - \tau_{ij}(t))| = T_j, \\ w_{ij}^{**}, & |u_j(t - \tau_{ij}(t))| > T_j. \end{cases}
\tag{3-2-3}
$$

记

$$
(-\infty, p_i) = (-\infty, p_i)^1 \times [p_i, r_i]^0 \times (r_i, q_i)^0 \times [q_i, s_i]^0 \times (s_i + \infty)^0,
$$
$$
[p_i, r_i] = (-\infty, p_i)^0 \times [p_i, r_i]^1 \times (r_i, q_i)^0 \times [q_i, s_i]^0 \times (s_i + \infty)^0,
$$
$$
(r_i, q_i) = (-\infty, p_i)^0 \times [p_i, r_i]^0 \times (r_i, q_i)^1 \times [q_i, s_i]^0 \times (s_i + \infty)^0,
$$
$$
[q_i, s_i] = (-\infty, p_i)^0 \times [p_i, r_i]^0 \times (r_i, q_i)^0 \times [q_i, s_i]^1 \times (s_i + \infty)^0,
$$
$$
(s_i, +\infty) = (-\infty, p_i)^0 \times [p_i, r_i]^0 \times (r_i, q_i)^0 \times [q_i, s_i]^0 \times (s_i + \infty)^1.
$$

$\mathbb{R}^n$ 能够分为以下 5^n 个部分

$$
\Omega = \Bigg\{ \prod_{i=1}^n (-\infty, p_i)^{\delta_1^{(i)}} \times [p_i, r_i]^{\delta_2^{(i)}} \times (r_i, q_i)^{\delta_3^{(i)}} \times [q_i, s_i]^{\delta_4^{(i)}} \times (s_i + \infty)^{\delta_5^{(i)}},
$$
$$
(\delta_1^{(i)}, \delta_2^{(i)}, \delta_3^{(i)}, \delta_4^{(i)}, \delta_5^{(i)}) = (1,0,0,0,0) \text{ 或 } (0,1,0,0,0) \text{ 或 }
$$
$$
(0,0,1,0,0) \text{ 或 } (0,0,0,1,0) \text{ 或 } (0,0,0,0,1) \Bigg\}.
$$

根据微分包含与集值映射理论, 系统 (3-2-1) 可改写为

$$
\dot{u}_i(t) \in -a_i(u_i(t)) \Bigg[b_i u_i(t) - \sum_{j=1}^n \mathrm{co}\left[h_{ij}(u_j(t))\right] f_j(u_j(t))
$$
$$
- \sum_{j=1}^n \mathrm{co}\left[w_{ij}(u_j(t - \tau_{ij}(t)))\right] f_j(u_j(t - \tau_{ij}(t))) - I_i \Bigg],
\tag{3-2-4}
$$
$$
\text{a.e.} \quad t \geqslant 0, \quad i = 1, 2, \cdots, n,
$$

或者存在 $\hat{h}_{ij} \in \mathrm{co}\left[h_{ij}(u_j(t))\right], \hat{w}_{ij} \in \mathrm{co}\left[h_{ij}(u_j(t - \tau_{ij}(t)))\right]$, 使得

$$
\dot{u}_i(t) \in -a_i(u_i(t)) \Bigg[b_i u_i(t) - \sum_{j=1}^n \hat{h}_{ij} f_j(u_j(t)) - \sum_{j=1}^n \hat{w}_{ij} f_j(u_j(t - \tau_{ij}(t))) - I_i \Bigg],
$$

a.e. $t \geqslant 0$,　$i = 1, 2, \cdots, n$. $\hfill (3\text{-}2\text{-}5)$

针对系统 (3-2-1), 假定

(A3.2.1)　函数 $a_i(r)$ 连续, 并对于任意的 $r \in \mathbb{R}, i = 1, 2, \cdots, n$, 存在正常数 $\underline{a}_i, \bar{a}_i$ 使得 $0 < \underline{a}_i \leqslant a_i(r) \leqslant \bar{a}_i$ 成立.

关于系统 (3-2-1) 的 Filippov 解与平衡点的定义与前文类似, 此处省略.

3.2.2　多平衡点的存在性与稳定性

定理 3.2.1　假设 (A3.2.1) 成立, 对于任意的 $i = 1, 2, \cdots, n$, 下列条件均满足

$$- b_i p_i + \max \left\{ (\underline{h}_{ii} + \underline{w}_{ii}) m_i, (\bar{h}_{ii} + \bar{w}_{ii}) m_i \right\}$$

$$+ \sum_{j \neq i, j=1}^{n} \max \left\{ (\underline{h}_{ij} + \underline{w}_{ij}) m_j, (\underline{h}_{ij} + \underline{w}_{ij}) M_j, (\bar{h}_{ij} + \bar{w}_{ij}) m_j, (\bar{h}_{ij} + \bar{w}_{ij}) M_j \right\}$$

$$+ I_i < 0, \hfill (3\text{-}2\text{-}6)$$

$$- b_i r_i + \min \left\{ (\underline{h}_{ii} + \underline{w}_{ii}) f_i(r), (\bar{h}_{ii} + \bar{w}_{ii}) f_i(r) \right\}$$

$$+ \sum_{j \neq i, j=1}^{n} \min \left\{ (\underline{h}_{ij} + \underline{w}_{ij}) m_j, (\underline{h}_{ij} + \underline{w}_{ij}) M_j, (\bar{h}_{ij} + \bar{w}_{ij}) m_j, (\bar{h}_{ij} + \bar{w}_{ij}) M_j \right\}$$

$$+ I_i > 0, \hfill (3\text{-}2\text{-}7)$$

$$- b_i s_i + \min \left\{ (\underline{h}_{ii} + \underline{w}_{ii}) M_i, (\bar{h}_{ii} + \bar{w}_{ii}) M_i \right\}$$

$$+ \sum_{j \neq i, j=1}^{n} \min \left\{ (\underline{h}_{ij} + \underline{w}_{ij}) m_j, (\underline{h}_{ij} + \underline{w}_{ij}) M_j, (\bar{h}_{ij} + \bar{w}_{ij}) m_j, (\bar{h}_{ij} + \bar{w}_{ij}) M_j \right\}$$

$$+ I_i > 0. \hfill (3\text{-}2\text{-}8)$$

当激活函数由式 (3-2-1) 给出时, 系统 (3-2-1) 在 $\mathbb{R}^n$ 中有 5^n 个平衡点.

证明　在集合 Ω 中任选一个区域:

$$\tilde{\Omega} = \prod_{i \in N_1} (-\infty, p_i) \times \prod_{i \in N_2} [p_i, r_i] \times \prod_{i \in N_3} (r_i, q_i) \times \prod_{i \in N_4} [q_i, s_i] \times \prod_{i \in N_5} (s_i, +\infty) \subset \Omega,$$

其中, $N_i \, (i = 1, 2, 3, 4, 5)$ 为 $\{1, 2, \cdots, n\}$ 的子集,

$$\bigcup_{i=1}^{5} N_i = \{1, 2, \cdots, n\}, \quad N_i \cap N_j = \varnothing \quad (i \neq j; i, j = 1, 2, 3, 4, 5).$$

下面说明系统 (3-2-1) 在 $\tilde{\Omega}$ 内至少有一个平衡点.

我们知道, 系统 (3-2-1) 的任意平衡点 $(u_1^*, u_2^*, \cdots, u_n^*)^{\mathrm{T}}$ 为下列方程的根:

$$-b_i u_i^* + \sum_{j=1}^{n} (\hat{h}_{ij} + \hat{w}_{ij}) f_j (u_j^*) + I_i = 0, \quad i = 1, 2, \cdots, n,$$

其中, $\hat{h}_{ij} \in \mathrm{co}\,[h_{ij}(u_j^*)]$, $\hat{w}_{ij} \in \mathrm{co}\,[w_{ij}(u_j^*)]$.

(a) 对于任意的 $(u_1, u_2, \cdots, u_n)^{\mathrm{T}} \in \tilde{\Omega}$, 固定 $u_2, u_3, \cdots, u_n$, 定义

$$F_1(u) = -b_1 u + (\hat{h}_{11} + \hat{w}_{11}) f_1(u) + \sum_{j=2}^{n} (\hat{h}_{1j} + \hat{w}_{1j}) f_j(u_j) + I_1. \qquad (3\text{-}2\text{-}9)$$

有五种可能的情形需要讨论.

情形 1: $u_1 \in (-\infty, p_1)$. 给定 $m_j \leqslant f_j \leqslant M_j$, $\underline{h}_{1j} + \underline{w}_{1j} \leqslant \hat{h}_{1j} + \hat{w}_{1j} \leqslant \bar{h}_{1j} + \bar{w}_{1j}$. 由 (3-2-5) 与 (3-2-9) 可得

$$F_1(p_1) = -b_1 p_1 + (\hat{h}_{11} + \hat{w}_{11}) m_1 + \sum_{j=2}^{n} (\hat{h}_{1j} + \hat{w}_{1j}) f_j(u_j) + I_1$$

$$\leqslant -b_1 p_1 + \max\left\{(\underline{h}_{11} + \underline{w}_{11})\, m_1, (\bar{h}_{11} + \bar{w}_{11})\, m_1\right\}$$

$$+ \sum_{j=2}^{n} \max\left\{(\underline{h}_{1j} + \underline{w}_{1j})\, m_j, (\underline{h}_{1j} + \underline{w}_{1j})\, M_j, \right.$$

$$\left. (\bar{h}_{1j} + \bar{w}_{1j})\, m_j, (\bar{h}_{1j} + \bar{w}_{1j})\, M_j \right\} + I_1$$

$$< 0.$$

由于 $F_1(u)$ 的连续性以及 $\lim\limits_{u \to -\infty} F_1(u) = +\infty$, 能够找到一个 $\bar{u}_1 \in (-\infty, p_1)$ 使得 $F_1(\bar{u}_1) = 0$.

情形 2: $u_1 \in [p_1, r_1]$. 由 (3-2-6) 与 (3-2-9) 可得

$$F_1(r_1) \geqslant -b_1 r_1 + \min\left\{(\underline{h}_{11} + \underline{w}_{11})\, f_1(r_1), (\bar{h}_{11} + \bar{w}_{11})\, f_1(r_1)\right\}$$

$$+ \sum_{j=2}^{n} \min\left\{(\underline{h}_{1j} + \underline{w}_{1j})\, m_j, (\underline{h}_{1j} + \underline{w}_{1j})\, M_j, \right.$$

$$\left. (\bar{h}_{1j} + \bar{w}_{1j})\, m_j, (\bar{h}_{1j} + \bar{w}_{1j})\, M_j \right\} + I_1 > 0.$$

由于 $F_1(p_1) < 0$, 能够找到一个 $\bar{u}_1 \in [p_1, r_1]$ 使得 $F_1(\bar{u}_1) = 0$.

情形 3: $u_1 \in (r_1, q_1)$. 由于 $f_1(q_1) = m_1, p_1 < q_1$, 由 (3-2-5) 可得

$$F_1(q_1) = -b_1 q_1 + (\hat{h}_{11} + \hat{w}_{11}) m_1 + \sum_{j=2}^{n} (\hat{h}_{1j} + \hat{w}_{1j}) f_j(u_j) + I_1 < F_1(p_1) < 0.$$

由于 $F_1(r_1) > 0$, 能够找到一个 $\bar{u}_1 \in (r_1, p_1)$ 使得 $F_1(\bar{u}_1) = 0$.

情形 4: $u_1 \in [q_1, s_1]$. 由 (3-2-7) 和 (3-2-9) 可得

$$
\begin{aligned}
F_1(s_1) &= -b_1 s_1 + \left(\hat{h}_{11} + \hat{w}_{11}\right) M_1 + \sum_{j=2}^{n} \left(\hat{h}_{1j} + \hat{w}_{1j}\right) f_j(u_j) + I_1 \\
&\geqslant -b_1 s_1 + \min\left\{(h_{11} + \underline{w}_{11}) M_1, \left(\bar{h}_{11} + \bar{w}_{11}\right) M_1\right\} \\
&\quad + \sum_{j=2}^{n} \min\big\{ \left(\underline{h}_{1j} + \underline{w}_{1j}\right) m_j, \left(h_{11} + \underline{w}_{11}\right) M_j, \\
&\qquad\qquad\qquad \left(\bar{h}_{1j} + \bar{w}_{1j}\right) m_j, \left(\bar{h}_{1j} + \bar{w}_{1j}\right) M_j\big\} + I_1 > 0.
\end{aligned}
$$

由于 $F_1(q_1) < 0$, 能够找到一个 $\bar{u}_1 \in [q_1, s_1]$ 使得 $F_1(\bar{u}_1) = 0$.

情形 5: $u_1 \in (s_1, +\infty)$. 注意到 $F_1(s_1) > 0$, $\lim\limits_{u \to +\infty} F_1(u) = -\infty$, 因此, 亦能找到一个 $\bar{u}_1 \in (s_1, +\infty)$ 使得 $F_1(\bar{u}_1) = 0$.

由上述情形 1—5 可得下列结论: 对于任意点 $(u_1, u_2, \cdots, u_n)^{\mathrm{T}} \in \tilde{\Omega}$, 固定 $u_2, u_3, \cdots, u_n$, 能够找到一个 $\bar{u}_1$ 使得 $-b_1 \bar{u}_1 + (\hat{h}_{11} + \hat{w}_{11}) f_1(\bar{u}_1) + \sum\limits_{j=2}^{n} (\hat{h}_{1j} + \hat{w}_{1j}) f_j(u_j) + I_1 = 0$.

(b) 对于任意的 $(u_1, u_2, \cdots, u_n)^{\mathrm{T}} \in \tilde{\Omega}$, 固定 $u_1, \cdots, u_{i-1}, u_{i+1}$, 定义

$$
F_i(u) = -b_i u + (\hat{h}_{ii} + \hat{w}_{ii}) f_i(u) + \sum_{j \neq i, j=1}^{n} (\hat{h}_{ij} + \hat{w}_{ij}) f_j(u_j) + I_i, \qquad (3\text{-}2\text{-}10)
$$

与 (a) 证明类似, 能够找到 $\bar{u}_i (i = 2, 3, \cdots, n)$ 使得

$$
-b_i \bar{u}_i + (\hat{h}_{ii} + \hat{w}_{ii}) f_i(\bar{u}_i) + \sum_{j \neq i, j=1}^{n} (\hat{h}_{ij} + \hat{w}_{ij}) f_j(u_j) + I_i = 0.
$$

有五种可能的情形需要讨论.

由 $H(u_1, u_2, \cdots, u_n) = (\bar{u}_1, \bar{u}_2, \cdots, \bar{u}_n)$ 定义映射 $H : \tilde{\Omega} \to \tilde{\Omega}$. 显然映射 H 是连续的. 根据 Brouwer 不动点定理可知, 在 $\tilde{\Omega}$ 中存在一个 H 的不动点 $u^* = (u_1^*, u_2^*, \cdots, u_n^*)$, 同时也是系统 (3-2-1) 在 $\tilde{\Omega}$ 内的不动点. 由于 R^n 被划分为 5^n 个部分, 系统 (3-2-1) 在激活函数 (3-2-1) 下具有 5^n 个平衡点. $\qquad\square$

引入

$$
\Phi = \left\{ \prod_{i=1}^{n} (-\infty, p_i)^{\delta_1^{(i)}} \times (r_i, q_i)^{\delta_2^{(i)}} \times (s_i, +\infty)^{\delta_3^{(i)}}, (\delta_1^{(i)}, \delta_2^{(i)}, \delta_3^{(i)}) \right.
$$

$$= (1, 0, 0) \text{ 或 } (0, 1, 0) \text{ 或 } (0, 0, 1)\Big\}.$$

相应地, Φ 被分为 3^n 个平衡点区域, 在讨论系统 (3-2-1) 的动力学性态之前, 需要给出系统的正向不变集以提供多稳定性分析的基础.

定理 3.2.2 假设 (A3.2.1) 成立, 如果对于任意的 $i = 1, 2, \cdots, n$, 下列条件均满足

$$
- b_i p_i + \max\left\{\underline{h}_{ii} m_i, \bar{h}_{ii} m_i\right\} + \max\left\{\underline{w}_{ii} m_i, \bar{w}_{ii} m_i, \underline{w}_{ii} f_i(r_i), \bar{w}_{ii} f_i(r_i)\right\}
$$
$$
+ \sum_{j \neq i, j=1}^{n} \max\left\{\underline{h}_{ij} m_j, \underline{h}_{ij} M_j, \bar{h}_{ij} m_j, \bar{h}_{ij} M_j\right\}
$$
$$
+ \sum_{j \neq i, j=1}^{n} \max\left\{\underline{w}_{ij} m_j, \underline{w}_{ij} M_j, \bar{w}_{ij} m_j, \bar{w}_{ij} M_j\right\} + I_i < 0, \tag{3-2-11}
$$

$$
- b_i r_i + \min\left\{\underline{h}_{ii} f_i(r_i), \bar{h}_{ii} f_i(r_i)\right\} + \min\left\{\underline{w}_{ii} m_i, \bar{w}_{ii} m_i, \underline{w}_{ii} f_i(r_i), \bar{w}_{ii} f_i(r_i)\right\}
$$
$$
+ \sum_{j \neq i, j=1}^{n} \min\left\{\underline{h}_{ij} m_j, \underline{h}_{ij} M_j, \bar{h}_{ij} m_j, \bar{h}_{ij} M_j\right\}
$$
$$
+ \sum_{j \neq i, j=1}^{n} \min\left\{\underline{w}_{ij} m_j, \underline{w}_{ij} M_j, \bar{w}_{ij} m_j, \bar{w}_{ij} M_j\right\} + I_i > 0, \tag{3-2-12}
$$

$$
- b_i s_i + \min\left\{(\underline{h}_{ii} + \underline{w}_{ii}) M_i, (\bar{h}_{ii} + \bar{w}_{ii}) M_i\right\}
$$
$$
+ \sum_{j \neq i, j=1}^{n} \min\left\{\underline{h}_{ij} m_j, \underline{h}_{ij} M_j, \bar{h}_{ij} m_j, \bar{h}_{ij} M_j\right\}
$$
$$
+ \sum_{j \neq i, j=1}^{n} \max\left\{\underline{w}_{ij} m_j, \underline{w}_{ij} M_j, \bar{w}_{ij} m_j, \bar{w}_{ij} M_j\right\} + I_i > 0, \tag{3-2-13}
$$

则 Φ 是系统 (3-2-1) 的正向不变集.

证明 在集合 Φ 中任选一个区域:

$$
\tilde{\Phi} = \prod_{i \in N_1} (-\infty, p_i) \times \prod_{i \in N_3} (r_i, q_i) \times \prod_{i \in N_5} (s_i, +\infty) \subset \Phi, \tag{3-2-14}
$$

其中, N_1, N_3, N_5 为 $\{1, 2, \cdots, n\}$ 的子集, $N_1 \cup N_3 \cup N_5 = \{1, 2, \cdots, n\}$, $N_i \cap N_j = \varnothing$ $(i \neq j; i, j = 1, 3, 5)$. 为说明对于任意的初始条件 $\phi(\theta) \in \mathcal{C}([-\tau, 0], \tilde{\Phi})$, 对于 $t \geqslant 0$, 有解 $u(t; \phi) \in \tilde{\Phi}$. 否则, 存在以下三种情形需要讨论.

情形 1: 存在一个 $u(t;\phi)$ 的分量 $u_i(t)$ 由 $\prod\limits_{i\in N_1}(-\infty,p_i)$ 溢出. 存在某些 $i\in N_1, t^*>0$ 使得 $u_i(t^*)=p_i, \dot{u}_i(t^*)>0, u_i(t)<p_i$ 对于 $-\tau\leqslant t\leqslant t^*$ 成立. 由 $a_i(p_i)>0$, (3-2-4),(3-2-14) 和 f_i 的定义可得

$$\dot{u}_i(t^*)=a_i(u_i(t^*))\left[-b_iu_i(t^*)+\hat{h}_{ii}f_i(u_i(t^*))+\hat{w}_{ii}f_i(u_i(t^*-\tau_{ii}(t^*)))\right.$$
$$\left.+\sum_{j\neq i,j=1}^{n}\hat{h}_{ij}f_j(u_j(t^*))+\sum_{j\neq i,j=1}^{n}\hat{w}_{ij}f_j(u_j(t^*-\tau_{ij}(t^*)))+I_i\right]$$
$$=a_i(p_i)\left[(-b_ip_i+\hat{h}_{ii}+\hat{w}_{ii})m_i+\sum_{j\neq i,j=1}^{n}\hat{h}_{ij}f_j(u_j(t^*))\right.$$
$$\left.+\sum_{j\neq i,j=1}^{n}\hat{w}_{ij}f_j(u_j(t^*-\tau_{ij}(t^*)))+I_i\right]$$
$$\leqslant a_i(p_i)\left[-b_ip_i+\max\left\{(\underline{h}_{ii}+\underline{w}_{ii})m_i,(\bar{h}_{ii}+\bar{w}_{ii})m_i\right\}\right.$$
$$+\sum_{j\neq i,j=1}^{n}\max\left\{\underline{h}_{ij}m_j,\underline{h}_{ij}M_j,\bar{h}_{ij}m_j,\bar{h}_{ij}M_j\right\}$$
$$\left.+\sum_{j\neq i,j=1}^{n}\max\left\{\underline{w}_{ij}m_j,\underline{w}_{ij}M_j,\bar{w}_{ij}m_j,\bar{w}_{ij}M_j\right\}+I_i\right]$$
$$<0$$

矛盾.

情形 2: 存在一个 $u(t;\phi)$ 的分量 $u_i(t)$ 由 $\prod\limits_{i\in N_3}(r_i,q_i)$ 溢出. 存在某些 $i\in N_3, t^*>0$ 使得 $u_i(t^*)=r_i, \dot{u}_i(t^*)<0, u_i(t)\in[r_i,q_i)$ 或者 $u_i(t^*)=q_i, \dot{u}_i(t^*)>0, u_i(t)\in(r_i,q_i]$ 对于 $-\tau\leqslant t\leqslant t^*$ 成立. 若 $u_i(t^*)=r_i, \dot{u}_i(t^*)<0, u_i(t)\in[r_i,q_i)$, 注意到, $m_i\leqslant f_i(u_i(t^*-\tau_{ii}(t^*)))\leqslant f_i(r_i)$, 由 (3-2-5) 与 (3-2-12) 可得

$$\dot{u}_i(t^*)=a_i(r_i)\left[-b_ir_i+\hat{h}_{ii}f_i(r_i)+\hat{w}_{ii}f_i(u_i(t^*-\tau_{ii}(t^*)))\right.$$
$$\left.+\sum_{j\neq i,j=1}^{n}\hat{h}_{ij}f_j(u_j(t^*))+\sum_{j\neq i,j=1}^{n}\hat{w}_{ij}f_j(u_j(t^*-\tau_{ij}(t^*)))+I_i\right]$$
$$\geqslant a_i(r_i)\left[-b_ir_i+\min\left\{\underline{h}_{ii}f_i(r_i),\bar{h}_{ii}f_i(r_i)\right\}\right.$$

$$+ \min_n \left\{ \underline{w}_{ii} m_i, \bar{w}_{ii} m_i, \underline{w}_{ii} f_i f_i(r_i), \bar{w}_{ii} f_i(r_i) \right\}$$

$$+ \sum_{j \neq i, j=1}^{n} \min \left\{ \underline{h}_{ij} m_j, \underline{h}_{ij} M_j, \bar{h}_{ij} m_j, \bar{h}_{ij} M_j \right\}$$

$$\left. + \sum_{j \neq i, j=1}^{n} \min \left\{ \underline{w}_{ij} m_j, \underline{w}_{ij} M_j, \bar{w}_{ij} m_j, \bar{w}_{ij} M_j \right\} + I_i \right]$$

$$> 0$$

矛盾. 若 $u_i(t^*) = q_i, \dot{u}_i(t^*) > 0, u_i(t) \in (r_i, q_i]$, 同样能导出矛盾.

情形 3: 存在一个 $u(t; \phi)$ 的分量 $u_i(t)$ 由 $\prod_{i \in N_5} (s_i, +\infty)$ 溢出. 存在某些 $i \in N_5, t^* > 0$ 使得 $u_i(t^*) = s_i, \dot{u}_i(t^*) < 0, u_i(t) > s_i$ 对于 $-\tau \leqslant t \leqslant t^*$ 成立. 若 $u_i(t^*) = r_i, \dot{u}_i(t^*) < 0, u_i(t) \in [r_i, q_i)$. 由 (3-2-5) 与 (3-2-13) 可得

$$\dot{u}_i(t^*) = a_i(s_i) \left[(-b_i s_i + \hat{h}_{ii} + \hat{w}_{ii}) M_i + \sum_{j \neq i, j=1}^{n} \hat{h}_{ij} f_j(u_j(t^*)) \right.$$

$$\left. + \sum_{j \neq i, j=1}^{n} \hat{w}_{ij} f_j(u_j(t^* - \tau_{ij}(t^*))) + I_i \right]$$

$$\geqslant a_i(s_i) \left[-b_i s_i + \min \left\{ (\underline{h}_{ii} + \underline{w}_{ii}) M_i, (\bar{h}_{ii} + \bar{w}_{ii}) M_i \right\} \right.$$

$$+ \sum_{j \neq i, j=1}^{n} \min \left\{ \underline{h}_{ij} m_j, \underline{h}_{ij} M_j, \bar{h}_{ij} m_j, \bar{h}_{ij} M_j \right\}$$

$$\left. + \sum_{j \neq i, j=1}^{n} \min \left\{ \underline{w}_{ij} m_j, \underline{w}_{ij} M_j, \bar{w}_{ij} m_j, \bar{w}_{ij} M_j \right\} + I_i \right]$$

$$> 0,$$

与 $\dot{u}_i(t^*) < 0$ 矛盾.

由上述三种情形可见, 对于所有的 $t \geqslant 0$, 解 $u(t; \phi)$ 绝不会在 $\tilde{\Phi}$ 之外. 这表明 $\tilde{\Phi}$ 是系统 (3-2-1) 的不变集. □

根据 (A3.2.1), 可知 $1/a_i(u_i)$ 的反导数存在. 选取反导数 $g_i(u_i)$ 满足 $g_i(u_i) = 0$. 显然, $\mathrm{d}g_i(u_i)/\mathrm{d}u_i = 1/a_i(u_i)$. 由 $a_i(u_i) > 0$, 可知 $g_i(u_i)$ 关于 u_i 是严格单增的. 根据反函数的导数定理, $g_i(u_i)$ 的反函数 $g_i^{-1}(v_i)$ 可微, 并且, $\mathrm{d}g_i^{-1}(v_i)/\mathrm{d}v_i = a_i(u_i)$, 其中, $v_i = g_i(u_i)$. 令 $x_i(t) = g_i(u_i(t))$, 则有 $\dot{x}_i(t) = \dot{u}_i(t)/a_i(u_i(t)), u_i(t) = g_i^{-1}(x_i(t))$. 将上述等式代入 (3-2-4) 可得

$$\dot{x}_i(t) \in -b_i g_i^{-1}(x_i(t)) + \sum_{j=1}^{n} \text{co}\left[h_{ij}\left(g_j^{-1}(x_j(t))\right)\right] f_j\left(g_j^{-1}(x_j(t))\right)$$

$$+ \sum_{j=1}^{n} \text{co}\left[w_{ij}\left(g_j^{-1}(x_j(t-\tau_{ij}(t)))\right)\right] f_j\left(g_j^{-1}(x_j(t-\tau_{ij}(t)))\right) + I_i.$$

$$(3\text{-}2\text{-}15)$$

解 $u(t)$ 在初始条件 $\phi(\theta) \in \mathcal{C}([-\tau, 0], \Phi)$ 下的动力学性态分析由定理 3.2.3 给出, 系统 (3-2-1) 具有 5^n 个平衡点, 其中 3^n 个平衡点在 Φ 内且是局部指数稳定的.

定理 3.2.3 假设 (A3.2.1) 成立, $f_i(\pm T_i) = 0$ $(i = 1, 2, \cdots, n)$, (3-2-9)—(3-2-11) 均成立. 如果存在正常数 $\xi_1, \xi_2, \cdots, \xi_n$ 使得对于任意的 $i = 1, 2, \cdots, n$, 下列不等式成立:

$$-a_i b_i \xi_i + \sum_{j=1}^{n} \bar{a}_j |l_{j,2}| \xi_j(H_{ij}, W_{ij}) < 0,$$

其中, $H_{ij} = \max\left\{|h_{ij}^*|, |h_{ij}^{**}|\right\}$, $w_{ij} = \max\left\{|w_{ij}^*|, |w_{ij}^{**}|\right\}$, 当激活函数由式 (3-2-1) 给出时, 系统 (3-2-1) 具有 5^n 个平衡点, 其中的 3^n 个是局部指数稳定的.

证明参见文献 [2].

3.2.3 数值模拟

本节, 我们给出一个具有二维忆阻神经网络的例子来说明本章理论结果.

例 3.2.1 考虑具有时变时滞的二维 Cohen-Grossberg 忆阻神经网络:

$$\dot{u}_i(t) = -a_i(u_i(t))\left[b_i u_i(t) - \sum_{j=1}^{2} h_{ij}(u_j(t)) f_j(u_j(t))\right.$$

$$\left. - \sum_{j=1}^{2} w_{ij}(u_j(t-\tau_{ij}(t))) f_j(u_j(t-\tau_{ij}(t))) - I_i\right], \quad i = 1, 2, \quad (3\text{-}2\text{-}16)$$

其中

$$a_1(u_1(t)) = 1 + \frac{1}{59 + u_1^2}, \quad a_2(u_2(t)) = 2 + \frac{2}{89 + u_2^2},$$

$$b_1 = 2, \quad b_2 = 1.5, \quad I_1 = -1, \quad I_2 = -0.7, \quad \tau_{ij}(t) = e^{-t} \quad (i, j = 1, 2),$$

$$h_{11}(u_1(t)) = \begin{cases} 2.6, & |u_1(t)| \leqslant 1, \\ 2.7, & |u_1(t)| > 1, \end{cases}$$

$$h_{12}\left(u_2(t)\right) = \begin{cases} 0.05, & |u_2(t)| \leqslant 1, \\ -0.05, & |u_2(t)| > 1, \end{cases}$$

$$h_{21}\left(u_1(t)\right) = \begin{cases} -0.05, & |u_1(t)| \leqslant 1, \\ 0.05, & |u_1(t)| > 1, \end{cases}$$

$$h_{22}\left(u_2(t)\right) = \begin{cases} 2.06, & |u_2(t)| \leqslant 1, \\ 2, & |u_2(t)| > 1, \end{cases}$$

$$w_{11}\left(u_1(t-e^{-t})\right) = \begin{cases} -0.1, & |u_1(t-e^{-t})| \leqslant 1, \\ 0.1, & |u_1(t-e^{-t})| > 1, \end{cases}$$

$$w_{12}\left(u_2(t-e^{-t})\right) = \begin{cases} -0.05, & |u_2(t-e^{-t})| \leqslant 1, \\ 0.05, & |u_2(t-e^{-t})| > 1, \end{cases}$$

$$w_{21}\left(u_1(t-e^{-t})\right) = \begin{cases} -0.05, & |u_1(t-e^{-t})| \leqslant 1, \\ 0.05, & |u_1(t-e^{-t})| > 1, \end{cases}$$

$$w_{22}\left(u_2(t-e^{-t})\right) = \begin{cases} -0.04, & |u_2(t-e^{-t})| \leqslant 1, \\ 0.04, & |u_2(t-e^{-t})| > 1. \end{cases}$$

激活函数 $f_i(x)(i=1,2)$ 定义如下

$$f_i(x) = \begin{cases} -1, & -\infty < x \leqslant -\dfrac{3}{2}, \\ 2(x+1), & -\dfrac{3}{2} < x \leqslant -\dfrac{1}{2}, \\ \dfrac{2}{3}(1-x), & -\dfrac{1}{2} < x \leqslant \dfrac{5}{2}, \\ 8x-21, & \dfrac{5}{2} < x \leqslant 3, \\ 3, & 3 < x < +\infty. \end{cases}$$

显然, $f_i(\pm 1) = 0\,(i=1,2)$, 条件 (A3.2.1) 成立. 当 $\xi_1 = 2, \xi_2 = 1$ 时 (3-2-9)—(3-2-12) 均成立. 根据定理 3.2.3 可得, 系统 (3-2-16) 具有 25 个平衡点 $u^{S_i}u^{\Xi_i}$ 分别位于 $S_i(i=1,2,\cdots,9), \Xi_j(j=1,2,\cdots,16)$ 中, 其中 9 个平衡点 $u^{S_i}(i=1,2,\cdots,9)$ 为局部指数稳定的.

$$\begin{bmatrix} S_1 & \Xi_3 & S_4 & \Xi_{10} & S_7 \\ \Xi_1 & \Xi_4 & \Xi_8 & \Xi_{11} & \Xi_{15} \\ S_2 & \Xi_5 & S_5 & \Xi_{12} & S_8 \\ \Xi_2 & \Xi_6 & \Xi_9 & \Xi_{13} & \Xi_{16} \\ S_3 & \Xi_7 & S_6 & \Xi_{14} & S_9 \end{bmatrix} \begin{matrix} y=3 \\ y=5/2 \\ y=-1/2 \\ y=-3/2 \end{matrix}$$

$$x=-1.5 \quad x=-0.5 \quad x=2.5 \quad x=3$$

通过直接计算可以给出 25 个平衡点:

$$u^{S_1} = (-19/10, 266/75)^T, \quad u^{S_2} = (-19/10, 82/427)^T,$$
$$u^{S_3} = (-19/10, -142/75)^T, \quad u^{S_4} = (2/11, 2951/825)^T,$$
$$u^{S_5} = (2/11, 977/4697)^T, \quad u^{S_6} = (2/11, -1537/825)^T,$$
$$u^{S_7} = (37/10, 286/75)^T, \quad u^{S_8} = (37/10, 142/427)^T,$$
$$u^{S_9} = (37/10, -122/75)^T,$$
$$u^{\Xi_1} = (-19/10, 2182/741)^T, \quad u^{\Xi_2} = (-19/10, -164/129)^T,$$
$$u^{\Xi_3} = (-23/18, 2414/675)^T, \quad u^{\Xi_4} = (-23/18, 19618/6669)^T,$$
$$u^{\Xi_5} = (-23/18, 266/1281)^T, \quad u^{\Xi_6} = (-23/18, -1496/1161)^T,$$
$$u^{\Xi_7} = (-23/18, -1258/675)^T, \quad u^{\Xi_8} = (2/11, 23977/8151)^T,$$
$$u^{\Xi_9} = (2/11, -1829/1419)^T, \quad u^{\Xi_{10}} = (299/102, 14446/3825)^T,$$
$$u^{\Xi_{11}} = (299/102, 110402/37791)^T, \quad u^{\Xi_{12}} = (299/102, 2274/7259)^T,$$
$$u^{\Xi_{13}} = (299/102, -9244/6579)^T, \quad u^{\Xi_{14}} = (299/102, -6362/3825)^T,$$
$$u^{\Xi_{15}} = (299/102, 2182/741)^T, \quad u^{\Xi_{16}} = (37/10, -184/129)^T.$$

通过数值模拟可以看到, 9 个平衡点 $u^{S_i}(i = 1, 2, \cdots, 9)$ 是局部指数稳定的. 如图 3-2-1 所示.

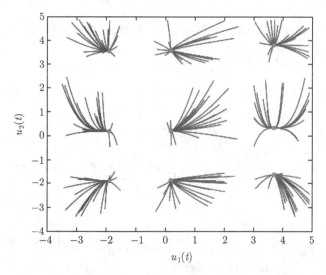

图 3-2-1 例 3.2.1 中状态变量 $(u_1, u_2)^T$ 的轨线图, 其中的 9 个圆点代表在区域 $S_i(i = 1, 2, \cdots, 9)$ 中的 9 个平衡点

3.3   具有时滞的忆阻神经网络的稳定性与 Hopf 分支

与传统的人工神经网络不同, 忆阻神经网络的连接权重与忆阻器的忆阻性能函数密切相关, 其连接权重通常是状态依赖的阈值切换函数. 此时, 忆阻神经网络的连接权重不再是常数, 忆阻神经网络成为右端不连续的非线性切换系统, 这给忆阻神经网络的研究带来了困难. 目前, 在相关文献中, 主要基于微分包含于集值映射理论和模糊理论来研究此类问题.

文献 [5] 研究了以下忆阻神经网络模型

$$
\begin{aligned}
&\dot{x}_i(t) = -x_i(t) + \sum_{j=1}^{n} w_{ij}\left(x_i(t)\right) f_j\left(x_j(t)\right) + u_i(t),\\
&y_i(t) = f_i\left(x_i(t)\right), \quad i = 1, 2, \cdots, n,
\end{aligned}
\tag{3-3-1}
$$

其中, $w_{ij}\left(x_i(t)\right)$ 为基于忆阻器的连接权重, 通常如下表示

$$
w_{ij}(x_i(t)) = \frac{W_{ij}}{C_i} \times \mathrm{sign}_{ij}, \quad \mathrm{sign}_{ij} = \left\{
\begin{array}{ll}
1, & i \neq j,\\
-1, & i = j,
\end{array}
\right.
\tag{3-3-2}
$$

W_{ij} 为忆阻性能函数, 应用微分包含与集值映射理论, 系统 (3-3-1) 转化为微分包含问题:

$$
\begin{aligned}
&\dot{x}_i(t) \in -x_i(t) + \sum_{j=1}^{n} \mathrm{co}\{\widehat{w}_{ij}, \breve{w}_{ij}\} f_j\left(x_j(t)\right) + u_i(t),\\
&y_i(t) = f_i\left(x_i(t)\right), \quad i = 1, 2, \cdots, n,
\end{aligned}
\tag{3-3-3}
$$

$\mathrm{co}\{\widehat{w}_{ij}, \breve{w}_{ij}\} = [\underline{w}_{ij}, \bar{w}_{ij}], \underline{w}_{ij} = \min\{\widehat{w}_{ij}, \breve{w}_{ij}\}, \bar{w}_{ij} = \max\{\widehat{w}_{ij}, \breve{w}_{ij}\}$. 运用线性矩阵不等式技巧得到了系统 (3-3-1) 的无源性判据.

文献 [6] 研究了以下忆阻神经网络模型

$$
\dot{x}_i(t) = -d_i\left(x_i(t)\right) x_i(t) + \sum_{j=1}^{n} a_{ij} f_j\left(x_j(t)\right) + \sum_{j=1}^{n} b_{ij} f_j\left(x_j\left(t - \tau_j(t)\right)\right) + s_i, \tag{3-3-4}
$$

其中

$$
\begin{aligned}
&d_i\left(x_i(t)\right) = \frac{1}{C_i}\left[\sum_{j=1}^{n}\left(\frac{1}{R_{f_{ij}}} + \frac{1}{R_{g_{ij}}}\right) + W_i\left(x_i(t)\right)\right] = \left\{
\begin{array}{ll}
d_{1i}, & x_i(t) \leqslant 0,\\
d_{2i}, & x_i(t) > 0,
\end{array}
\right.\\
&a_{ij} = \frac{\mathrm{sign}_{ij}}{C_i R_{f_{ij}}}, \quad b_{ij} = \frac{\mathrm{sign}_{ij}}{C_i R_{g_{ij}}}, \quad s_i = \frac{I_i}{C_i}.
\end{aligned}
\tag{3-3-5}
$$

系统 (3-3-4) 由以下模糊模型来表示.

规则 1: 如果 $x_i(t)$ 为 N_{1i}, 则

$$\dot{x}_i(t) = -d_{1i}x_i(t) + \sum_{j=1}^{n} a_{ij}f_j\left(x_j(t)\right)$$

$$+ \sum_{j=1}^{n} b_{ij}f_j\left(x_j\left(t - \tau_j(t)\right)\right) + s_i, \quad t > 0, \quad i = 1, 2, \cdots, n. \qquad (3\text{-}3\text{-}6)$$

规则 2: 如果 $x_i(t)$ 为 N_{2i}, 则

$$\dot{x}_i(t) = -d_{2i}x_i(t) + \sum_{j=1}^{n} a_{ij}f_j\left(x_j(t)\right)$$

$$+ \sum_{j=1}^{n} b_{ij}f_j\left(x_j\left(t - \tau_j(t)\right)\right) + s_i, \quad t > 0, \quad i = 1, 2, \cdots, n,$$

其中, N_{1i} 为 $x_i(t) \leqslant 0, N_{2i}$ 为 $x_i(t) > 0$. 基于模糊系统理论, 应用 Lyapunov 方法得到了系统 (3-3-4) 的全局同步判据.

1982 年, 邓聚龙在灰集概念的基础上提出了灰色系统理论 [7,8]. 灰色系统理论广泛应用于晶片制造预测、电力成本预测、车祸风险评估以及系统分析 [8]. 由 (3-3-3) 与 (3-3-5) 可以看出, 忆阻神经网络是状态依赖的阈值切换系统, 这使得系统的参数在某种程度上可认为是 "未知的" 或者 "灰的". 这表明我们可以应用灰色系统理论分析忆阻神经网络.

3.3.1 灰色系统理论框架下的稳定性分析

本节首先应用灰色系统理论研究下列忆阻神经网络模型

$$C_i\dot{x}_i(t) = -\left[\sum_{j=1}^{n}\left(\frac{1}{\mathfrak{R}_{ij}} + \frac{1}{\mathcal{R}_{ij}}\right) + \mathbb{W}_i\left(x_i(t)\right)\right]x_i(t)$$

$$+ \sum_{j=1}^{n}\left[\frac{\mathrm{sign}_{ij}}{\mathfrak{R}_{ij}}f_j\left(x_j(t)\right)\right] + \sum_{j=1}^{n}\left[\frac{\mathrm{sign}_{ij}}{\mathcal{R}_{ij}}g_j\left(x_j(t)\right)\right], \quad i = 1, 2, \cdots, n,$$

$$(3\text{-}3\text{-}7)$$

其中, $x_i(t)$ 表示电容 C_i 在 t 时刻的电压; $f_j\left(x_j(t)\right), g_j\left(x_j(t)\right)$ 为神经元的激活函数, 满足 $f_j(0) = g_j(0) = 0\,(j = 1, 2, \cdots, n)$; $\mathfrak{R}_{ij}$ 为神经元激活函数 $f_j\left(x_j(t)\right)$ 与 $x_i(t)$ 间的电阻; $\mathcal{R}_{ij}$ 为神经元激活函数 $g_j\left(x_j(t)\right)$ 与 $x_i(t)$ 间的电阻. $\mathbb{W}_i\left(x_i(t)\right)$ 是与电容 C_i 并联的忆阻器 M_i 的忆阻性能函数, 且有

$$\mathrm{sign}_{ij} = \begin{cases} 1, & i \neq j, \\ -1, & i = j, \end{cases} \qquad \mathbb{W}_i\left(x_i(t)\right) = \begin{cases} \widehat{W}_i, & |x_i(t)| > \Upsilon_i, \\ \breve{W}_i, & |x_i(t)| \leqslant \Upsilon_i. \end{cases} \qquad (3\text{-}3\text{-}8)$$

针对系统 (3-3-7), 我们假定

(A3.3.1)   神经元的激活函数 $f_i(\cdot), g_i(\cdot)$ 连续可微, 且

$$f_i(0) = g_i(0) = 0, \quad i = 1, 2, \cdots, n.$$

由 (3-3-7) 可得下列灰色系统

$$\dot{x}_i(t) = -d_i(\otimes)x_i(t) + \sum_{j=1}^{n} a_{ij} f_j\left(x_j(t)\right) + \sum_{j=1}^{n} b_{ij} g_j\left(x_j(t)\right), \quad i = 1, 2, \cdots, n,$$
$$(3\text{-}3\text{-}9)$$

其中, 灰数 $d_i(\otimes)$ 用来刻画神经元的自衰减, 并且

$$d_i(\otimes) = \frac{1}{C_i}\left[\sum_{j=1}^{n}\left(\frac{1}{\mathfrak{R}_{ij}} + \frac{1}{\mathcal{R}_{ij}}\right) + \mathbb{W}_i\left(x_i(t)\right)\right] = \begin{cases} \widehat{d}_i, & |x_i(t)| > \Upsilon_i, \\ \breve{d}_i, & |x_i(t)| \leqslant \Upsilon_i, \end{cases}$$

$\Upsilon_i > 0$ 为切换跳, $\widehat{d}_i > 0, \breve{d}_i > 0$ 已知. a_{ij}, b_{ij} 为神经元间的连接权重

$$a_{ij} = \frac{\text{sign}_{ij}}{C_i \mathfrak{R}_{ij}}, \quad b_{ij} = \frac{\text{sign}_{ij}}{C_i \mathcal{R}_{ij}}.$$

假定灰色系统 (3-3-9) 的初始条件为

$$x(t_0) = (\phi_1(t_0), \phi_2(t_0), \cdots, \phi_n(t_0))^{\mathrm{T}}, \quad t = t_0,$$

其中, $\phi_i(t)(i = 1, 2, \cdots, n)$ 为连续函数.

引理 3.3.1[9,10]   根据 (A3.3.1) 知, 原点为灰色系统 (3-3-9) 的平衡点.

记 $D(\otimes) = \text{diag}\left(d_1(\otimes), d_2(\otimes), \cdots, d_n(\otimes)\right), A = (a_{ij})_{n \times n}, B = (b_{ij})_{n \times n}, i, j = 1, 2, \cdots, n.$

为了研究灰色系统 (3-3-9) 的稳定性问题, 首先将其线性化得到

$$\dot{x}(t) = -D(\otimes)x(t) + AFx(t) + BGx(t), \qquad (3\text{-}3\text{-}10)$$

其中, F 与 G 分别为 $f\left(x(t)\right)$ 和 $g\left(x(t)\right)$ 的 Jacobi 矩阵.

根据定义 1.3.12 可知, 线性系统 (3-3-10) 为灰对角线的一般灰系统.

定理 3.3.1[9,10]   假设 (A3.3.1) 成立. 对灰色系统 (3-3-10), 定义判定矩阵

$$\varphi^k = (\varphi_{ij}^k), \quad k = 1, 2, \quad i, j = 1, 2, \cdots, n,$$
$$\varphi_{ij}^k = \frac{1}{2}(a_{ij} f_{ij} + a_{ji} f_{ji} + b_{ij} g_{ij} + b_{ji} g_{ji}), \quad k = 1, 2, \quad i, j = 1, 2, \cdots, n, \quad i \neq j;$$
$$\varphi_{ij}^1 = \underline{d}_i, \ \underline{d}_i = \min\{\widehat{d}_i, \breve{d}_i\}, \quad \varphi_{ij}^2 = \bar{d}_i, \ \bar{d}_i = \max\{\widehat{d}_i, \breve{d}_i\}, \quad i, j = 1, 2, \cdots, n, \ i = j,$$

其中, 当且仅当判定矩阵 φ^1 负定, 灰色系统 (3-3-9) 稳定, 当且仅当判定矩阵 φ^2 正定, 灰色系统 (3-3-9) 不稳定.

证明 定义

$$\Xi^k = \varphi^k - M(\otimes), \quad k = 1, 2, \quad M(\otimes) = \frac{A + B - D(\otimes) + A^{\mathrm{T}} + B^{\mathrm{T}} - D(\otimes)^{\mathrm{T}}}{2}.$$

由 $M(\otimes)$ 及 φ^k 的定义, 有

$$M(\otimes)=\begin{bmatrix} a_{11}f_{11} + b_{11}g_{11} - d_1(\otimes) & \cdots & \dfrac{a_{n1}f_{n1} + a_{1n}f_{1n} + b_{n1}g_{n1} + b_{1n}g_{1n}}{2} \\ \vdots & & \vdots \\ \dfrac{a_{1n}f_{1n} + a_{n1}f_{n1} + b_{1n}g_{1n} + b_{n1}g_{n1}}{2} & \cdots & a_{nn}f_{nn} + b_{nn}g_{nn} - d_n(\otimes) \end{bmatrix},$$

$$\varphi^1=\begin{bmatrix} a_{11}f_{11} + b_{11}g_{11} - \underline{d}_1(\otimes) & \cdots & \dfrac{a_{n1}f_{n1} + a_{1n}f_{1n} + b_{n1}g_{n1} + b_{1n}g_{1n}}{2} \\ \vdots & & \vdots \\ \dfrac{a_{1n}f_{1n} + a_{n1}f_{n1} + b_{1n}g_{1n} + b_{n1}g_{n1}}{2} & \cdots & a_{nn}f_{nn} + b_{nn}g_{nn} - \underline{d}_n(\otimes) \end{bmatrix},$$

$$\varphi^2=\begin{bmatrix} a_{11}f_{11} + b_{11}g_{11} - \bar{d}_1(\otimes) & \cdots & \dfrac{a_{n1}f_{n1} + a_{1n}f_{1n} + b_{n1}g_{n1} + b_{1n}g_{1n}}{2} \\ \vdots & & \vdots \\ \dfrac{a_{1n}f_{1n} + a_{n1}f_{n1} + b_{1n}g_{1n} + b_{n1}g_{n1}}{2} & \cdots & a_{nn}f_{nn} + b_{nn}g_{nn} - \bar{d}_n(\otimes) \end{bmatrix}.$$

由此可知

$$\begin{aligned} \Xi^1 &= \varphi^1 - M(\otimes) \\ &= \mathrm{diag}(\xi_1^1, \xi_2^1, \cdots, \xi_n^1) \\ &= \mathrm{diag}\left(d_1(\otimes) - \underline{d}_1, d_2(\otimes) - \underline{d}_2, \cdots, d_n(\otimes) - \underline{d}_n\right), \\ \Xi^2 &= \varphi^2 - M(\otimes) \\ &= \mathrm{diag}(\xi_1^2, \xi_2^2, \cdots, \xi_n^2) \\ &= \mathrm{diag}\left(d_1(\otimes) - \bar{d}_1, d_2(\otimes) - \bar{d}_2, \cdots, d_n(\otimes) - \bar{d}_n\right). \end{aligned}$$

显然, $\Xi^k(k = 1, 2)$ 为对角矩阵, 并且 Ξ^1 是正定或半正定的, 即 $\Xi^1 \geqslant 0$; Ξ^2 是负定或半负定的, 即 $\Xi^2 \leqslant 0$.

对于 n 维向量 $y \neq 0$, 有

$$y = [y_1, y_2, \cdots, y_n]^{\mathrm{T}},$$

$$y^{\mathrm{T}} M(\otimes) y = y^{\mathrm{T}}(\varphi^k - \Xi^k)y = y^{\mathrm{T}}\varphi^k y - y^{\mathrm{T}}\Xi^k y$$

$$= y^{\mathrm{T}}\varphi^k y - \sum_{i=1}^{n} \xi_i^k y_i^2, \quad k = 1, 2.$$

由 $\Xi^1 \geqslant 0$ 可得

$$\sum_{i=1}^{n} \xi_i^1 y_i^2 \geqslant 0.$$

可知, 如果 φ^1 负定, 则 $y^{\mathrm{T}}\varphi^1 y < 0$. 因此, $y^{\mathrm{T}}M(\otimes)y < 0$ 成立, 即 $M(\otimes)$ 负定, 得到 $\lambda_i(M(\otimes)) < 0, i = 1, 2, \cdots, n$. 类似地, 能够证明, 如果 φ^2 正定, $M(\otimes)$ 正定, $\lambda_i(M(\otimes)) > 0, i = 1, 2, \cdots, n$.

下面分析 $\mathrm{Re}\lambda_i(AF + BG - \tilde{D})$ 与 $\lambda_i(M(\otimes))$ 之间的关系.

根据引理 3.3.1, 对任意 $p, i = 1, 2, \cdots, n$, 有

$$-\mathcal{M}_p(-AF - BG + \tilde{D}) \leqslant \mathrm{Re}\lambda_i(AF + BG - \tilde{D}) \leqslant \mathcal{M}_p(AF + BG - \tilde{D}). \quad (3\text{-}3\text{-}11)$$

对 $p = 2$, 有

$$\mathcal{M}_p(-AF - BG + \tilde{D}) = \max_i\left\{\lambda_i\left(\frac{AF + BG - \tilde{D} + F^{\mathrm{T}}A^{\mathrm{T}} + G^{\mathrm{T}}B^{\mathrm{T}} - \tilde{D}^{\mathrm{T}}}{2}\right)\right\}$$

$$= \max_i\left\{\lambda_i(M(\otimes))\right\}. \quad (3\text{-}3\text{-}12)$$

由 (3-3-11) 和 (3-3-12) 能够得到, 对 $i = 1, 2, \cdots, n$,

$$-\max_i\left\{-\lambda_i(M(\otimes))\right\} \leqslant \mathrm{Re}\lambda_i(AF + BG - \tilde{D}) \leqslant \max_i\left\{\lambda_i(M(\otimes))\right\}. \quad (3\text{-}3\text{-}13)$$

通过上述分析得出下列结论:

如果判定矩阵 φ^1 负定, 则 $M(\otimes) < 0, \lambda_i(M(\otimes)) < 0$. 因此, $\mathrm{Re}\lambda_i(AF + BG - \tilde{D}) < 0$, 即

$$\varphi^1 < 0 \Rightarrow M(\otimes) < 0 \Rightarrow \lambda_i(M(\otimes)) < 0 \Rightarrow \mathrm{Re}\lambda_i(AF + BG - \tilde{D}) < 0, \quad i = 1, 2, \cdots, n.$$

如果判定矩阵 φ^2 正定, 则

$$\varphi^2 > 0 \Rightarrow M(\otimes) > 0 \Rightarrow \lambda_i(M(\otimes)) > 0 \Rightarrow \mathrm{Re}\lambda_i(AF + BG - \tilde{D}) > 0, \quad i = 1, 2, \cdots, n.$$

$\square$

3.3.2　星形结构忆阻神经网络的稳定性与 Hopf 分支

在网络中存在着多种不同类型的拓扑结构, 例如星形结构、环形结构、总线结构、分布式结构、树形结构、网状结构、蜂窝状结构等. 星形结构网络以中央节点为中心, 其他分支节点通过单独的线路与中央节点相连. 这类结构分支节点通过中

央节点进行信息交换, 各节点呈星状分布. 星形结构便于集中控制, 易于维护和安全. 目前, 在局域网中星形结构应用最为普遍.

本节研究下列具有时滞的四维星形结构忆阻神经网络

$$\begin{cases} \dot{x}_1(t) = -d_1(\otimes)x_1(t) + \sum_{j=2}^{4} a_{1j}f_{1j}\left(x_j(t-\tau_2)\right), \\ \dot{x}_2(t) = -d_2(\otimes)x_2(t) + a_{21}f_{21}\left(x_1(t-\tau_1)\right), \\ \dot{x}_3(t) = -d_3(\otimes)x_3(t) + a_{31}f_{31}\left(x_1(t-\tau_1)\right), \\ \dot{x}_4(t) = -d_4(\otimes)x_4(t) + a_{41}f_{41}\left(x_1(t-\tau_1)\right), \end{cases} \tag{3-3-14}$$

其中, $x_i(t)(i=1,2,3,4)$ 为 t 时刻电容的电压, a_{ij} 表示中央节点与分支节点之间的连接权重, τ_1 与 τ_2 为中央节点 M_1 与分支节点 M_2, M_3, M_4 之间的传输时滞. $f_{ij}\left(x_j(t-\tau_j)\right)$ 是神经元的非线性激活函数, $d_i(\otimes)(i=1,2,3,4)$ 用来刻画神经元的自衰竭. 系统 (3-3-14) 的星形结构如图 3-3-1 所示.

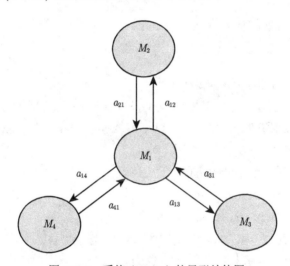

图 3-3-1　系统 (3-3-14) 的星形结构图

取 $u_1(t) = x_1(t-\tau_1), u_j(t) = x_j(t), j = 2,3,4, \tau = \tau_1 + \tau_2$. 系统 (3-3-14) 与下列系统等价:

$$\begin{cases} \dot{u}_1(t) = -d_1(\otimes)u_1(t) + \sum_{j=2}^{4} a_{1j}f_{1j}\left(x_j(t-\tau)\right), \\ \dot{u}_2(t) = -d_2(\otimes)u_2(t) + a_{21}f_{21}\left(x_1(t)\right), \\ \dot{u}_3(t) = -d_3(\otimes)u_3(t) + a_{31}f_{31}\left(u_1(t)\right), \\ \dot{u}_4(t) = -d_4(\otimes)u_4(t) + a_{41}f_{41}\left(u_1(t)\right). \end{cases} \tag{3-3-15}$$

假定系统 (3-3-15) 的初始条件为

$$u(t) = (\psi_1(t), \psi_2(t), \cdots, \psi_n(t))^{\mathrm{T}}, \quad t \in [\tau, 0],$$

其中, $\tau = \tau_1 + \tau_2, \psi_i(t)$ 连续, $i = 1, 2, \cdots, n$.

由 (A3.3.1) 可以看出原点 $(0,0,0,0)$ 是系统 (3-3-15) 的平衡点. 在 $(0,0,0,0)$ 处将系统 (3-3-15) 线性化得到

$$\begin{cases} \dot{u}_1(t) = -d_1(\otimes)u_1(t) + \sum_{j=2}^{4} a_{1j} f'_{1j} u_j(t-\tau), \\ \dot{u}_2(t) = -d_2(\otimes)u_2(t) + a_{21} f'_{21} u_1(t), \\ \dot{u}_3(t) = -d_3(\otimes)u_3(t) + a_{31} f'_{31} u_1(t), \\ \dot{u}_4(t) = -d_4(\otimes)u_4(t) + a_{41} f'_{41} u_1(t). \end{cases} \tag{3-3-16}$$

系统 (3-3-15) 对应的特征方程为

$$\lambda^4 + P_3 \lambda^3 + P_2 \lambda^2 + P_1 \lambda + P_0 - (Q_2 \lambda^2 + Q_1 \lambda + Q_0)e^{-\lambda\tau} = 0, \tag{3-3-17}$$

其中

$$\begin{aligned} P_0 &= d_1(\otimes)d_2(\otimes)d_3(\otimes)d_4(\otimes), \\ P_1 &= d_1(\otimes)d_2(\otimes)d_3(\otimes) + d_1(\otimes)d_2(\otimes)d_4(\otimes) + d_2(\otimes)d_3(\otimes)d_4(\otimes), \\ P_2 &= d_1(\otimes)d_2(\otimes) + d_1(\otimes)d_3(\otimes) + d_1(\otimes)d_4(\otimes) + d_2(\otimes)d_3(\otimes) \\ &\quad + d_2(\otimes)d_4(\otimes) + d_3(\otimes)d_4(\otimes), \\ P_3 &= d_1(\otimes) + d_2(\otimes) + d_3(\otimes) + d_4(\otimes), \\ Q_0 &= a_{21} f'_{21} a_{12} f'_{12} d_3(\otimes)d_4(\otimes) + a_{31} f'_{31} a_{13} f'_{13} d_2(\otimes)d_4(\otimes) \\ &\quad + a_{41} f'_{41} a_{14} f'_{14} d_2(\otimes)d_3(\otimes), \\ Q_1 &= a_{21} f'_{21} a_{12} f'_{12} (d_3(\otimes) + d_4(\otimes)) + a_{31} f'_{31} a_{13} f'_{13} (d_2(\otimes) + d_4(\otimes)) \\ &\quad + a_{41} f'_{41} a_{14} f'_{14} (d_2(\otimes) + d_3(\otimes)), \\ Q_2 &= a_{21} f'_{21} a_{12} f'_{12} + a_{31} f'_{31} a_{13} f'_{13} + a_{41} f'_{41} a_{14} f'_{14}. \end{aligned}$$

当 $\tau = 0$ 时, 有

$$\lambda^4 + P_3 \lambda^3 + (P_2 - Q_2)\lambda^2 + (P_1 - Q_1)\lambda + P_0 - Q_0 = 0. \tag{3-3-18}$$

记

$$\begin{aligned} \Delta_1 &= P_3, \\ \Delta_2 &= P_3(P_2 - Q_2) - (P_1 - Q_1), \\ \Delta_3 &= (P_1 - Q_1)(P_2 - Q_2)P_3 - (P_0 - Q_0)P_3^2 - (P_1 - Q_1)^2. \end{aligned}$$

显然, $\Delta_1 > 0$. 根据 Routh-Hurwitz 判据, 对于 $\tau = 0$, 当且仅当 $\Delta_2 > 0, \Delta_3 > 0$ 时, 特征方程 (3-3-18) 的所有根都有负实部, 系统 (3-3-15) 的平衡点是渐近稳定的.

当 $\tau \neq 0$ 时, 研究特征方程 (3-3-17) 的根在复平面左半轴的分布情况.

假定特征方程 (3-3-17) 有一对共轭纯虚根 $\pm i\omega(\omega > 0)$. 将 $\lambda = i\omega(\omega > 0)$ 代入特征方程 (3-3-17) 并分离实部、虚部得到

$$(Q_2\omega^2 - Q_0)\cos\omega\tau - Q_1\omega\sin\omega\tau = -\omega^4 + P_2\omega^2 - P_0,$$
$$-Q_1\omega\cos\omega\tau + (Q_0 - Q_2\omega^2)\sin\omega\tau = P_3\omega^3 - P_1\omega. \tag{3-3-19}$$

记

$$G(\omega) = -(Q_2\omega^2 - Q_0)^2 - (Q_1\omega)^2. \tag{3-3-20}$$

倘若 $G(\omega) \neq 0$, 由 (3-3-20) 可得

$$\cos\omega\tau = \frac{(Q_0 - Q_2\omega^2)(-\omega^4 + P_2\omega^2 - P_0) + Q_1\omega(P_3\omega^3 - P_1\omega)}{G(\omega)},$$
$$\sin\omega\tau = \frac{(Q_2\omega^2 - Q_0)(P_3\omega^3 - P_1\omega) + Q_1\omega(-\omega^4 + P_2\omega^2 - P_0)}{G(\omega)}. \tag{3-3-21}$$

(3-3-21) 两个等式两侧分别平方相加可得

$$G^2(\omega) = \left((Q_0 - Q_2\omega^2)(-\omega^4 + P_2\omega^2 - P_0) + Q_1\omega(P_3\omega^3 - P_1\omega)\right)^2$$
$$+ \left((Q_2\omega^2 - Q_0)(P_3\omega^3 - P_1\omega) + Q_1\omega(-\omega^4 + P_2\omega^2 - P_0)\right)^2. \tag{3-3-22}$$

记

$$F(\omega) = G^2(\omega) - \left((Q_0 - Q_2\omega^2)(-\omega^4 + P_2\omega^2 - P_0) + Q_1\omega(P_3\omega^3 - P_1\omega)\right)^2$$
$$- \left((Q_2\omega^2 - Q_0)(P_3\omega^3 - P_1\omega) + Q_1\omega(-\omega^4 + P_2\omega^2 - P_0)\right)^2. \tag{3-3-23}$$

由 (3-3-20) 与 (3-3-23) 可得

$$F(\omega) = f_1\omega^{12} + f_2\omega^{10} + f_3\omega^8 + f_4\omega^6 + f_5\omega^4 + f_6\omega^2 + f_7, \tag{3-3-24}$$

其中

$$f_1 = -Q_2^2,$$
$$f_2 = -2P_3Q_1Q_2 + 2Q_0Q_2 + 2P_2Q_2^2 - P_3^2Q_2^2 - Q_1^2 + 2P_3Q_1Q_2,$$
$$f_3 = -2P_2Q_0Q_2 - 2P_0Q_2^2 + 2P_1Q_1Q_2 - P_3^2Q_1^2 - Q_0^2 - P_2^2Q_2^2$$

$$+ 2P_3Q_0Q_1 + 2P_2P_3Q_1Q_2 - 2P_2Q_0Q_2 - 2P_2P_3Q_1Q_2$$
$$+ 2P_3^2Q_0Q_2 + 2P_1P_3Q_2^2 + 2P_2Q_1^2 - 2P_3Q_0Q_1 - 2P_1Q_1Q_2 + Q_2^4,$$
$$f_4 = 2Q_1^2Q_2^2 - 4Q_0Q_2^3 + 2P_0Q_0Q_2 + 2P_2P_3Q_0Q_1 + 2P_0P_3Q_1Q_2$$
$$- 2P_1P_3Q_1^2 - 2P_2Q_0^2 - 2P_0Q_0Q_2 + 2P_1Q_0Q_1 - 2P_2^2Q_0Q_2 - 2P_0P_2Q_2^2$$
$$+ 2P_1P_2Q_1Q_2 - 2P_1P_3Q_0Q_2 + 2P_0P_3Q_1Q_2 + 2P_1Q_0Q_1 - 2P_0Q_1^2,$$
$$f_5 = 2Q_0^2Q_2^2 + Q_1^4 + 4Q_0^2Q_2^2 - 4Q_1^2Q_2Q_0 + 2P_0P_3Q_0Q_1 - 2P_0Q_0^2$$
$$- 2P_0P_2Q_0Q_2 - P_2^2Q_0^2 - P_0^2Q_2^2 - P_1^2Q_1^2 - 2P_0P_2Q_0Q_2 + 2P_1P_2Q_0Q_1$$
$$+ 2P_0P_1Q_1Q_2 - 2P_1P_2Q_0Q_1 + 2P_1P_3Q_0^2 + 2P_1^2Q_0Q_2 + 2P_0P_2Q_1^2$$
$$- 2P_0P_3Q_0Q_1 - 2P_0P_1Q_1Q_2,$$
$$f_6 = 2Q_0^2Q_1^2 - 4Q_0^3Q_2 - P_1^2Q_0^2 - P_0^2Q_1^2 + 2P_0P_1Q_0Q_1 + 2P_0P_2Q_0^2$$
$$+ 2P_0^2Q_0Q_2 - 2P_0P_1Q_0Q_1,$$
$$f_7 = -P_0^2Q_0^2 + Q_0^4.$$

取 $z = \omega^2$, (3-3-24) 可改写为

$$h(\omega) = f_1z^6 + f_2z^5 + f_3z^4 + f_4z^3 + f_5z^2 + f_6z + f_7. \tag{3-3-25}$$

显然, 如果 $\Delta_2 > 0, \Delta_3 > 0$, 则 $h(z) = 0$ 便没有正根, 对于任意的 $\tau \geqslant 0$, 系统 (3-3-15) 的平衡点都是局部渐近稳定的. 另一方面, 如果 $h(z) = 0$ 有正根, 不失一般性, 我们假定 (3-3-25) 有六个正根, $z_k\,(k = 1, 2, \cdots, 6)$. 因此, (3-3-24) 有六个正根: $\omega_k = \sqrt{z_k}\,(k = 1, 2, \cdots, 6)$.

对于 $k = 1, 2, \cdots, 6$, 如果 (3-3-17) 有一对纯虚根 $\pm\mathrm{i}\omega_k$, 根据 (3-3-21), 我们能够得到对应的 $\tau_k^j > 0$:

$$\tau_k^j = \frac{1}{\omega_k}\arccos\left[\frac{(Q_0 - Q_2\omega^2)(-\omega^4 + P_2\omega^2 - P_0) + Q_1\omega(P_3\omega^3 - P_1\omega)}{G(\omega)}\right] + \frac{2\pi j}{\omega_k},$$
$$j = 0, 1, 2, \cdots,$$
$$\tag{3-3-26}$$

取 $\lambda(\tau) = \xi(\tau) + \mathrm{i}\omega(\tau)$ 为 (3-3-17) 的一个根, $\xi(\tau_k^j) = 0, \omega(\tau_k^j) = \omega_k$. 对 (3-3-17) 的两侧关于 τ 求微分得到

$$\left(\frac{\mathrm{d}\lambda}{\mathrm{d}\tau}\right)^{-1} = -\frac{(4\lambda^3 + 3P_3\lambda^2 + 2P_2\lambda + P_1)e^{\lambda\tau} - (2Q_2\lambda + Q_1)}{\lambda(\lambda^4 + P_3\lambda^3 + P_2\lambda^2 + P_1\lambda + P_0)e^{\lambda\tau}} - \frac{\tau}{\lambda}$$
$$= -\frac{P'(\lambda)e^{\lambda\tau} - Q'(\lambda)}{\lambda P(\lambda)e^{\lambda\tau}} - \frac{\tau}{\lambda}. \tag{3-3-27}$$

记

$$\tau_0^* = \tau_{k0}^{(0)} = \min_{k \in \{1, \cdots, 6\}} \{\tau_k^{(0)}\}, \quad \omega_0^* = \omega_{k0}.$$

通过计算可以得到

$$\text{sign}\left\{\frac{\mathrm{d}(\mathrm{Re}\lambda)}{\mathrm{d}\tau}\right\}_{\tau=\tau_0^*} = \text{sign}\left\{\mathrm{Re}\left(\frac{\mathrm{d}\lambda}{\mathrm{d}\tau}\right)^{-1}\right\}_{\tau=\tau_0^*} = \text{sign}\left\{\frac{AC+BD}{A^2+B^2}\right\}, \quad (3\text{-}3\text{-}28)$$

其中

$$A = (P_3\omega_0^{*4} - P_1\omega_0^{*2})\cos\omega_0^*\tau + (-\omega_0^{*5} + P_2\omega_0^{*3} - P_0\omega_0^*)\sin\omega_0^*\tau,$$
$$B = (\omega_0^{*5} - P_2\omega_0^{*3} + P_0\omega_0^*)\cos\omega_0^*\tau + (P_3\omega_0^{*4} - P_1\omega_0^{*2})\sin\omega_0^*\tau,$$
$$C = (3P_3\omega_0^{*2} - P_1)\cos\omega_0^*\tau + (2P_2\omega_0^* - 4\omega_0^{*3})\sin\omega_0^*\tau + Q_1,$$
$$D = (4\omega_0^{*3} - 2P_2\omega_0^*)\cos\omega_0^*\tau + (3P_3\omega_0^{*2} - P_1)\sin\omega_0^*\tau + 2Q_2\omega_0^*.$$

由 (3-3-20) 与 (3-3-25) 可得

$$\text{sign}\left\{\frac{\mathrm{d}(\mathrm{Re}\lambda)}{\mathrm{d}\tau}\right\}_{\tau=\tau_0^*} = \text{sign}\left\{\frac{h'(z_n^*)}{G(\omega_0^*)}\right\}, \quad (3\text{-}3\text{-}29)$$

其中, $z_k^* = \omega_0^{*2}$.

综上所述, 我们可得以下定理.

定理 3.3.2 假定 $\Delta_2 > 0, \Delta_3 > 0$, 对于系统 (3-3-15) 有以下结论:

(i) 如果 $h(z) = 0$ 没有正根, 对任意 $\tau > 0$, 系统 (3-3-18) 的平衡点 $(0,0,0,0)$ 是局部渐近稳定的.

(ii) 如果 $\text{sign}\left\{\dfrac{h'(z_k^*)}{G(\omega_0^*)}\right\} > 0$, 当 $\tau \in [0, \tau_0^*)$ 时, 系统 (3-3-15) 的平衡点 $(0,0,0,0)$ 是局部渐近稳定的; 当 $\tau > \tau_0^*$ 时, 系统 (3-3-15) 的平衡点 $(0,0,0,0)$ 是不稳定的; 当 $\tau = \tau_0^*$ 时, 系统 (3-3-15) 在平衡点 $(0,0,0,0)$ 处存在 Hopf 分支.

注 3.3.1 倘若我们将分支节点连接起来, 并考虑各节点自身权重, 这种网络的拓扑结构称为轮毂结构, 如图 3-3-2 所示. 具有时滞的轮毂结构忆阻神经网络模型更加复杂, 对其分析更加困难, 我们将在今后的工作中进一步研究.

注 3.3.2 目前关于忆阻神经网络的研究成果中大多利用微分包含与集值映射理论或模糊理论, 本节使用灰数刻画神经元的自衰减过程, 在灰色系统理论框架下研究忆阻神经网络模型的稳定性与 Hopf 分支问题. 3.3.1 节在神经元的激活函数连续可微时, 运用线性化技巧将忆阻神经网络转化为灰对角线的一般灰系统, 通过构造适当的判定矩阵分析灰色系统状态矩阵的特征值, 分别得到了系统 (3-3-9) 的稳定性与不稳定条件. 3.3.2 节研究了一类具有传输时滞的星形结构忆阻神经网络模型, 通过讨论其特征方程根的分布情况, 研究了系统平衡点的局部稳定性与 Hopf 分支的存在性. 本节工作表明灰色系统理论是研究忆阻神经网络模型的有效方法.

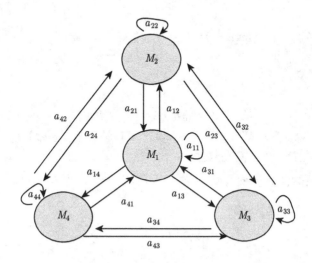

图 3-3-2　轮毂结构图

3.3.3　数值模拟

下面我们通过两个例子来分别说明 3.3.1 节与 3.3.2 节中的结论.

例 3.3.1　考虑下列二维忆阻神经网络

$$\begin{cases} \dot{x}_1(t) = -d_1(\otimes)x_1(t) + a_{11}f\left(x_1(t)\right) + a_{12}f\left(x_2(t)\right) + b_{11}g\left(x_1(t)\right) + b_{12}g\left(x_2(t)\right), \\ \dot{x}_2(t) = -d_2(\otimes)x_2(t) + a_{21}f\left(x_1(t)\right) + a_{22}f\left(x_2(t)\right) + b_{21}g\left(x_1(t)\right) + b_{22}g\left(x_2(t)\right), \end{cases}$$
$$(3\text{-}3\text{-}30)$$

其中, $f(\rho) = g(\rho) = \sin(\rho)$,

$$d_1(\otimes) = \begin{cases} 2.2, & |x_1(t)| < 0.1, \\ 2.1, & |x_1(t)| \geqslant 0.1, \end{cases} \qquad d_2(\otimes) = \begin{cases} 1.5, & |x_1(t)| < 0.1, \\ 1.4, & |x_1(t)| \geqslant 0.1. \end{cases}$$

情形 (1): 若取 $a_{11} = b_{11} = -1, a_{12} = a_{21} = -0.6, a_{22} = -0.3, b_{12} = b_{21} = -0.1, b_{22} = 0.2$, 可得

$$\varphi^1 = AF + BG - \underline{D} = \begin{bmatrix} -4.1 & -0.7 \\ -0.7 & -1.5 \end{bmatrix},$$

并且 $\lambda_1(\varphi^1) = -4.2765, \lambda_2(\varphi^1) = -1.3235$. 根据定理 3.3.1, 系统 (3-3-20) 是渐近稳定的, 如图 3-3-3 所示.

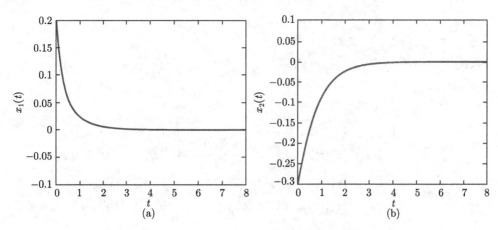

图 3-3-3 情形 (1) 中系统 (3-3-30) 的状态曲线图, 初值 $x_1(t_0) = 0.2, x_2(t_0) = -0.3$

情形 (2): 若取 $a_{11} = 3, a_{12} = a_{21} = -0.6, a_{22} = 4, b_{11} = 1, b_{12} = b_{21} = -0.1, b_{22} = 1.2$, 可得

$$\varphi^2 = A + B - \bar{D} = \begin{bmatrix} 1.8 & -0.7 \\ -0.7 & 3.7 \end{bmatrix},$$

并且 $\lambda_1(\varphi^2) = 1.5700, \lambda_2(\varphi^2) = 3.9300$. 根据定理 3.3.1, 系统 (3-3-30) 不稳定, 如图 3-3-4 所示.

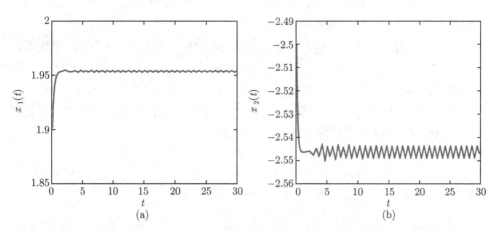

图 3-3-4 情形 (2) 中系统 (3-3-30) 的状态曲线图, 初值 $x_1(t_0) = 1.9, x_2(t_0) = -2.5$

例 3.3.2　考虑下列四维忆阻神经网络

$$\dot{x}_1(t) = -d_1(\otimes)x_1(t) - 1.8\sin(x_2(t-\tau)) - 0.5\sin(x_3(t-\tau)) - 1.7\sin(x_4(t-\tau)),$$
$$\dot{x}_2(t) = -d_2(\otimes)x_2(t) + 1.3\sin(x_1(t)),$$
$$\dot{x}_3(t) = -d_3(\otimes)x_1(t) + \sin(x_1(t)),$$
$$\dot{x}_4(t) = -d_4(\otimes)x_1(t) + \sin(x_1(t)).$$

$$(3\text{-}3\text{-}31)$$

其中

$$d_1(\otimes) = \begin{cases} 1, & |x_1(t)| < 0.1, \\ 1.1, & |x_1(t)| \geqslant 0.1, \end{cases} \qquad d_2(\otimes) = \begin{cases} 1, & |x_1(t)| < 0.1, \\ 0.9, & |x_1(t)| \geqslant 0.1, \end{cases}$$

$$d_3(\otimes) = \begin{cases} 0.9, & |x_1(t)| < 0.1, \\ 1.1, & |x_1(t)| \geqslant 0.1, \end{cases} \qquad d_4(\otimes) = \begin{cases} 1.1, & |x_1(t)| < 0.1, \\ 0.9, & |x_1(t)| \geqslant 0.1. \end{cases}$$

容易看出, $f'(0) = \cos(0) = 1.$ 通过计算可以得到

$$\Delta_1 = 4 > 0, \quad \Delta_2 = 30.0800 > 0, \quad \Delta_3 = 274.7264 > 0, \quad \frac{h'(z_k)^*}{G(\omega_0^*)} = 121.9143 > 0,$$

并且

$$- 20.6116\omega^{12} - 123.6696\omega^{10} - 49.2287\omega^8 + 1101.6\omega^6$$
$$+ 2363.5\omega^4 + 1720.0\omega^2 + 404.2265 = 0 \qquad (3\text{-}3\text{-}32)$$

仅有一个正根 $\omega_0^* \approx 1.7767.$ 由 (3-3-26) 可得, $\tau_0^* = 0.6372.$ 根据定理 3.3.2, 如果我们取 $\tau = 0.45 < \tau_0^*$, 平衡点是稳定的, 如图 3-3-5 所示.

如果我们取 $\tau = 0.7 > \tau_0^*$, 平衡点失去其稳定性并存在 Hopf 分支, 对应的周期解如图 3-3-6 所示.

进一步, 为了研究时滞 τ 的影响, 其他参数保持不变, 选取 τ 为分支参数, 得到了系统 (3-3-31) 的分支图如图 3-3-7 所示. 可见, 当分支参数 τ 由 0.3 变化到 0.7 时系统 (3-3-31) 表现出复杂的动力学行为.

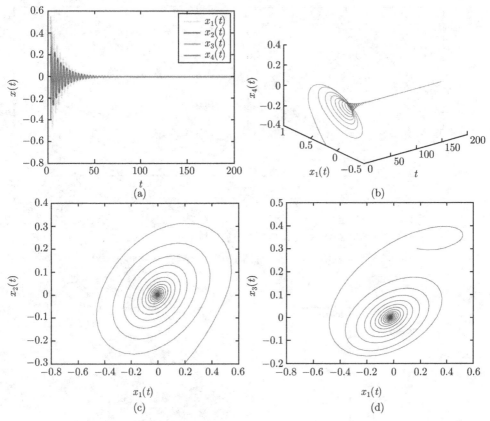

图 3-3-5 系统 (3-3-31) 的解曲线 (书后附彩图),
$x_1(t_0) = 0.2, x_2(t_0) = -0.3, x_3(t_0) = 0.3, x_4(t_0) = -0.4, \tau = 0.45$

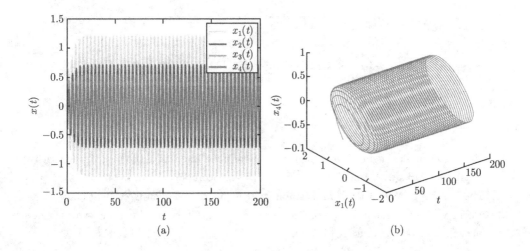

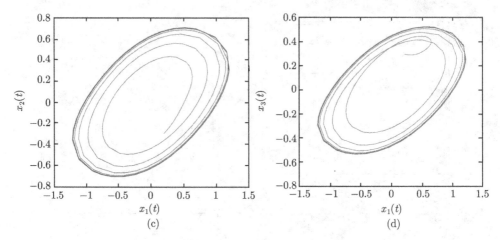

图 3-3-6 系统 (3-3-31) 的解曲线 (书后附彩图),

$$x_1(t_0) = 0.2, x_2(t_0) = -0.3, x_3(t_0) = 0.3, x_4(t_0) = -0.4, \tau = 0.7$$

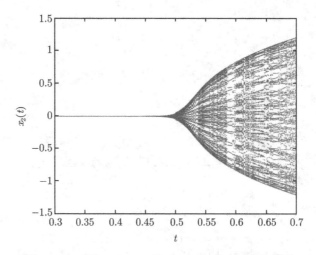

图 3-3-7 系统 (3-3-31) 关于 $\tau \in [0.3, 0.7]$ 的分支图

参 考 文 献

[1] Wu A, Zeng Z. An improved criterion for stability and attractability of memristive neural networks with time-varying delays[J]. Neurocomputing, 2014, 145: 316-323.

[2] Nie X, Zheng W X, Cao J. Multistability of memristive Cohen-Grossberg neural networks with non-monotonic piecewise linear activation functions and time-varying delays[J]. Neural Networks, 2015, 71: 27-36.

[3] Huang Z, Feng C, Mohamad S. Multistability analysis for a general class of delayed Cohen-Grossberg neural networks[J]. Information Sciences, 2012, 187: 233-244.

[4] Cao J, Feng G, Wang Y. Multistability and multiperiodicity of delayed Cohen-Grossberg neural networks with a general class of activation functions[J]. Physica D, 2008, 237(13): 1734-1749.

[5] Wu A, Zeng Z. Passivity analysis of memristive neural networks with different memductance functions[J]. Communications in Nonlinear Science and Numerical Simulation, 2014, 19: 274-285.

[6] Wen S, Bao G, Zeng Z, et al. Global exponential synchronizationof memristor-based reccurrent neural networks with time-varying delays[J]. Neural Networks, 2013, 48: 195-203.

[7] Deng J. Control problems of grey systems[J]. Systems and Control Letters, 1982, 1(5): 288-294.

[8] Wu L, Liu S, Wang Y. Grey Lotka-Volterra model and its application[J]. Technological Forecasting and Social Change, 2012, 79: 1720-1730.

[9] 邓聚龙. 灰色控制系统 [M]. 武汉: 华中工学院出版社, 1987.

[10] Deng J. The introduction of grey system[J]. The Journal of Grey System, 1989, 1(1): 1-24.

第 4 章　忆阻神经网络的同步控制

混沌系统具有复杂的运动轨迹, 所产生的混沌信号高度复杂. 混沌信号的类噪声特性与非周期性连续宽带频谱使其具有天然隐蔽性. 对初值的敏感性使混沌信号具有不可预测性和抗截获能力. 混沌信号的隐蔽性、不可预测性与高复杂度使其非常契合保密通信需要. 随着混沌同步理论的发展, 时滞反馈控制、自适应控制、滑模变结构控制与模糊控制等同步控制方法成为混沌系统应用于保密通信的理论基础 [1,2].

文献 [3] 通过搭建忆阻器与电感-电容 (LC) 网络串联的电路, 分析了忆阻器的磁滞回线, 然后用忆阻器代替电阻组成了基于忆阻器的文氏电桥振荡电路, 通过建立相应的数学模型, 研究了其对称混沌与周期振荡行为. 文献 [4] 运用模糊数学理论研究了一类忆阻混沌系统的指数稳定与同步问题. 忆阻混沌系统随时间演化表现极不规律, 具有真实随机过程的典型特征, 忆阻混沌系统在保密通信领域有着广泛应用 [5]. 混沌保密通信通常有混沌遮掩、混沌键控和混沌调制等方法. 混沌遮掩法保密通信的基本思路是将信息源加在发射端混沌系统产生的混沌信号上, 通过一定的机制混合生成类噪声信号, 从而实现对信息源的加密. 然后在接收端由响应混沌系统分离其中的混沌信号并恢复出信息源. 发射端与接收端混沌系统的同步确保解密过程得以实现. 因此, 若要考虑忆阻混沌系统的保密通信应用问题, 首先应当研究其同步控制问题.

4.1　具有 leakage 时滞的忆阻神经网络的自适应同步

在系统的内部或外部往往存在着不同程度的不确定性, 例如, 在设计控制器时, 并不一定能准确知道被控对象的结构与参数; 外部环境对系统通常存在着不可预测的扰动; 在测量时也存在不确定性因素. 面对这些客观存在的不确定性, 自适应控制基于模型或扰动较少的先验知识, 在系统运行中通过在线辨识不断提取模型信息, 其控制作用随模型不断改进, 使得某一指定的性能指标达到并保持最优 [1]. 目前, 研究忆阻神经网络的自适应控制问题的结果比较少. 文献 [6] 研究了一类具有混合时变时滞忆阻神经网络, 设计了自适应控制器并应用 Lyapunov 泛函方法得到了系统的指数同步判据. 文献 [7] 研究了一类具有混合时滞与反应扩散的忆阻神经网络, 设计了自适应控制器并应用 Lyapunov 稳定性理论得到了响应系统与驱动系统同步的判据.

4.1.1 问题的描述

我们以下列具有 leakage 时滞的忆阻神经网络为驱动系统

$$C_i \dot{x}_i(t) = -\left[\sum_{j=1}^{n}\left(\frac{1}{\mathfrak{R}_{ij}} + \frac{1}{\mathcal{R}_{ij}}\right) + \mathbb{W}_i\left(x_i(t)\right)\right] x_i(t - \delta_i)$$

$$+ \sum_{j=1}^{n}\left[\frac{\text{sign}_{ij}}{\mathfrak{R}_{ij}} g_j\left(x_j(t)\right)\right]$$

$$+ \sum_{j=1}^{n}\left[\frac{\text{sign}_{ij}}{\mathcal{R}_{ij}} g_j\left(x_j\left(t - \tau_j(t)\right)\right)\right], \quad i = 1, 2, \cdots, n, \quad (4\text{-}1\text{-}1)$$

其中, $x_i(t)$ 表示电容 C_i 在 t 时刻的电压, $\delta_i \geqslant 0$ 为 leakage 时滞, $\tau_j(t)$ 为时变传输时滞, 满足 $0 \leqslant \tau_j(t) \leqslant \tau_M, \dot{\tau}_j(t) \leqslant \tau_D. g_j\left(x_j(t)\right), g_j\left(x_j\left(t - \tau_j(t)\right)\right)$ 为神经元的激活函数, 满足 $g_j(0) = 0 (j = 1, 2, \cdots, n)$. $\mathfrak{R}_{ij}$ 为 $g_j\left(x_j(t)\right)$ 与 $x_i(t)$ 间的电阻, $\mathcal{R}_{ij}$ 为 $g_j\left(x_j\left(t - \tau_j(t)\right)\right)$ 与 $x_i(t)$ 间的电阻. $\mathbb{W}_i\left(x_i(t)\right)$ 是与电容 C_i 并联的忆阻器 $\mathcal{M}_i$ 的忆阻性能函数, 且有

$$\text{sign}_{ij} = \begin{cases} 1, & i \neq j, \\ -1, & i = j, \end{cases} \qquad \mathbb{W}_i\left(x_i(t)\right) = \begin{cases} \widehat{W}_i, & |x_i(t)| > \Upsilon_i, \\ \breve{W}_i, & |x_i(t)| \leqslant \Upsilon_i. \end{cases} \quad (4\text{-}1\text{-}2)$$

驱动系统 (4-1-1) 可改写为

$$\dot{x}_i(t) = -d_i\left(x_i(t)\right) x_i(t - \delta_i) + \sum_{j=1}^{n} a_{ij} g_j\left(x_j(t)\right)$$

$$+ \sum_{j=1}^{n} b_{ij} g_j\left(x_j\left(t - \tau_j(t)\right)\right), \quad i = 1, 2, \cdots, n, \quad (4\text{-}1\text{-}3)$$

其中

$$d_i\left(x_i(t)\right) = \frac{1}{C_i}\left[\sum_{j=1}^{n}\left(\frac{1}{\mathfrak{R}_{ij}} + \frac{1}{\mathcal{R}_{ij}}\right) + \mathbb{W}_i\left(x_i(t)\right)\right] = \begin{cases} \widehat{d}_i, & |x_i(t)| > \Upsilon_i, \\ \breve{d}_i, & |x_i(t)| \leqslant \Upsilon_i, \end{cases}$$

$\Upsilon_i > 0$ 为切换跳, $\widehat{d}_i > 0, \breve{d}_i > 0$ 已知. a_{ij}, b_{ij} 为神经元间的连接权重

$$a_{ij} = \frac{\text{sign}_{ij}}{C_i \mathfrak{R}_{ij}}, \quad b_{ij} = \frac{\text{sign}_{ij}}{C_i \mathcal{R}_{ij}}.$$

为了研究驱动系统 (4-1-3) 的同步问题, 考虑以下响应系统:

$$\dot{y}_i(t) = -\mathfrak{d}_i\left(y_i(t)\right) y_i(t - \sigma_i) + \sum_{j=1}^{n} \mathfrak{a}_{ij} f_j\left(y_j(t)\right)$$

$$+ \sum_{j=1}^{n} \mathfrak{b}_{ij} f_j\left(y_j\left(t - \mu_j(t)\right)\right) + u_i(t), \quad i = 1, 2, \cdots, n. \tag{4-1-4}$$

响应系统 (4-1-4) 的神经元激活函数与连接权重参数均与驱动系统 (4-1-3) 不同, $u_i(t)$ 是为达到控制目标待设计的控制输入, $\sigma_i \geqslant 0, 0 \leqslant \mu_j(t) \leqslant \mu_M, \dot{\mu}_j(t) \leqslant \mu_D$,

$$\mathfrak{d}_i\left(y_i(t)\right) = \begin{cases} \breve{\mathfrak{d}}_i, & |y_i(t)| > \Upsilon_i, \\ \widehat{\mathfrak{d}}_i, & |y_i(t)| \leqslant \Upsilon_i. \end{cases}$$

假定驱动系统 (4-1-1) 与响应系统 (4-1-4) 的初始条件分别为

$$x(t) = (\phi_1(t), \phi_2(t), \cdots, \phi_n(t))^{\mathrm{T}}, \quad t_0 - \varepsilon \leqslant t \leqslant t_0,$$

其中, $\phi_i(t)(i = 1, 2, \cdots, n)$ 连续, $\varepsilon = \max\{\delta_i, \tau_M\}, i = 1, 2, \cdots, n$,

$$y(t) = (\varphi_1(t), \varphi_2(t), \cdots, \varphi_n(t))^{\mathrm{T}}, \quad t_0 - \epsilon \leqslant t \leqslant t_0,$$

其中, $\varphi_i(t)(i = 1, 2, \cdots, n)$ 连续, $\epsilon = \max\{\sigma_i, \mu_M\}, i = 1, 2, \cdots, n$,

对系统 (4-1-3) 与 (4-1-4) 做以下假设:

(A4.1.1) 神经元的激活函数 $g_i(\cdot), f_i(\cdot)$ 满足 Lipschitz 条件, 并且存在正常数 l_i^g, l_i^f, 对任意的 $\varsigma, \xi \in \mathbb{R}$, 使得

$$|g_i(\varsigma) - g_i(\xi)| \leqslant l_i^g |\varsigma - \xi|, \quad g_i(0) = 0, \quad i = 1, 2, \cdots, n,$$
$$|f_i(\varsigma) - f_i(\xi)| \leqslant l_i^f |\varsigma - \xi|, \quad f_i(0) = 0, \quad i = 1, 2, \cdots, n.$$

(A4.1.2) $\delta_i, \sigma_i, \tau_j(t), \mu_j(t)$ 满足

$$\delta_i \geqslant 0, \sigma_i \geqslant 0, 0 \leqslant \tau_j(t) \leqslant \tau_M, \dot{\tau}_j(t) \leqslant \tau_D < 1, 0 \leqslant \mu_j(t) \leqslant \mu_M, \dot{\mu}_j(\mathrm{t}) \leqslant \mu_D < 1.$$

定义 4.1.1 在控制输入 $u_i(t)$ 作用下, 如果

$$\lim_{t \to \infty} |e_i(t)| = 0, \quad i = 1, 2, \cdots, n,$$

其中, $e_i(t) = x_i(t) - y_i(t)$ 为同步误差, 则称驱动系统 (4-1-3) 与响应系统 (4-1-4) 是同步的.

记

$$D = \mathrm{diag}(d_1, d_2, \cdots, d_n), \quad A = (a_{ij})_{n \times n}, \quad \mathfrak{A} = (\mathfrak{a}_{ij})_{n \times n}, \quad B = (b_{ij})_{n \times n},$$
$$\mathfrak{B} = (\mathfrak{b}_{ij})_{n \times n}, \quad i, j = 1, 2, \cdots, n.$$

4.1.2 自适应同步判据

定理 4.1.1 假设 (A4.1.1) 和 (A4.1.2) 成立. 若存在正定对角矩阵 $\mathcal{P}, \mathcal{Q}, \mathcal{R}, \mathcal{S},$
$\mathcal{T}, \mathcal{K}$ 使得

$$
\mathbb{Y} = \begin{bmatrix}
\mathcal{Y}_{11} & \mathcal{P}L_g & \mathcal{P} & \mathcal{P} & \mathcal{Y}_{15} & 0 & 0 & 0 \\
* & -\mathcal{Q} & 0 & 0 & 0 & 0 & 0 & 0 \\
* & * & -\mathcal{S} & 0 & 0 & 0 & 0 & 0 \\
* & * & * & -\mathcal{T} & 0 & 0 & 0 & 0 \\
* & * & * & * & \mathcal{Y}_{55} & \mathcal{P}L_f & \mathcal{P} & \mathcal{P} \\
* & * & * & * & * & -\mathcal{R} & 0 & 0 \\
* & * & * & * & * & * & -\mathcal{S} & 0 \\
* & * & * & * & * & * & * & -\mathcal{T}
\end{bmatrix} < 0, \tag{4-1-5}
$$

在自适应控制输入 $u_i(t)$ 下, 驱动系统 (4-1-3) 与响应系统 (4-1-4) 能够达到同步,
其中

$$
\mathcal{Y}_{11} = \frac{1}{4}(1 - \tau_D)^{-1}BQB^{\mathrm{T}} + \frac{1}{4}(1 - \mu_D)^{-1}\bar{B}Q\bar{B}^{\mathrm{T}} - \mathcal{K}, \quad \mathcal{Y}_{15} = -\mathcal{Y}_{11}, \quad \mathcal{Y}_{55} = \mathcal{Y}_{11}.
$$

自适应控制律

$$
\begin{aligned}
u_i(t) &= -d_i(t)x_i(t - \delta_i) + \sum_{j=1}^{n} a_{ij}(t)g_j\left(x_j(t)\right) + \mathfrak{d}_i(t)y_i(t - \sigma_i) \\
&\quad - \sum_{j=1}^{n} \mathfrak{a}_{ij}(t)f_j\left(y_j(t)\right) + k_ie_i(t), \\
\dot{d}_i(t) &= -P_ie_i(t)x_i(t - \delta_i), \\
\dot{a}_{ij}(t) &= P_ie_i(t)g_j\left(x_j(t)\right), \\
\dot{\mathfrak{d}}_i(t) &= P_ie_i(t)y_i(t - \sigma_i), \\
\dot{\mathfrak{a}}_{ij}(t) &= -P_ie_i(t)f_j\left(y_j(t)\right),
\end{aligned} \tag{4-1-6}
$$

其中

$$
\begin{aligned}
P &= \mathrm{diag}(P_1, P_2, \cdots, P_n) = \mathcal{P}^{-1}, \quad Q = \mathrm{diag}(Q_1, Q_2, \cdots, Q_n) = \mathcal{Q}^{-1}, \\
R &= \mathrm{diag}(R_1, R_2, \cdots, R_n) = \mathcal{R}^{-1}, \quad S = \mathrm{diag}(S_1, S_2, \cdots, S_n) = \mathcal{S}^{-1}, \\
T &= \mathrm{diag}(T_1, T_2, \cdots, T_n) = \mathcal{T}^{-1}, \quad K = \mathrm{diag}(k_1, k_2, \cdots, k_n) = \mathcal{K}P,
\end{aligned}
$$

k_i 为估计增益权重, $d_i(t), a_{ij}(t), \eth_i(t), \mathfrak{a}_{ij}(t)$ 分别为参数 $d_i(x_i(t)), a_{ij}, \eth_i(y_i(t)), \mathfrak{a}_{ij}$ 的估计, $i, j = 1, 2, \cdots, n$.

证明　应用微分包含与集值映射理论, 由驱动系统 (4-1-3) 与响应系统 (4-1-4) 得到下列微分包含问题:

$$\dot{x}_i(t) = -\mathrm{co}\{\breve{d}_i, \widehat{d}_i\} x_i(t - \delta_i) + \sum_{j=1}^{n} a_{ij} g_j(x_j(t)) + \sum_{j=1}^{n} b_{ij} g_j(x_j(t - \tau_j(t))), \quad (4\text{-}1\text{-}7)$$

$$\dot{y}_i(t) = -\mathrm{co}\{\breve{\eth}_i, \widehat{\eth}_i\} y_i(t - \sigma_i) + \sum_{j=1}^{n} \mathfrak{a}_{ij} f_j(y_j(t)) + \sum_{j=1}^{n} \mathfrak{b}_{ij} f_j(y_j(t - \mu_j(t))) + u_i(t),$$
$$(4\text{-}1\text{-}8)$$

抑或存在 $d_i \in \mathrm{co}\{\breve{d}_i, \widehat{d}_i\}, \eth_i \in \mathrm{co}\{\breve{\eth}_i, \widehat{\eth}_i\}$, 使得

$$\dot{x}_i(t) = -d_i x_i(t - \delta_i) + \sum_{j=1}^{n} a_{ij} g_j(x_j(t)) + \sum_{j=1}^{n} b_{ij} g_j(x_j(t - \tau_j(t))), \quad (4\text{-}1\text{-}9)$$

$$\dot{y}_i(t) = -\eth_i y_i(t - \sigma_i) + \sum_{j=1}^{n} \mathfrak{a}_{ij} f_j(y_j(t)) + \sum_{j=1}^{n} \mathfrak{b}_{ij} f_j(y_j(t - \mu_j(t))) + u_i(t). \quad (4\text{-}1\text{-}10)$$

误差系统可表示为

$$\begin{aligned}
\dot{e}_i(t) &= \dot{x}_i(t) - \dot{y}_i(t) \\
&= -d_i x_i(t - \delta_i) + \sum_{j=1}^{n} a_{ij} g_j(x_j(t)) + \sum_{j=1}^{n} b_{ij} g_j(x_j(t - \tau_j(t))) \\
&\quad + \eth_i y_i(t - \sigma_i) - \sum_{j=1}^{n} \mathfrak{a}_{ij} f_j(y_j(t)) - \sum_{j=1}^{n} \mathfrak{b}_{ij} f_j(y_j(t - \mu_j(t))) - u_i(t).
\end{aligned}$$
$$(4\text{-}1\text{-}11)$$

将 (4-1-6) 代入 (4-1-11) 可得

$$\begin{aligned}
\dot{e}_i(t) &= \dot{x}_i(t) - \dot{y}_i(t) \\
&= -\left(d_i - d_i(t)\right) x_i(t - \delta_i) + \sum_{j=1}^{n} \left(a_{ij} - a_{ij}(t)\right) g_j(x_j(t)) \\
&\quad + \sum_{j=1}^{n} b_{ij} g_j(x_j(t - \tau_j(t))) + \left(\eth_i - \eth_i(t)\right) y_i(t - \sigma_i) \\
&\quad - \sum_{j=1}^{n} \left(\mathfrak{a}_{ij} - \mathfrak{a}_{ij}(t)\right) f_j(y_j(t)) - \sum_{j=1}^{n} \mathfrak{b}_{ij} f_j(y_j(t - \mu_j(t))) - k_i e_i(t). \quad (4\text{-}1\text{-}12)
\end{aligned}$$

定义

$$V(t) = \frac{1}{2} \sum_{i=1}^{n} \left(P_i e_i^2(t) + (d_i - d_i(t))^2 + \sum_{j=1}^{n} (a_{ij} - a_{ij}(t))^2 \right.$$

$$+ (\eth_i - \eth_i(t))^2 + \sum_{j=1}^{n} (\mathfrak{a}_{ij} - \mathfrak{a}_{ij}(t))^2 \right)$$

$$+ \sum_{i=1}^{n} \left(\int_{t-\tau_i(t)}^{t} Q_i g_i^2 (x_i(s)) \, \mathrm{d}s + \int_{t-\mu_i(t)}^{t} R_i f_i^2 (y_i(s)) \, \mathrm{d}s \right)$$

$$+ \sum_{i=1}^{n} \left(\int_{t-\delta_i}^{t} S_i e_i^2(s) \mathrm{d}s + \int_{t-\sigma_i}^{t} T_i e_i^2(s) \mathrm{d}s \right), \qquad (4\text{-}1\text{-}13)$$

其中, P_i, Q_i, R_i, S_i, T_i 是正定的.

沿着系统 (4-1-12) 的解计算 $V(t)$ 的导数, 可得

$$\dot{V}(t) = \sum_{i=1}^{n} P_i e_i(t) \left[- (d_i - d_i(t)) x_i(t - \delta_i) + \sum_{j=1}^{n} (a_{ij} - a_{ij}(t)) g_j (x_j(t)) \right.$$

$$+ \sum_{j=1}^{n} b_{ij} g_j (x_j (t - \tau_j(t))) + (\eth_i - \eth_i(t)) y_i(t - \sigma_i)$$

$$\left. - \sum_{j=1}^{n} (\mathfrak{a}_{ij} - \mathfrak{a}_{ij}(t)) f_j (y_j(t)) - \sum_{j=1}^{n} \mathfrak{b}_{ij} f_j (y_j (t - \mu_j(t))) - k_i e_i(t) \right]$$

$$+ \sum_{i=1}^{n} \left[- (d_i - d_i(t)) \dot{d}_i(t) - \sum_{j=1}^{n} (a_{ij} - a_{ij}(t)) \dot{a}_{ij}(t) \right.$$

$$\left. - (\eth_i - \eth_i(t)) \dot{\eth}_i(t) - \sum_{j=1}^{n} (\mathfrak{a}_{ij} - \mathfrak{a}_{ij}(t)) \dot{\mathfrak{a}}_{ij}(t) \right]$$

$$+ \sum_{i=1}^{n} \left[Q_i g_i^2 (x_i(t)) - (1 - \dot{\tau}_i(t)) Q_i g_i^2 (x_i (t - \tau_i(t))) \right]$$

$$+ \sum_{i=1}^{n} \left[R_i f_i^2 (y_i(t)) - (1 - \dot{\mu}_i(t)) R_i f_i^2 y_i(t - \mu_i(t)) \right]$$

$$+ \sum_{i=1}^{n} \left[S_i e_i^2(t) - S_i e_i^2(t - \delta_i) + T_i e_i^2(t) - T_i e_i^2(t - \sigma_i) \right]$$

$$\leqslant - \sum_{i=1}^{n} (d_i - d_i(t)) \left(P_i e_i(t) x_i(t - \delta_i) + \dot{d}_i(t) \right)$$

$$+ \sum_{i=1}^{n} (\eth_i - \eth_i(t)) \left(P_i e_i(t) y_i(t - \sigma_i) - \dot{\eth}_i(t) \right)$$

$$+ \sum_{i=1}^{n} \sum_{j=1}^{n} (a_{ij} - a_{ij}(t)) \left(P_i e_i(t) g_j(x_j(t)) - \dot{a}_{ij}(t) \right)$$

$$- \sum_{i=1}^{n} \sum_{j=1}^{n} (\mathfrak{a}_{ij} - \mathfrak{a}_{ij}(t)) \left(P_i e_i(t) f_j(y_j(t)) + \dot{\mathfrak{a}}_{ij} \right)$$

$$+ \sum_{i=1}^{n} P_i e_i(t) \left[\sum_{j=1}^{n} b_{ij} g_j(x_j(t - \tau_j(t))) - \sum_{j=1}^{n} \mathfrak{b}_{ij} f_j(y_j(t - \mu_j(t))) - k_i e_i(t) \right]$$

$$+ \sum_{i=1}^{n} \left[Q_i g_i^2(x_i(t)) - (1 - \tau_D) Q_i g_i^2(x_i(t - \tau_i(t))) \right]$$

$$+ \sum_{i=1}^{n} \left[R_i f_i^2(y_i(t)) - (1 - \mu_D) R_i f_i^2(y_i(t - \mu_i(t))) \right]$$

$$+ \sum_{i=1}^{n} \left[S_i e_i^2(t) - S_i e_i^2(t - \delta_i) + T_i e_i^2(t) - T_i e_i^2(t - \sigma_i) \right]. \tag{4-1-14}$$

将 (4-1-6) 代入 (4-1-14) 可得

$$\dot{V}(t) \leqslant e^{\mathrm{T}}(t) P B g(x(t - \tau(t))) - e^{\mathrm{T}}(t) P \mathfrak{B} f(y(t - \mu(t))) + e^{\mathrm{T}}(t)(S + T - PK)e(t)$$
$$+ g^{\mathrm{T}}(x(t)) Q g(x(t)) - (1 - \tau_D) g^{\mathrm{T}}(x(t - \tau(t))) Q g(x(t - \tau(t)))$$
$$+ f^{\mathrm{T}}(y(t)) R f(y(t)) - (1 - \mu_D) f^{\mathrm{T}}(y(t - \mu(t))) R f(y(t - \mu(t))). \tag{4-1-15}$$

由引理 1.3.6 得到

$$2e^{\mathrm{T}}(t) P B g(x(t - \tau(t))) \leqslant 2(1 - \tau_D) g^{\mathrm{T}}(x(t - \tau(t))) Q g(x(t - \tau(t)))$$
$$+ \frac{1}{2} e^{\mathrm{T}}(t) P B[(1 - \tau_D)Q]^{-1} B^{\mathrm{T}} P e(t),$$
$$-2e^{\mathrm{T}}(t) P \mathfrak{B} f(y(t - \mu(t))) \leqslant 2(1 - \mu_D) f^{\mathrm{T}}(y(t - \mu(t))) R f(y(t - \mu(t)))$$
$$+ \frac{1}{2} e^{\mathrm{T}}(t) P \mathfrak{B}[(1 - \mu_D)R]^{-1} \mathfrak{B}^{\mathrm{T}} P e(t). \tag{4-1-16}$$

根据 (4-1-16) 以及 (A4.1.1) 可得

$$\dot{V}(t)$$
$$\leqslant \frac{1}{4} e^{\mathrm{T}}(t) P B[(1 - \tau_D)Q]^{-1} B^{\mathrm{T}} P e(t) + \frac{1}{4} e^{\mathrm{T}}(t) P \mathfrak{B}[(1 - \mu_D)Q]^{-1} \mathfrak{B}^{\mathrm{T}} P e(t)$$

$$+ e^{\mathrm{T}}(t)(S + T - PK)e(t) + g^{\mathrm{T}}(x(t)) Q g(x(t)) + f^{\mathrm{T}}(y(t)) R f(y(t))$$

$$\leqslant \frac{1}{4} e^{\mathrm{T}}(t) PB[(1 - \tau_D)Q]^{-1} B^{\mathrm{T}} Pe(t) + \frac{1}{4} e^{\mathrm{T}}(t) P\mathfrak{B}[(1 - \mu_D)Q]^{-1} \mathfrak{B}^{\mathrm{T}} Pe(t)$$

$$+ e^{\mathrm{T}}(t)(S + T - PK)e(t) + x^{\mathrm{T}}(t) L_g Q L_g x(t) + y^{\mathrm{T}}(t) L_f R L_f y(t)$$

$$= (x(t) - y(t))^{\mathrm{T}} \left[\frac{1}{4} PB[(1 - \tau_D)Q]^{-1} B^{\mathrm{T}} P \right.$$

$$+ \frac{1}{4} P\mathfrak{B}[(1 - \mu_D)Q]^{-1} \mathfrak{B}^{\mathrm{T}} P + S + T - PK \bigg] (x(t) - y(t))$$

$$+ x^{\mathrm{T}}(t) L_g Q L_g x(t) + y^{\mathrm{T}}(t) L_f R L_f y(t)$$

$$= \begin{bmatrix} Px(t) \\ Py(t) \end{bmatrix}^{\mathrm{T}} \begin{bmatrix} \mathcal{X}_{11} & \mathcal{X}_{12} \\ * & \mathcal{X}_{22} \end{bmatrix} \begin{bmatrix} Px(t) \\ Py(t) \end{bmatrix}, \tag{4-1-17}$$

其中

$$\mathcal{X}_{11} = \frac{BQ^{-1}B^{\mathrm{T}}}{4(1 - \tau_D)} + \frac{\mathfrak{B}Q^{-1}\mathfrak{B}^{\mathrm{T}}}{4(1 - \mu_D)} - KP^{-1} + P^{-1}SP^{-1} + P^{-1}TP^{-1} + P^{-1}L_g Q L_g P^{-1},$$

$$\mathcal{X}_{12} = -\frac{BQ^{-1}B^{\mathrm{T}}}{4(1 - \tau_D)} - \frac{\mathfrak{B}Q^{-1}\mathfrak{B}^{\mathrm{T}}}{4(1 - \mu_D)} + KP^{-1} - P^{-1}SP^{-1} - P^{-1}TP^{-1},$$

$$\mathcal{X}_{22} = \frac{BQ^{-1}B^{\mathrm{T}}}{4(1 - \tau_D)} + \frac{\mathfrak{B}Q^{-1}\mathfrak{B}^{\mathrm{T}}}{4(1 - \mu_D)} - KP^{-1} + P^{-1}SP^{-1} + P^{-1}TP^{-1} + P^{-1}L_f Q L_f P^{-1}.$$

如果线性矩阵不等式 (4-1-5) 成立, 应用引理 1.3.1 可得

$$\begin{bmatrix} \mathcal{X}_{11} & \mathcal{X}_{12} \\ * & \mathcal{X}_{22} \end{bmatrix} < 0.$$

对于 $Px(t) \neq 0, Py(t) \neq 0$, 可得 $\dot{V}(t) < 0$. 因此, 在自适应控制律 (4-1-6) 下驱动系统 (4-1-3) 与响应系统 (4-1-4) 能够达到同步. □

4.1.3 数值模拟

下面给出一个数值例子来说明本节结果.

例 4.1.1 考虑下列二维忆阻驱动系统

$$\dot{x}_i(t) = -d_i(x_i(t)) x_i(t - \delta_i) + \sum_{j=1}^{2} a_{ij} g_j(x_j(t)) + \sum_{j=1}^{2} b_{ij} g_j(x_j(t - \tau_j(t))), \quad i = 1, 2 \tag{4-1-18}$$

以及响应系统

$$\dot{y}_i(t) = -\mathfrak{d}_i\left(y_i(t)\right)y_i(t-\sigma_i) + \sum_{j=1}^{2}\mathfrak{a}_{ij}f_j\left(y_j(t)\right)$$

$$+ \sum_{j=1}^{2}\mathfrak{b}_{ij}f_j\left(y_j(t-\mu_j(t))\right) + u_i(t), \quad i=1,2, \tag{4-1-19}$$

其中, 激活函数 $g_1(\rho)=g_2(\rho)=0.5\left(|\rho+1|-|\rho-1|\right), f_1(\rho)=f_2(\rho)=\tanh(\rho),$ $\rho\in\mathbb{R}$, 时滞 $\delta_1=\delta_2=\sigma_1=\sigma_2=0.1, \tau_1(t)=\tau_2(t)=\mu_1(t)=\mu_2(t)=0.85, a_{11}=a_{22}=\mathfrak{a}_{11}=\mathfrak{a}_{22}=1+\pi/4, b_{11}=b_{22}=\mathfrak{b}_{11}=\mathfrak{b}_{22}=-1.3\sqrt{2}\pi/4, a_{12}=\mathfrak{a}_{12}=20, a_{21}=\mathfrak{a}_{21}=b_{12}=\mathfrak{b}_{12}=b_{21}=\mathfrak{b}_{21}=0.1,$

$$d_1(x_1(t))=\begin{cases}1, & |x_i(t)|>5,\\0.99, & |x_i(t)|\leqslant 5,\end{cases} \quad d_2(x_2(t))=\begin{cases}0.99, & |x_i(t)|>0.5,\\1, & |x_i(t)|\leqslant 0.5,\end{cases}$$

$$\mathfrak{d}_1(y_1(t))=\begin{cases}1, & |y_i(t)|>0.2,\\0.99, & |y_i(t)|\leqslant 0.2,\end{cases} \quad \mathfrak{d}_2(y_2(t))=\begin{cases}0.99, & |y_i(t)|>2,\\1, & |y_i(t)|\leqslant 2.\end{cases}$$

设系统 (4-1-18) 与系统 (4-1-19) 的初值为 $x_1(t_0)=-5, x_2(t_0)=1, y_1(t_0)=5, y_2(t_0)=-2$. 驱动系统 (4-1-18) 的混沌动力学性态如图 4-1-1 所示.

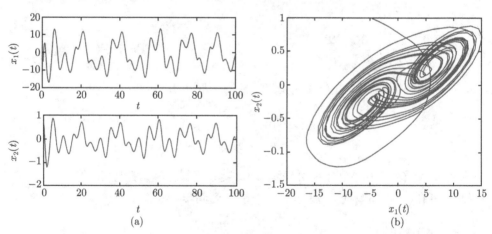

图 4-1-1　驱动系统 (4-1-18) 的状态曲线图, 初值 $x_1(t_0)=-5, x_2(t_0)=1$

对于系统 (4-1-18), 显然 $\tau_D=\mu_D=0, L_g=L_f=\mathrm{diag}(1,1)$. 解线性矩阵不等式 (4-1-5) 能够得到一组可行解:

$$P=\mathcal{P}^{-1}=\mathrm{diag}(1,1), \qquad Q=\mathcal{Q}^{-1}=\mathrm{diag}(0.5000,0.5000),$$
$$R=\mathcal{R}^{-1}=\mathrm{diag}(0.3333,0.3333), \quad S=\mathcal{S}^{-1}=\mathrm{diag}(0.2500,0.2500),$$
$$T=\mathcal{T}^{-1}=\mathrm{diag}(0.2000,0.2000), \quad K=\mathcal{K}P=\mathrm{diag}(6,6).$$

应用定理 4.1.1, 驱动系统 (4-1-18) 与响应系统 (4-1-19) 在控制输入 $u(t) = (u_1(t), u_2(t))^{\mathrm{T}}$ 下可以达到同步. 其同步及误差曲线如图 4-1-2 所示.

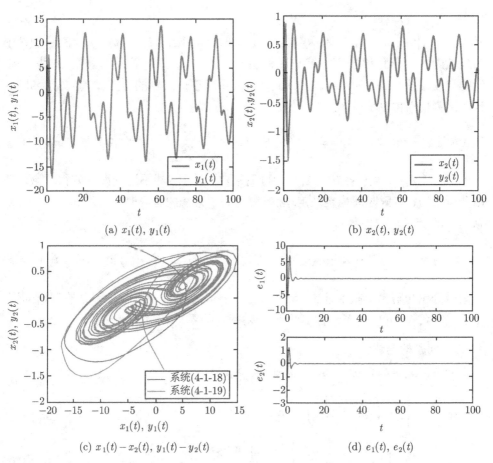

(a) $x_1(t), y_1(t)$

(b) $x_2(t), y_2(t)$

(c) $x_1(t) - x_2(t), y_1(t) - y_2(t)$

(d) $e_1(t), e_2(t)$

图 4-1-2 驱动系统 (4-1-18) 与响应系统 (4-1-19) 的同步及误差曲线图 (书后附彩图)

4.2 具有 leakage 时滞的忆阻神经网络的有限时间同步

若混沌系统用于信号加密解密, 接收端真实信号的恢复依赖于系统达到同步. 系统的同步时间直接决定着初始明文信号与伪随机序列进行混合的时机. 随着对忆阻神经网络同步问题研究得逐步深入, 人们开始关注系统达到同步所需时间 (收敛速度) 问题, 神经网络的有限时间同步蕴含着在收敛时间上的优化, 具有实际应用价值和理论意义, 这方面研究引起了学者的广泛注意 [8-15].

文献 [9, 16] 研究了一类具有时变传输时滞的忆阻神经网络

$$\dot{x}_i(t) = -d_i x_i(t) + \sum_{j=1}^{n} a_{ij}(x_j(t)) f_j(x_j(t)) + \sum_{j=1}^{n} b_{ij}(x_j(t)) g_j(x_j(t - \tau_j(t))) + I_i,$$

$$(4\text{-}2\text{-}1)$$

其中, $i = 1, 2, \cdots, n, x_i(t)$ 表示电容 C_i 在 t 时刻的电压, $f_j(x_j(t)), g_j(x_j(t - \tau_j(t)))$ 为反馈函数, $\tau_j(t)$ 为时变传输时滞, 满足 $0 \leqslant \tau_j(t) \leqslant \tau_j, I_i$ 为外部偏差, d_i 为神经元的自衰减系数, $a_{ij}(x_j(t))$ 与 $b_{ij}(x_j(t))$ 表示基于忆阻器的连接权重. 文献 [9] 设计了下列反馈控制器:

$$u_i(t) = -\eta_i e_i(t) - \text{sign}\,(e_i(t)) \left(\gamma_i + k\,|e_i(t)|^{\beta}\right) - \sum_{j=1}^{n} \delta_{ij} \text{sign}\,(e_i(t))\,|e_j(t - \tau_j(t))|,$$

其中, $\eta_i, \gamma_i, \delta_{ij} > 0, 0 < \beta < 1, k$ 为可调常数. 通过右端不连续微分方程理论, 应用分析技巧、有限时间稳定性定理, 研究得到了系统的有限时间同步充分条件. 文献 [16] 设计了反馈控制器:

$$u_i(t) = -\eta_i e_i(t) - k\text{sign}\,(e_i(t))\,|e_i(t)|^{\alpha} - \sum_{j=1}^{n} \delta_{ij} \text{sign}\,(e_i(t))\,|e_j(t - \tau_j(t))|,$$

应用微分包含与集值映射理论, 研究了 $0 < \alpha < 1$ 或者 $\alpha = 0$ 时系统有限时间同步的充分条件, 并研究了参数 α 与同步时间的关系.

4.2.1　问题的描述

本节研究下列具有 leakage 时滞的忆阻神经网络

$$C_i \dot{x}_i(t) = -\left[\sum_{j=1}^{n}\left(\frac{1}{\Re_{ij}} + \frac{1}{\mathcal{R}_{ij}}\right) + \mathbb{W}_i\,(x_i(t))\right] x_i(t - \delta_i)$$

$$+ \sum_{j=1}^{n}\left[\frac{\text{sign}_{ij}}{\Re_{ij}} f_j\,(x_j(t))\right] + \sum_{j=1}^{n}\left[\frac{\text{sign}_{ij}}{\mathcal{R}_{ij}} f_j\,(x_j\,(t - \tau_j(t)))\right], \quad i = 1, 2, \cdots, n,$$

$$(4\text{-}2\text{-}2)$$

其中, $x_i(t)$ 表示电容 C_i 在 t 时刻的电压, $\delta_i \geqslant 0$ 为 leakage 时滞, $\tau_j(t)$ 为时变传输时滞, 满足 $0 \leqslant \tau_j(t) \leqslant \tau_M, \dot{\tau}_j(t) \leqslant \tau_D$. $f_j(x_j(t)), f_j(x_j(t - \tau_j(t)))$ 为神经元的激活函数, 满足 $f_j(0) = 0, j = 1, 2, \cdots, n$. $\Re_{ij}$ 为 $f_j(x_j(t))$ 与 $x_i(t)$ 间的电阻, $\mathcal{R}_{ij}$ 为 $f_j(x_j(t - \tau_j(t)))$ 与 $x_i(t)$ 间的电阻. $\mathbb{W}_i(x_i(t))$ 是与电容 C_i 并联的忆阻器 M_i 的忆阻性能函数, 且有

$$\text{sign}_{ij} = \begin{cases} 1, & i \neq j, \\ -1, & i = j, \end{cases} \qquad \mathbb{W}_i(x_i(t)) = \begin{cases} \widehat{W}_i, & |x_i(t)| > \Upsilon_i, \\ \widecheck{W}_i, & |x_i(t)| \leqslant \Upsilon_i. \end{cases} \qquad (4\text{-}2\text{-}3)$$

系统 (4-2-2) 可改写为

$$\dot{x}_i(t) = -d_i(x_i(t))x_i(t-\delta_i) + \sum_{j=1}^n a_{ij}f_j(x_j(t)) + \sum_{j=1}^n b_{ij}f_j(x_j(t-\tau_j(t))), \quad (4\text{-}2\text{-}4)$$

其中

$$d_i\left(x_i(t)\right) = \frac{1}{C_i}\left[\sum_{j=1}^n\left(\frac{1}{\mathfrak{R}_{ij}} + \frac{1}{\mathcal{R}_{ij}}\right) + \mathbb{W}_i\left(x_i(t)\right)\right] = \left\{ \begin{array}{l} \widehat{d}_i, |x_i(t)| > \Upsilon_i, \\ \breve{d}_i, |x_i(t)| \leqslant \Upsilon_i, \end{array}\right.$$

$\Upsilon_i > 0$ 为切换跳, $\widehat{d}_i > 0, \breve{d}_i > 0$ 已知. a_{ij}, b_{ij} 为神经元间的连接权重

$$a_{ij} = \frac{\text{sign}_{ij}}{C_i\mathfrak{R}_{ij}}, \quad b_{ij} = \frac{\text{sign}_{ij}}{C_i\mathcal{R}_{ij}}.$$

假定驱动系统 (4-2-4) 的初始条件为

$$x(t) = (\phi_1(t), \phi_2(t), \cdots, \phi_n(t))^{\mathrm{T}}, \quad t_0 - \varepsilon \leqslant t \leqslant t_0,$$

其中, $\phi_i(t)(i = 1, 2, \cdots, n)$ 连续, $\varepsilon = \max\{\delta_i, \tau_M\}, i = 1, 2, \cdots, n$.

应用微分包含与集值映射理论, 忆阻系统 (4-2-4) 能够表示为以下微分包含问题:

$$\dot{x}_i(t) \in -\text{co}\{\breve{d}_i, \widehat{d}_i\}x_i(t-\delta_i) + \sum_{j=1}^n a_{ij}f_j(x_j(t)) + \sum_{j=1}^n b_{ij}f_j(x_j(t-\tau_j(t))), \quad (4\text{-}2\text{-}5)$$

抑或存在 $d_i \in \text{co}\{\breve{d}_i, \widehat{d}_i\}$ 使得

$$\dot{x}_i(t) = -d_ix_i(t-\delta_i) + \sum_{j=1}^n a_{ij}f_j(x_j(t)) + \sum_{j=1}^n b_{ij}f_j(x_j(t-\tau_j(t))). \quad (4\text{-}2\text{-}6)$$

考虑系统 (4-2-5) 或 (4-2-6) 为驱动系统, 对应的响应系统分别为

$$\dot{y}_i(t) \in -\text{co}\{\breve{d}_i, \widehat{d}_i\}y_i(t-\delta_i) + \sum_{j=1}^n a_{ij}f_j(y_j(t)) + \sum_{j=1}^n b_{ij}f_j(y_j(t-\tau_j(t))), \quad (4\text{-}2\text{-}7)$$

$$\dot{y}_i(t) = -d_iy_i(t-\delta_i) + \sum_{j=1}^n a_{ij}f_j(y_j(t)) + \sum_{j=1}^n b_{ij}f_j(y_j(t-\tau_j(t))) + u_i(t), \quad (4\text{-}2\text{-}8)$$

其中, $u_i(t)$ 为外部控制输入.

假定系统 (4-2-6) 的初始条件为

$$y(t) = (\varphi_1(t), \varphi_2(t), \cdots, \varphi_n(t))^{\mathrm{T}}, \quad t_0 - \epsilon \leqslant t \leqslant t_0,$$

其中, $\varphi_i(t)(i = 1, 2, \cdots, n)$ 连续,

$$\epsilon = \max\{\sigma_i, \mu_M\}, \quad i = 1, 2, \cdots, n.$$

对系统 (4-2-6) 与 (4-2-8) 做以下假设:

(A4.2.1) 神经元的激活函数 $f_i(\cdot)$ 满足 Lipschitz 条件, 并且存在正常数 l_i, 对任意的 $\varsigma, \xi \in \mathbb{R}$, 使得

$$|f_i(\zeta) - f_i(\xi)| \leqslant l_i |\zeta - \xi|, \quad f_i(0) = 0, \quad i = 1, 2, \cdots, n.$$

(A4.2.2) $\delta_i, \tau_j(t)$ 满足 $\delta_i \geqslant 0, \sigma_i \geqslant 0, 0 \leqslant \tau_j(t) \leqslant \tau_M, \dot{\tau}_j(t) \leqslant \tau_D$.

定义同步误差 $e(t) = (e_1(t), e_2(t), \cdots, e_n(t))^{\mathrm{T}}$, 其中, $e_i(t) = y_i(t) - x_i(t)$. 由系统 (4-2-6) 与 (4-2-8) 可得到同步误差系统

$$\dot{e}_i(t) = -d_i e_i(t - \delta_i) + \sum_{j=1}^{n} a_{ij} g_j\left(e_j(t)\right) + \sum_{j=1}^{n} b_{ij} g_j\left(e_j\left(t - \tau_j(t)\right)\right) + u_i(t), \quad (4\text{-}2\text{-}9)$$

其中

$$g_j\left(e_j(t)\right) = f_j\left(y_j(t)\right) - f_j\left(x_j(t)\right),$$

$$g_j\left(e_j(t - \tau_j(t))\right) = f_j\left(y_j\left(t - \tau_j(t)\right)\right) - f_j\left(x_j\left(t - \tau_j(t)\right)\right).$$

记 $D = \mathrm{diag}(d_1, d_2, \cdots, d_n), A = (a_{ij})_{n \times n}, B = (b_{ij})_{n \times n}, i, j = 1, 2, \cdots, n$, 误差系统 (4-2-9) 能表示为以下紧形式:

$$\dot{e}(t) = -De(t - \delta) + Ag\left(e(t)\right) + Bg\left(e\left(t - \tau(t)\right)\right) + u(t), \quad (4\text{-}2\text{-}10)$$

其中, $u(t) = (u_1(t), u_2(t), \cdots, u_n(t))^{\mathrm{T}}$.

定义 4.2.1 设计控制器 $u(t)$, 如果存在常数 $t_1 > 0$ 使得下式成立:

$$\lim_{t \to t_1} \|e(t)\| = \lim_{t \to t_1} \|y(t) - x(t)\| = 0, \quad \|e(t)\| = \|y(t) - x(t)\| \equiv 0, \quad t > t_1,$$

则称系统 (4-2-6) 与系统 (4-2-8) 能够在有限时间内达到同步.

引理 4.2.1[17] 假设连续的正定函数 $V(t)$ 满足下列不等式:

$$\dot{V}(t) \leqslant -\alpha V^{\eta}(t), \quad \forall t \geqslant t_0, V(t_0) \geqslant 0,$$

其中, $\alpha > 0, 0 < \eta < 1$ 为常数, 对于任意给定的 t_0, 则有 $V(t)$ 满足下列不等式

$$V^{1-\eta}(t) \leqslant V^{1-\eta}(t_0) - \alpha(1 - \eta)(t - t_0), \quad t_0 \leqslant t \leqslant t_1,$$

并且 $V(t) \equiv 0, \forall t \geqslant t_1, t_1$ 由下式给定:

$$t_1 = t_0 + \frac{V^{1-\eta}(t_0)}{\alpha(1 - \eta)}.$$

4.2.2 有限时间同步判据

下面给出驱动系统 (4-2-6) 与响应系统 (4-2-8) 的有限时间同步判据.

定理 4.2.1 假设 (A4.2.1) 和 (A4.2.2) 成立. 若存在正定对角矩阵 Π, Ψ, Ξ 使得

$$
\begin{aligned}
\frac{1}{2} D \Psi^{-1} D^{\mathrm{T}} + \|A_l\| I + \Xi - \Pi + \frac{1}{2} \Psi &< 0, \\
\frac{1}{2} L^{\mathrm{T}} |B|^{\mathrm{T}} \Xi^{-1} |B| L - \frac{1 - \tau_D}{2} \Xi &< 0,
\end{aligned}
\tag{4-2-11}
$$

对于控制输入 $u(t)$, 驱动系统 (4-2-6) 与响应系统 (4-2-8) 在有限时间能够达到同步,

$$
\begin{aligned}
u(t) = {}&-\Pi e(t) - \eta \mathrm{sign}(e(t)) \\
&- \eta \left(\int_{t-\delta}^{t} e^{\mathrm{T}}(s) \Psi e(s) \mathrm{d}s \right)^{1/2} \frac{e(t)}{\|e(t)\|^2} - \eta \left(\int_{t-\tau(t)}^{t} e^{\mathrm{T}}(s) \Xi e(s) \mathrm{d}s \right)^{1/2} \frac{e(t)}{\|e(t)\|^2},
\end{aligned}
$$

其中, $\eta > 0$ 为可调常数, $A_l = |A| L$.

证明 显然, 研究驱动系统 (4-2-6) 与响应系统 (4-2-8) 的同步问题等价于研究其误差系统 (4-2-10) 的稳定性问题.

定义

$$
V(t) = \frac{1}{2} e^{\mathrm{T}}(t) e(t) + \frac{1}{2} \int_{t-\delta}^{t} e^{\mathrm{T}}(s) \Psi e(s) \mathrm{d}s + \frac{1}{2} \int_{t-\tau(t)}^{t} e^{\mathrm{T}}(s) \Xi e(s) \mathrm{d}s. \tag{4-2-12}
$$

沿着系统 (4-2-10) 的解计算 $V(t)$ 的导数, 可得

$$
\begin{aligned}
\dot{V}(t) = {}& e^{\mathrm{T}}(t) \left[-D e(t-\delta) + A g(e(t)) + B g(e(t-\tau(t))) + u(t) \right] \\
&+ \frac{1}{2} e^{\mathrm{T}}(t) \Psi e(t) - \frac{1}{2} e^{\mathrm{T}}(t-\delta) \Psi e(t-\delta) \\
&+ \frac{1}{2} e^{\mathrm{T}}(t) \Xi e(t) - \frac{1}{2} (1 - \tau(t)) e^{\mathrm{T}}(t-\delta) \Xi e(t-\delta) \\
\leqslant {}& -e^{\mathrm{T}}(t) D e(t-\delta) + e^{\mathrm{T}}(t) A g(e(t)) + e^{\mathrm{T}}(t) B g(e(t-\tau(t))) \\
&- e^{\mathrm{T}}(t) \Pi e(t) - e^{\mathrm{T}}(t) \eta \mathrm{sign}(e(t)) \\
&- e^{\mathrm{T}}(t) \eta \left(\int_{t-\delta}^{t} e^{\mathrm{T}}(s) \Psi e(s) \mathrm{d}s \right)^{1/2} \frac{e(t)}{\|e(t)\|^2} \\
&- e^{\mathrm{T}}(t) \eta \left(\int_{t-\tau(t)}^{t} e^{\mathrm{T}}(s) \Xi e(s) \mathrm{d}s \right)^{1/2} \frac{e(t)}{\|e(t)\|^2} \\
&+ \frac{1}{2} e^{\mathrm{T}}(t) \Psi e(t) - \frac{1}{2} e^{\mathrm{T}}(t-\delta) \Psi e(t-\delta)
\end{aligned}
$$

$$+ \frac{1}{2}e^{\mathrm{T}}(t)\Xi e(t) - \frac{1}{2}(1 - \tau_D)e^{\mathrm{T}}\left(t - \tau(t)\right)\Xi e\left(t - \tau(t)\right). \qquad (4\text{-}2\text{-}13)$$

可得

$$-e^{\mathrm{T}}(t)De(t - \delta) \leqslant \frac{1}{2}e^{\mathrm{T}}(t)D\Psi^{-1}D^{\mathrm{T}}e(t) + \frac{1}{2}e^{\mathrm{T}}(t - \delta)\Psi e(t - \delta),$$

$$e^{\mathrm{T}}(t)Bg\left(e\left(t - \tau(t)\right)\right) \leqslant \frac{1}{2}e^{\mathrm{T}}(t)\Xi e(t) + \frac{1}{2}g^{\mathrm{T}}\left(e\left(t - \tau(t)\right)\right)|B|^{\mathrm{T}}\Xi^{-1}|B|g\left(e\left(t - \tau(t)\right)\right)$$

$$\leqslant \frac{1}{2}e^{\mathrm{T}}(t)\Xi e(t) + \frac{1}{2}e\left(t - \tau(t)\right)L^{\mathrm{T}}|B|^{\mathrm{T}}\Xi^{-1}|B|Le\left(t - \tau(t)\right).$$

$$(4\text{-}2\text{-}14)$$

将 (4-2-14) 代入 (4-2-13) 可得

$$\begin{aligned}
\dot{V}(t) \leqslant & \frac{1}{2}e^{\mathrm{T}}(t)D\Psi^{-1}D^{\mathrm{T}}e(t) + e^{\mathrm{T}}(t)|A|Le(t) \\
& + e^{\mathrm{T}}(t)\Xi e(t) - e^{\mathrm{T}}(t)\Pi e(t) + \frac{1}{2}e^{\mathrm{T}}(t)\Psi e(t) \\
& + \frac{1}{2}e\left(t - \tau(t)\right)L^{\mathrm{T}}|B|^{\mathrm{T}}\Xi^{-1}|B|Le\left(t - \tau(t)\right) \\
& - \frac{1}{2}(1 - \tau_D)e^{\mathrm{T}}\left(t - \tau(t)\right)\Xi e\left(t - \tau(t)\right) \\
& - \eta e^{\mathrm{T}}(t)\mathrm{sign}\left(e(t)\right) - \eta e^{\mathrm{T}}(t)\left(\int_{t-\delta}^{t}e^{\mathrm{T}}(s)\Psi e(s)\mathrm{d}s\right)^{1/2}\frac{e(t)}{\|e(t)\|^2} \\
& - \eta e^{\mathrm{T}}(t)\left(\int_{t-\tau(t)}^{t}e^{\mathrm{T}}(s)\Xi e(s)\mathrm{d}s\right)^{1/2}\frac{e(t)}{\|e(t)\|^2} \\
= & \; e^{\mathrm{T}}(t)\left(\frac{1}{2}D\Psi^{-1}D^{\mathrm{T}} + \|A_l\|I + \Xi - \Pi + \frac{1}{2}\Psi\right)e(t) \\
& + e\left(t - \tau(t)\right)\left(\frac{1}{2}L^{\mathrm{T}}|B|^{\mathrm{T}}\Xi^{-1}|B|L - \frac{1 - \tau_D}{2}\Xi\right)e\left(t - \tau(t)\right) \\
& - \eta e^{\mathrm{T}}(t)\mathrm{sign}\left(e(t)\right) - \eta\left(\int_{t-\delta}^{t}e^{\mathrm{T}}(s)\Psi e(s)\mathrm{d}s\right)^{1/2} \\
& - \eta\left(\int_{t-\tau(t)}^{t}e^{\mathrm{T}}(s)\Xi e(s)\mathrm{d}s\right)^{1/2}. \qquad (4\text{-}2\text{-}15)
\end{aligned}$$

由 (4-2-11) 可得

$$\dot{V}(t) \leqslant -\eta e^{\mathrm{T}}(t)\mathrm{sign}\left(e(t)\right) - \eta\left(\int_{t-\delta}^{t}e^{\mathrm{T}}(s)\Psi e(s)\mathrm{d}s\right)^{1/2} - \eta\left(\int_{t-\tau(t)}^{t}e^{\mathrm{T}}(s)\Xi e(s)\mathrm{d}s\right)^{1/2}.$$

$$(4\text{-}2\text{-}16)$$

根据引理 1.3.7 可得

$$\dot{V}(t) \leqslant -\eta \left\{ |e(t)|^2 + \int_{t-\delta}^{t} e^{\mathrm{T}}(s)\Psi e(s)\mathrm{d}s + \int_{t-\tau(t)}^{t} e^{\mathrm{T}}(s)\Xi e(s)\mathrm{d}s \right\}^{1/2}$$
$$= -\sqrt{2}\eta V^{\frac{1}{2}}(t). \tag{4-2-17}$$

由引理 4.2.1 得, $V(t)$ 在有限的时间 t_1 内趋近于 0, $t_1 = \sqrt{2V(t_0)}/\eta$. 因此, 在外部控制输入 $u(t)$ 下, 驱动系统 (4-2-6) 与响应系统 (4-2-8) 能够在有限的时间 t_1 内达到同步. □

4.2.3 数值模拟

下面给出一个数值例子来验证本节结果.

例 4.2.1 考虑下列二维忆阻驱动系统

$$\begin{cases} \dot{x}_1(t) = -d_1\left(x_1(t)\right)x_1(t-\delta_1) + a_{11}f_1\left(x_1(t)\right) + a_{12}f_2\left(x_2(t)\right) \\ \qquad\quad + b_{11}f_1\left(x_1\left(t-\tau_1(t)\right)\right) + b_{12}f_2\left(x_2\left(t-\tau_2(t)\right)\right), \\ \dot{x}_2(t) = -d_2\left(x_2(t)\right)x_2(t-\delta_2) + a_{11}f_1\left(x_1(t)\right) + a_{12}f_2\left(x_2(t)\right) \\ \qquad\quad + b_{11}f_1\left(x_1\left(t-\tau_1(t)\right)\right) + b_{12}f_2\left(x_2\left(t-\tau_2(t)\right)\right) \end{cases} \tag{4-2-18}$$

以及响应系统

$$\begin{cases} \dot{y}_1(t) = -d_1\left(y_1(t)\right)x_1(t-\delta_1) + a_{11}f_1\left(y_1(t)\right) + a_{12}f_2\left(y_2(t)\right) \\ \qquad\quad + b_{11}f_1\left(y_1\left(t-\tau_1(t)\right)\right) + b_{12}f_2\left(y_2\left(t-\tau_2(t)\right)\right) + u_1(t), \\ \dot{y}_2(t) = -d_2\left(x_2(t)\right)y_2(t-\delta_2) + a_{11}f_1\left(y_1(t)\right) + a_{12}f_2\left(y_2(t)\right) \\ \qquad\quad + b_{11}f_1\left(y_1\left(t-\tau_1(t)\right)\right) + b_{12}f_2\left(y_2\left(t-\tau_2(t)\right)\right) + u_2(t), \end{cases} \tag{4-2-19}$$

其中, 激活函数 $f_1(\rho) = f_2(\rho) = 0.5\left(|\rho+1| - |\rho-1|\right), \rho \in \mathbb{R}, \delta_1 = \delta_2 = 0.1,$ $\tau_1(t) = \tau_2(t) = 0.85, a_{11} = a_{22} = 1 + \pi/4, b_{11} = b_{22} = -1.3\sqrt{2}\pi/4, a_{12} = 20, a_{21} = b_{12} = b_{21} = 0.1,$ 并且

$$d_1(x_1(t)) = \begin{cases} 1, & |x_1(t)| > 1, \\ 0.99, & |x_1(t)| \leqslant 1, \end{cases} \quad d_2(x_2(t)) = \begin{cases} 0.99, & |x_2(t)| > 1, \\ 1, & |x_2(t)| \leqslant 1, \end{cases}$$

$$d_1(y_1(t)) = \begin{cases} 0.99, & |y_1(t)| > 1, \\ 1, & |y_1(t)| \leqslant 1, \end{cases} \quad d_2(y_2(t)) = \begin{cases} 1, & |y_2(t)| > 1, \\ 0.99, & |y_2(t)| \leqslant 1. \end{cases}$$

设驱动系统 (4-2-18) 与响应系统 (4-2-19) 的初值为 $x_1(t_0) = -5, x_2(t_0) = 1,$ $y_1(t_0) = 5, y_2(t_0) = -2.$ 驱动系统 (4-2-18) 的混沌动力学性态如图 4-2-1 所示. 由条件 (4-2-10) 可以得到, $\Psi = \mathrm{diag}(6.5335, 4.7163), \Xi = \mathrm{diag}(28.7361, 28.7361).$

根据定理 4.2.1 知, 驱动系统 (4-2-18) 与响应系统 (4-2-19) 在控制输入 $u(t) = (u_1(t), u_2(t))^{\mathrm{T}}$ 下能够达到同步, 其同步及误差曲线如图 4-2-2 所示.

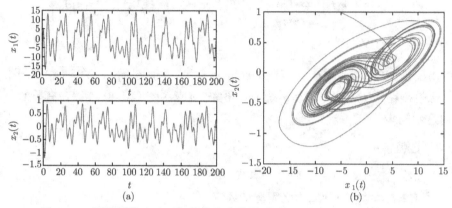

图 4-2-1　驱动系统 (4-2-18) 的状态曲线图, 初值 $x_1(t_0) = -5, x_2(t_0) = 1$

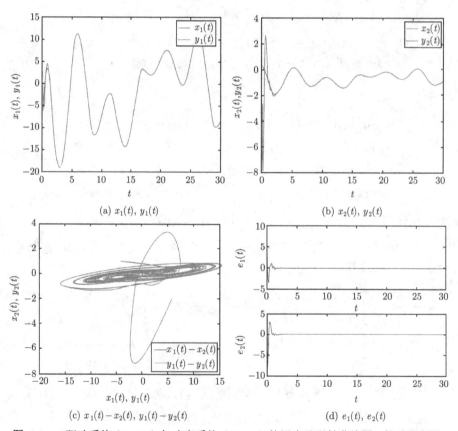

图 4-2-2　驱动系统 (4-2-18) 与响应系统 (4-2-19) 的同步及误差曲线图 (书后附彩图)

4.3　具有随机反馈增益波动的双向关联记忆忆阻神经网络的非脆弱同步

本节研究具有时滞的双向关联记忆 (BAM) 神经网络的非脆弱同步问题. 基于主-从系统方法得到了 BAM 忆阻神经网络的同步判据. BAM 神经网络在模式识别和人工智能领域有着重要应用, 在电路搭建中, 其连接权重由电阻来实现.

4.3.1　问题的描述

基于 Kirchhoff 电流定律, Anbuvithya 等建立了一类一般的 BAM 忆阻神经网络 (MBAMNNs) 模型 [19]. 第 i 个与第 j 个子系统如下

$$
\begin{cases}
\dot{x}_i(t) = -x_i(t) + \dfrac{1}{C_i} \sum_{j=1}^{m} \dfrac{\tilde{f}_j\left(y_j(t)\right)}{R_{ji}} \times \mathrm{sgin}_{ji} + \dfrac{1}{C_i} \sum_{j=1}^{m} \dfrac{\tilde{f}_j\left(y_j(t-\tau(t))\right)}{F_{ji}} \times \mathrm{sgin}_{ji} \\
\qquad + \dfrac{\bar{I}_i(t)}{C_i}, \quad i=1,2,\cdots,n, \\
\dot{y}_j(t) = -y_j(t) + \dfrac{1}{\bar{C}_j} \sum_{i=1}^{n} \dfrac{\tilde{g}_i\left(x_i(t)\right)}{\bar{R}_{ij}} \times \mathrm{sgin}_{ji} + \dfrac{1}{\bar{C}_i} \sum_{i=1}^{n} \dfrac{\tilde{g}_i\left(x_i(t-\tau(t))\right)}{\bar{F}_{ij}} \times \mathrm{sgin}_{ij} \\
\qquad + \dfrac{\bar{J}_j(t)}{\bar{C}_j}, \quad t \geqslant 0, j=1,2,\cdots,m,
\end{cases}
$$

$$(4\text{-}3\text{-}1)$$

其中, $x_i(t), y_j(t)$ 分别为电容 $C_i, \bar{C}_j$ 的电压, $R_{ji}, \bar{R}_{ij}, F_{ji}, \bar{F}_{ij}$ 为电阻, $I_i(t)$ 与 $J_j(t)$ 分别表示在 t 时刻第 i 个与第 j 个神经元的连续的外部输入. $\tau(t)$ 表示传输时变时滞, 满足 $0 \leqslant \tau(t) \leqslant \tau, \dot{\tau}(t) \leqslant \mu, \mu$ 为常数. $\mathrm{sgin}_{ji} = \mathrm{sgin}_{ij} = 1(i \neq j), \mathrm{sgin}_{ji} = \mathrm{sgin}_{ij} = -1(i=j)$. 神经元的激活函数满足以下假设.

(A4.3.1)　对于 $i=\{1,2,\cdots,n\}, j=\{1,2,\cdots,m\}$, 神经元的激活函数 $\tilde{f}_j, \tilde{g}_i$ 满足 Lipschitz 条件, 并且存在正常数 s_i, l_i, 对任意的 $x_1, x_2, y_1, y_2 \in \mathbb{R}$, 使得

$$
0 \leqslant \frac{\tilde{f}_j(y_1) - \tilde{f}_j(y_2)}{y_1 - y_2} \leqslant s_i, \quad \tilde{f}_j(0) = 0, \quad y_1 \neq y_2,
$$

$$
0 \leqslant \frac{\tilde{g}_i(x_1) - \tilde{g}_i(x_2)}{x_1 - x_2} \leqslant l_i, \quad \tilde{g}_i(0) = 0, \quad x_1 \neq x_2.
$$

由 (4-3-1) 可得

$$
\begin{cases}
\dot{x}_i(t) = -x_i(t) + \sum_{j=1}^{m} a_{ji}^* \tilde{f}_j\left(y_j(t)\right) + \sum_{j=1}^{m} b_{ji}^* \tilde{f}_j\left(y_j(t-\tau(t))\right) + I_i(t), \\
\dot{y}_j(t) = -y_j(t) + \sum_{i=1}^{n} c_{ij}^* \tilde{g}_i\left(x_i(t)\right) + \sum_{i=1}^{n} d_{ij}^* \tilde{g}_i\left(x_i(t-\tau(t))\right) + J_j(t),
\end{cases}
$$

$$(4\text{-}3\text{-}2)$$

其中

$$a_{ji}^*(x_i(t)) = \frac{\mathrm{sign}_{ji}}{C_i R_{ji}}, \quad b_{ji}^*(x_i(t)) = \frac{\mathrm{sign}_{ji}}{C_i F_{ji}}, \quad c_{ij}^*(y_j(t)) = \frac{\mathrm{sign}_{ij}}{\overline{C}_i \overline{R}_{ij}},$$

$$d_{ij}^*(y_j(t)) = \frac{\mathrm{sign}_{ij}}{\overline{C}_i \overline{F}_{ij}}, \quad I_i(t) = \frac{\overline{I}_i(t)}{C_i}, \quad J_j(t) = \frac{\overline{J}_j(t)}{\overline{C}_j}.$$

以忆阻器代替系统 (4-3-1) 中的电阻, 可以构建下列 BAM 忆阻神经网络:

$$\begin{cases} \dot{x}_i(t) = -x_i(t) + \sum_{j=1}^m a_{ji}(x_i(t))\tilde{f}_j(y_j(t)) + \sum_{j=1}^m b_{ji}(x_i(t))\tilde{f}_j(y_j(t-\tau(t))) + I_i(t), \\ \dot{y}_j(t) = -y_j(t) + \sum_{i=1}^n c_{ij}(y_j(t))\tilde{g}_i(x_i(t)) + \sum_{i=1}^n d_{ij}(y_j(t))\tilde{g}_i(x_i(t-\tau(t))) + J_j(t), \end{cases}$$

$$(4\text{-}3\text{-}3)$$

其中

$$a_{ji}(x_i(t)) = \begin{cases} \widehat{a}_{ji}, & |x_i(t)| < \Lambda_i, \\ \breve{a}_{ji}, & |x_i(t)| > \Lambda_i, \end{cases} \quad b_{ji}(x_i(t)) = \begin{cases} \widehat{b}_{ji}, & |x_i(t)| < \Lambda_i, \\ \breve{b}_{ji}, & |x_i(t)| > \Lambda_i, \end{cases}$$

$$c_{ij}(y_j(t)) = \begin{cases} \widehat{c}_{ji}, & |y_j(t)| < \tilde{\Lambda}_j, \\ \breve{c}_{ji}, & |y_j(t)| > \tilde{\Lambda}_j, \end{cases} \quad d_{ij}(y_j(t)) = \begin{cases} \widehat{d}_{ji}, & |y_j(t)| < \tilde{\Lambda}_j, \\ \breve{d}_{ji}, & |y_j(t)| > \tilde{\Lambda}_j, \end{cases}$$

$\Lambda_i, \tilde{\Lambda}$ 为非负切换跳, $a_{ji}, b_{ji}, c_{ij}, d_{ij}$ 为已知常数.

根据上述分析, $a_{ji}(x_i(t)), b_{ji}(x_i(t)), c_{ij}(y_j(t)), d_{ij}(y_j(t))$ 分别依赖于 $x_i(t)$, $x_i(t-\tau(t)), y_j(t), y_j(t-\tau(t))$ 的状态改变. 显然, $a_{ji}(x_i(t)), b_{ji}(x_i(t)), c_{ij}(y_j(t))$, $d_{ij}(y_j(t))$ 分别依赖于 $x_i(t), x_i(t-\tau(t)), y_j(t), y_j(t-\tau(t))$ 的状态改变.

$$\overline{\mathrm{co}}[a_{ji}(x_i(t))] = \begin{cases} \widehat{a}_{ji}, & |x_i(t)| < \Lambda_i, \\ [\widehat{a}_{ji}, \breve{a}_{ji}], & |x_i(t)| = \Lambda_i, \\ \breve{a}_{ji}, & |x_i(t)| > \Lambda_i, \end{cases}$$

$$\overline{\mathrm{co}}[b_{ji}(x_i(t))] = \begin{cases} \widehat{b}_{ji}, & |x_i(t)| < \Lambda_i, \\ [\widehat{b}_{ji}, \breve{b}_{ji}], & |x_i(t)| = \Lambda_i, \\ \breve{b}_{ji}, & |x_i(t)| > \Lambda_i, \end{cases}$$

$$\overline{\mathrm{co}}[c_{ij}(y_j(t))] = \begin{cases} \widehat{c}_{ij}, & |y_j(t)| < \tilde{\Lambda}_j, \\ [\widehat{c}_{ji}, \breve{c}_{ji}], & |y_j(t)| = \Lambda_i, \\ \breve{c}_{ji}, & |y_j(t)| > \tilde{\Lambda}_j, \end{cases}$$

$$
\overline{\mathrm{co}}[d_{ij}(y_j(t))] = \begin{cases} \widehat{d}_{ji}, & |y_j(t)| < \tilde{\Lambda}_j, \\ [\widehat{d}_{ji}, \breve{d}_{ji}], & |y_j(t)| = \Lambda_i, \\ \breve{d}_{ji}, & |y_j(t)| > \tilde{\Lambda}_j, \end{cases}
$$

其中, $\widehat{a}_{ji} = \max[\widehat{a}_{ji}, \breve{a}_{ji}]$, $\breve{a}_{ji} = \min[\widehat{a}_{ji}, \breve{a}_{ji}]$, $\widehat{b}_{ji} = \max[\widehat{b}_{ji}, \breve{b}_{ji}]$, $\breve{b}_{ji} = \min[\widehat{b}_{ji}, \breve{b}_{ji}]$, $\widehat{c}_{ij} = \max[\widehat{c}_{ij}, \breve{c}_{ij}]$, $\breve{c}_{ij} = \min[\widehat{c}_{ij}, \breve{c}_{ij}]$, $\widehat{d}_{ij} = \max[\widehat{d}_{ij}, \breve{d}_{ij}]$, $\breve{d}_{ij} = \min[\widehat{d}_{ij}, \breve{d}_{ij}]$. 由 (4-3-4) 可得

$$
\begin{cases} \dot{x}_i(t) = -x_i(t) + \sum_{j=1}^{m} \overline{\mathrm{co}}[a_{ji}(x_i(t))]\tilde{f}_j(y_j(t)) \\ \qquad + \sum_{j=1}^{m} \overline{\mathrm{co}}[b_{ji}(x_i(t))]\tilde{f}_j(y_j(t-\tau(t))) + I_i(t), \\ \dot{y}_j(t) = -y_j(t) + \sum_{i=1}^{n} \overline{\mathrm{co}}[c_{ij}(x_i(t))]\tilde{g}_i(x_i(t)) \\ \qquad + \sum_{i=1}^{n} \overline{\mathrm{co}}[d_{ij}(x_i(t))]\tilde{g}_i(x_i(t-\tau(t))) + J_j(t). \end{cases} \tag{4-3-4}
$$

根据集值映射与 Filippov 解理论,

$$
\begin{cases} \dot{x}_i(t) \in -x_i(t) + \mathrm{co}\{\widehat{A},\breve{A}\}\tilde{f}_j(y_j(t)) + \mathrm{co}\{\widehat{B},\breve{B}\}\tilde{f}_j(y_j(t-\tau(t))) + I_i(t), \\ \dot{y}_j(t) \in -y_j(t) + \mathrm{co}\{\widehat{C},\breve{C}\}\tilde{g}_i(x_i(t)) + \mathrm{co}\{\widehat{D},\breve{D}\}\tilde{g}_i(x_i(t-\tau(t))) + J_j(t). \end{cases} \tag{4-3-5}
$$

对于 $t \in (0, +\infty)$ 成立. 另外, $\mathrm{co}\{\widehat{A},\breve{A}\} = [\bar{A}, \underline{A}]$, $\mathrm{co}\{\widehat{B},\breve{B}\} = [\bar{B}, \underline{B}]$, $\mathrm{co}\{\widehat{C},\breve{C}\} = [\bar{C}, \underline{C}]$, $\mathrm{co}\{\widehat{D},\breve{D}\} = [\bar{D}, \underline{D}]$. 等价地, 存在 $A \in \mathrm{co}\{\widehat{A},\breve{A}\}, B \in \mathrm{co}\{\widehat{B},\breve{B}\}$, $C \in \mathrm{co}\{\widehat{C},\breve{C}\}, D \in \mathrm{co}\{\widehat{D},\breve{D}\}$, 使得

$$
M: \begin{cases} \dot{x}(t) = -x(t) + A\tilde{f}(y(t)) + B\tilde{f}(y(t-\tau(t))) + I(t), \\ \dot{y}(t) = -y(t) + C\tilde{g}(x(t)) + D\tilde{g}(x(t-\tau(t))) + J(t), \end{cases} \tag{4-3-6}
$$

其中

$$
\begin{aligned} x(t) &= (x_1(t), \cdots, x_n(t))^{\mathrm{T}}, \\ y(t) &= (y_1(t), \cdots, y_m(t))^{\mathrm{T}}, \\ \tilde{f}(y(t)) &= (\tilde{f}(y_1(t)), \cdots, \tilde{f}(y_m(t)))^{\mathrm{T}}, \\ \tilde{g}(x(t)) &= (\tilde{g}(x_1(t)), \cdots, \tilde{g}(x_n(t)))^{\mathrm{T}}. \end{aligned}
$$

为了研究 BAM 忆阻神经网络的同步特性, 考虑驱动系统 (4-3-3) 或 (4-3-6)

的响应系统：

$$S:\begin{cases} \dot{\hat{x}}(t) = -\hat{x}(t) + A\tilde{f}(\hat{y}(t)) + B\tilde{f}(\hat{y}(t-\tau(t))) + I(t) + u(t), \\ \dot{\hat{y}}(t) = -\hat{y}(t) + C\tilde{g}(\hat{x}(t)) + D\tilde{g}(\hat{x}(t-\tau(t))) + J(t) + v(t), \end{cases} \tag{4-3-7}$$

其中, $u(t), v(t)$ 为实现特定控制目标所设计的控制输入. 系统 (4-3-7) 的初始条件为 $\hat{x}(s) = \kappa_1(s) \in \mathcal{C}([-\tau, 0], \mathbb{R}^n), \hat{y}(s) = \kappa_2(s) \in \mathcal{C}([-\tau, 0], \mathbb{R}^n)$. 同步误差 $e_x(t) = \hat{x}(t) - x(t), e_y(t) = \hat{y}(t) - y(t), e_x(t) = (e_{x_1}(t), \cdots, e_{x_n}(t))^{\mathrm{T}}, e_y(t) = (e_{y_1}(t), \cdots, e_{y_m}(t))^{\mathrm{T}}$. 误差动力系统为

$$\begin{cases} \dot{e}_x(t) = -e_x(t) + A\tilde{f}(e_y(t)) + B\tilde{f}(e_y(t-\tau(t))) + u(t), \\ \dot{e}_y(t) = -e_y(t) + C\tilde{g}(e_x(t)) + D\tilde{g}(e_x(t-\tau(t))) + v(t), \end{cases} \tag{4-3-8}$$

其中, $f(e_y(t)) = \tilde{f}(\hat{y}(t)) - \tilde{f}(y(t)), g(e_x(t)) = \tilde{g}(\hat{x}(t)) - \tilde{g}(x(t))$. 定义非脆弱状态反馈控制律：

$$u(t) = (K_1 + \alpha_1(t))\Delta K_1(t)e_x(t), \quad v(t) = (K_2 + \alpha_2(t))\Delta K_2(t)e_y(t), \tag{4-3-9}$$

其中, K_1, K_2 为控制增益矩阵, $\Delta K_1(t), \Delta K_2(t)$ 表示可能的增益扰动, $\alpha_1(t), \alpha_2(t) \in \mathbb{R}$ 表示随机变量, 刻画随机发生的控制器增益扰动, $\alpha_1(t), \alpha_2(t)$ 为在 (0,1) 上取值服从 Bernoulli 分布的白噪声序列, $\mathrm{Pr}\{\alpha_1(t) = 1\} = \alpha_a, \mathrm{Pr}\{\alpha_1(t) = 0\} = 1 - \alpha_a, \mathrm{Pr}\{\alpha_2(t) = 1\} = \alpha_b, \mathrm{Pr}\{\alpha_2(t) = 0\} = 1 - \alpha_b$, 其中 $\alpha_a, \alpha_b \in [0,1]$ 为已知常数.

此处假设 $\Delta K_1(t), \Delta K_2(t)$ 为两种不同类型的结构：

类型 1. $\Delta K_1(t) = H_1 F(t) M_1, \Delta K_2(t) = H_2 F(t) M_2$.

类型 2. $\Delta K_1(t) = H_1 F(t) M_1 K_1, \Delta K_2(t) = H_2 F(t) M_2 K_2$.

其中, H_1, M_1, H_2, M_2 为已知适当维数的常数矩阵, $F(t)$ 为未知的时变矩阵, $F^{\mathrm{T}}(t)F(t) \leqslant I$. 闭环误差系统：

$$\begin{cases} \dot{e}_x(t) = Af(e_y(t)) + Bf(e_y(t-\tau(t))) + (K_1 + \alpha_1(t)\Delta K_1(t) - I)e_x(t), \\ \dot{e}_y(t) = Cg(e_x(t)) + Dg(e_x(t-\tau(t))) + (K_2 + \alpha_2(t)\Delta K_2(t) - I)e_y(t). \end{cases} \tag{4-3-10}$$

本节在 Filippov 意义下讨论系统的解. $\mathbb{R}^n$ 表示 n 维空间, 有内积 $\langle \cdot, \cdot \rangle$, 实矩阵 $\tilde{\Pi}, \hat{\Pi}$. $\bar{a}_{ij} = \max\{\hat{a}_{ij}, \breve{a}_{ij}\}, \underline{a}_{ij} = \min\{\hat{a}_{ij}, \breve{a}_{ij}\}, \bar{b}_{ij} = \max\{\hat{b}_{ij}, \breve{b}_{ij}\}, \underline{b}_{ij} = \min\{\hat{b}_{ij}, \breve{b}_{ij}\}, ij = 1, 2, \cdots, n$. $P > 0$ 表示 P 为实对称正定矩阵, $P < 0$ 表示 P 为实对称负定矩阵. I 与 0 表示适当维数的单位阵与零阵. diag$\{\cdot\}$ 表示块对角化矩阵. 对于矩阵 $Y = (y_{ij})_{n \times n}, Z = (z_{ij})_{n \times n}, Y \succ Z(Y \prec Z)$ 表示 $y_{ij} > z_{ij}$ ($y_{ij} <$

$z_{ij}), i, j = 1, 2, \cdots, n$. 矩阵区间 $[Y, Z]$ 蕴含着 $Y \prec Z$. 对于 $\forall L = (l_{ij})_{n \times n} \in [Y, Z]$, 意味着 $Y \prec L \prec Z$, 即 $(y_{ij})_{n \times n} < (l_{ij})_{n \times n} < (z_{ij})_{n \times n}$, $i, j = 1, 2, \cdots, n$. $\lambda_{\max}(Q)$ 与 $\lambda_{\min}(Q)$ 分别表示矩阵 Q 的最大特征值与最小特征值.

4.3.2 非脆弱同步判据

本节将建立一个判据来实现在具有时变时滞的 MBAMNNs 在控制器增益扰动存在时的非脆弱同步.

定理 4.3.1 假定 (A4.3.1) 成立. 如果存在对称正定矩阵

$$P_i, R_3, R_4, R_i = \begin{bmatrix} R_{i1} & R_{i2} \\ * & R_{i3} \end{bmatrix} > 0, Z_1 > 0, Z_2 > 0, Z_3 > 0, Z_4 > 0,$$

对角矩阵 $G_s > 0, s = 1, 2, \cdots, 6, N_i(i = 1, 2)$ 以及标量 $\varepsilon_1, \varepsilon_2$ 使得下列线性矩阵不等式成立:

$$\begin{bmatrix} \bar{\Psi} & \bar{M}_a & \bar{M}_c \\ * & -\varepsilon_1 I & 0 \\ * & * & -\varepsilon_2 I \end{bmatrix} < 0, \tag{4-3-11}$$

其中

$$\bar{\Psi} = \left[\hat{\Psi}_{k \times l} \right]_{16 \times 16} + \mathrm{diag}\{\varepsilon_1 \alpha_a^2 H_1^{\mathrm{T}} H_1, 0_{7n \times 7n}, \varepsilon_2 \alpha_b^2 H_2^{\mathrm{T}} H_2, 0_{7n \times 7n}\},$$

$$\bar{M}_a = \left[0_{n \times 3n}, X_1^{\mathrm{T}} M_1^{\mathrm{T}}, 0_{n \times 12n} \right]^{\mathrm{T}}, \bar{M}_c = \left[0_{n \times 11n}, X_2^{\mathrm{T}} M_2^{\mathrm{T}}, 0_{n \times 4n} \right]^{\mathrm{T}},$$

$$\hat{\Psi}_{1,1} = \hat{R}_3 + \tau \hat{R}_{11} - \frac{1}{\tau} \hat{R}_{13} - 2\hat{Z}_1 + \frac{\tau^3}{6} \hat{Z}_3 - L\hat{G}_1 L, \quad \hat{\Psi}_{1,3} = \frac{1}{\tau} \hat{R}_{13},$$

$$\hat{\Psi}_{1,4} = \hat{P}_1 + \tau \hat{R}_{12}^{\mathrm{T}} - (X_1 - Y_1)^{\mathrm{T}}, \quad \hat{\Psi}_{1,5} = L^{\mathrm{T}} \hat{G}_2^{\mathrm{T}}, \quad \hat{\Psi}_{2,2} = -(1-\mu)\hat{R}_3,$$

$$\hat{\Psi}_{2,6} = L^{\mathrm{T}} \hat{G}_3^{\mathrm{T}}, \quad \hat{\Psi}_{3,3} = -\frac{1}{\tau} \hat{R}_{13}, \quad \hat{\Psi}_{3,7} = \frac{1}{\tau} \hat{R}_{12}, \quad \hat{\Psi}_{4,4} = \tau \hat{R}_{13} + \frac{\tau^2 \hat{Z}_1}{2} - 2X_1,$$

$$\hat{\Psi}_{4,13} = AX_2, \quad \hat{\Psi}_{4,14} = BX_2, \quad \hat{\Psi}_{5,5} = -2\hat{G}_2 - \hat{G}_1, \quad \hat{\Psi}_{5,12} = X_1^{\mathrm{T}} C^{\mathrm{T}},$$

$$\hat{\Psi}_{6,6} = -2\hat{G}_3, \quad \hat{\Psi}_{6,12} = X_1^{\mathrm{T}} D^{\mathrm{T}}, \quad \hat{\Psi}_{7,7} = -\frac{\hat{R}_{11}}{\tau} - \frac{2\hat{Z}_1}{\tau^2}, \quad \hat{\Psi}_{8,8} = -\frac{6\hat{Z}_3}{\tau^3},$$

$$\hat{\Psi}_{9,9} = \hat{R}_4 + \tau \hat{R}_{21} - \frac{1}{\tau} \hat{R}_{23} - 2\hat{Z}_2 + \frac{\tau^3 \hat{Z}_4}{6} - E\hat{G}_4 E, \quad \hat{\Psi}_{9,11} = \frac{\hat{R}_{23}}{\tau},$$

$$\hat{\Psi}_{9,12} = \hat{P}_2 + \tau \hat{R}_{22}^{\mathrm{T}} - (X_2 - Y_2)^{\mathrm{T}}, \quad \hat{\Psi}_{9,13} = E^{\mathrm{T}} \hat{G}_5^{\mathrm{T}}, \quad \hat{\Psi}_{9,15} = -\frac{\hat{R}_{22}}{\tau} + \frac{2\hat{Z}_2}{\tau},$$

$$\hat{\Psi}_{10,10} = -(1-\mu)\hat{R}_4, \quad \hat{\Psi}_{10,14} = E^{\mathrm{T}} \hat{G}_6^{\mathrm{T}}, \quad \hat{\Psi}_{11,11} = -\frac{\hat{R}_{23}}{\tau}, \quad \hat{\Psi}_{11,15} = \frac{\hat{R}_{22}}{\tau},$$

$$\hat{\Psi}_{12,12} = \tau \hat{R}_{23} + \frac{\tau^2 \hat{Z}_2}{2} - 2X_2, \quad \hat{\Psi}_{13,13} = -2\hat{G}_5 - \hat{G}_4, \quad \hat{\Psi}_{14,14} = -2\hat{G}_6,$$

$$\hat{\Psi}_{15,15} = -\frac{\hat{R}_{21}}{\tau} - \frac{2\hat{Z}_2}{\tau^2}, \quad \hat{\Psi}_{16,16} = -\frac{6\hat{Z}_4}{\tau^3},$$

其余的 $\hat{\Psi}_{k \times l}$ 为零, 响应系统 (4-3-7) 与驱动系统 (4-3-6) 能够达到渐近同步, 基于观测器的控制增益矩阵 $K_1 = Y_1 X_1^{-1}, K_2 = Y_2 X_2^{-1}$.

证明　构造下列 Lyapunov-Krasovskii 泛函:

$$V(t, e_x(t), e_y(t)) = \sum_{i=1}^{5} V_i(t, e_x(t), e_y(t)), \tag{4-3-12}$$

其中

$$V_1(t, e_x(t), e_y(t)) = e_x^{\mathrm{T}}(t) P_1 e_x(t) + e_y^{\mathrm{T}}(t) P_2 e_y(t),$$

$$V_2(t, e_x(t), e_y(t)) = \int_{t-\tau(t)}^{t} e_x^{\mathrm{T}}(s) R_3 e_x(s) \mathrm{d}s + \int_{t-\tau(t)}^{t} e_y^{\mathrm{T}}(s) R_4 e_y(s) \mathrm{d}s,$$

$$V_3(t, e_x(t), e_y(t)) = \int_{-\tau}^{0} \int_{t+\theta}^{t} \eta_x^{\mathrm{T}}(s) R_1 \eta_x(s) \mathrm{d}s + \int_{-\tau}^{0} \int_{t+\theta}^{t} \eta_y^{\mathrm{T}}(s) R_2 \eta_y(s) \mathrm{d}s,$$

$$V_4(t, e_x(t), e_y(t)) = \int_{-\tau}^{0} \int_{\theta_1}^{0} \int_{t+\theta_2}^{t} \dot{e}_x^{\mathrm{T}}(s) Z_1 \dot{e}_x(s) \mathrm{d}s \mathrm{d}\theta_2 \mathrm{d}\theta_1$$

$$+ \int_{-\tau}^{0} \int_{\theta_1}^{0} \int_{t+\theta_2}^{t} \dot{e}_y^{\mathrm{T}}(s) Z_2 \dot{e}_y(s) \mathrm{d}s \mathrm{d}\theta_2 \mathrm{d}\theta_1,$$

$$V_5(t, e_x(t), e_y(t)) = \int_{-\tau}^{0} \int_{\theta_1}^{0} \int_{\theta_2}^{0} \int_{t+\theta_3}^{t} e_x^{\mathrm{T}}(s) Z_3 e_x(s) \mathrm{d}s \mathrm{d}\theta_3 \mathrm{d}\theta_2 \mathrm{d}\theta_1$$

$$+ \int_{-\tau}^{0} \int_{\theta_1}^{0} \int_{\theta_2}^{0} \int_{t+\theta_3}^{t} e_y^{\mathrm{T}}(s) Z_4 e_y(s) \mathrm{d}s \mathrm{d}\theta_3 \mathrm{d}\theta_2 \mathrm{d}\theta_1,$$

$$\eta_x^{\mathrm{T}}(s) = [e_x(s) \quad \dot{e}_\chi(s)]^{\mathrm{T}}, \quad \eta_y^{\mathrm{T}}(s) = [e_y(s) \quad \dot{e}_y(s)]^{\mathrm{T}}.$$

定义 $V(t, e(t))$ 的无穷小算子 $\mathcal{L}$: $\mathcal{L}V(t, e_x(t), e_y(t)) = \lim_{x \to \Delta 0^+} \frac{1}{\Delta} \{\mathbb{E}[V(e_{t+\Delta})|x_t] - V(e_t)\}$. 计算随机微分

$$\mathbb{E}[\mathcal{L}V_1(t, e_x(t), e_y(t))] = \mathbb{E}[2e_x^{\mathrm{T}}(t) P_1 \dot{e}_x(t) + 2e_y^{\mathrm{T}}(t) P_2 \dot{e}_y(t)],$$

$$\mathbb{E}[\mathcal{L}V_2(t, e_x(t), e_y(t))] = \mathbb{E}[e_x^{\mathrm{T}}(t) R_3 e_x(t) - (1-\mu)e_x^{\mathrm{T}}(t-\tau(t)) R_3 e_x(t-\tau(t))$$
$$+ e_y^{\mathrm{T}}(t) R_4 e_y(t) - (1-\mu)e_y^{\mathrm{T}}(t-\tau(t)) R_4 e_y(t-\tau(t))],$$

$$\mathbb{E}[\mathcal{L}V_3(t, e_x(t), e_y(t))] = \mathbb{E}\Big[\tau e_x^{\mathrm{T}}(t) R_{11} e_x(t) + 2\tau \dot{e}_x^{\mathrm{T}}(t) R_{12} e_x(t) + \tau \dot{e}_x^{\mathrm{T}}(t) R_{13} \dot{e}_\chi(t)$$

$$-\int_{t-\tau}^{t}\eta_x^{\mathrm{T}}(s)R_1\eta_x(s)\mathrm{d}s\tau e_y^{\mathrm{T}}(t)R_{21}e_y(t)+2\tau\dot{e}_y^{\mathrm{T}}(t)R_{22}e_y(t)$$

$$+\tau\dot{e}_y^{\mathrm{T}}(t)R_{23}\dot{e}_y(t)-\int_{t-\tau}^{t}\eta_y^{\mathrm{T}}(s)R_2\eta_y(s)\mathrm{d}s\bigg], \qquad (4\text{-}3\text{-}13)$$

$$\mathbb{E}\left[\mathcal{L}V_4\left(t,e_x(t),e_y(t)\right)\right]\leqslant\mathbb{E}\left[\frac{\tau^2}{2}\dot{e}_x^{\mathrm{T}}(t)Z_1\dot{e}_x(t)-\int_{-\tau}^{0}\int_{t+\theta}^{t}\dot{e}_x^{\mathrm{T}}(s)Z_1\dot{e}_x(s)\mathrm{d}s\mathrm{d}\theta\right.$$

$$\left.+\frac{\tau^2}{2}\dot{e}_y^{\mathrm{T}}(t)Z_2\dot{e}_y(t)-\int_{-\tau}^{0}\int_{t+\theta}^{t}\dot{e}_y^{\mathrm{T}}(s)Z_2\dot{e}_y(s)\mathrm{d}s\mathrm{d}\theta\right],$$

$$\mathbb{E}\left[\mathcal{L}V_5\left(t,e_x(t),e_y(t)\right)\right]\leqslant\mathbb{E}\left[\frac{\tau^3}{6}e_x^{\mathrm{T}}(t)Z_3e_x(t)-\int_{-\tau}^{0}\int_{\theta_1}^{0}\int_{t+\theta_2}^{t}e_x^{\mathrm{T}}(s)Z_3e_x(s)\mathrm{d}s\mathrm{d}\theta_2^{\tau}\mathrm{d}\theta_1\right.$$

$$\left.+\frac{\tau^3}{6}e_y^{\mathrm{T}}(t)Z_4e_y(t)-\int_{-\tau}^{0}\int_{\theta_1}^{0}\int_{t+\theta_2}^{t}e_y^{\mathrm{T}}(s)Z_4e_y(s)\mathrm{d}s\mathrm{d}\theta_2^{\tau}\mathrm{d}\theta_1\right].$$

应用 Jensen 不等式可得

$$-\int_{t-\tau}^{t}\eta_x^{\mathrm{T}}(s)R_1\eta_x(s)\mathrm{d}s\leqslant\frac{-1}{\tau}\left(\int_{t-\tau}^{t}\eta_x(s)\mathrm{d}s\right)^{\mathrm{T}}\begin{bmatrix}R_{11}&R_{12}\\ *&R_{13}\end{bmatrix}\left(\int_{t-\tau}^{t}\eta_x(s)\mathrm{d}s\right),$$

$$-\int_{t-\tau}^{t}\eta_y^{\mathrm{T}}(s)R_2\eta_y(s)\mathrm{d}s\leqslant\frac{-1}{\tau}\left(\int_{t-\tau}^{t}\eta_y(s)\mathrm{d}s\right)^{\mathrm{T}}\begin{bmatrix}R_{21}&R_{22}\\ *&R_{23}\end{bmatrix}\left(\int_{t-\tau}^{t}\eta_y(s)\mathrm{d}s\right),$$

$$-\int_{-\tau}^{0}\int_{t+\theta}^{t}\dot{e}_x^{\mathrm{T}}(s)Z_1\dot{e}_x(s)\mathrm{d}s\mathrm{d}\theta\leqslant\frac{-2}{\tau^2}\left[\tau e_x^{\mathrm{T}}(t)-\left(\int_{t-\tau}^{t}e_x(s)\mathrm{d}s\right)^{\mathrm{T}}\right]$$

$$\times Z_1\left[\tau e_x(t)-\left(\int_{t-\tau}^{t}e_x(s)\mathrm{d}s\right)\right],$$

$$-\int_{-\tau}^{0}\int_{t+\theta}^{t}\dot{e}_y^{\mathrm{T}}(s)Z_2\dot{e}_y(s)\mathrm{d}s\mathrm{d}\theta\leqslant\frac{-2}{\tau^2}\left[\tau e_y^{\mathrm{T}}(t)-\left(\int_{t-\tau}^{t}e_y(s)\mathrm{d}s\right)^{\mathrm{T}}\right]$$

$$\times Z_2\left[\tau e_y(t)-\left(\int_{t-\tau}^{t}e_y(s)\mathrm{d}s\right)\right],$$

$$-\int_{-\tau}^{0}\int_{-\theta_1}^{0}\int_{t+\theta_2}^{t}e_x^{\mathrm{T}}(s)Z_3e_x(s)\mathrm{d}s\mathrm{d}\theta_2\cdot\mathrm{d}\theta_1\leqslant\frac{-6}{\tau^3}\mathcal{G}_1^{\mathrm{T}}Z_3\mathcal{G}_1,$$

$$-\int_{-\tau}^{0}\int_{-\theta_1}^{0}\int_{t+\theta_2}^{t}e_y^{\mathrm{T}}(s)Z_4e_x(s)\mathrm{d}s\mathrm{d}\tilde{\theta}_2\mathrm{d}\theta_1\leqslant\frac{-6}{\tau^3}\mathcal{G}_2^{\mathrm{T}}Z_4\mathcal{G}_2,$$

$$(4\text{-}3\text{-}14)$$

其中, $\mathcal{G}_1=\displaystyle\int_{-\tau}^{0}\int_{-\theta_1}^{0}\int_{t+\theta_2}^{t}e_x(s)\mathrm{d}s\mathrm{d}\tilde{\theta}_2\mathrm{d}\theta_1,\mathcal{G}_2=\int_{-\tau}^{0}\int_{-\theta_1}^{0}\int_{t+\theta_2}^{t}e_y(s)\mathrm{d}s\mathrm{d}\tilde{\theta}_2\mathrm{d}\theta_1.$ 对

于适当维数的任意矩阵 N_1, N_2, 下式成立:

$$\mathbb{E}[2\dot{e}_x^{\mathrm{T}}(t)N_1[(-I+K_a\Delta(t)K_1)e_x(t) + Af(e_y(t)) + Bf(e_y(t-\tau(t))) - \dot{e}_x(t)]] = 0,$$
$$\mathbb{E}[2\dot{e}_y^{\mathrm{T}}(t)N_2[(-I+K_2+\alpha_b\Delta(t)K_2)e_y(t) + Cg(e_x(t))$$
$$+Dg(e_x(t-\tau(t))) - \dot{e}_y(t)]] = 0.$$

$$(4\text{-}3\text{-}15)$$

进一步, 对于正对角矩阵 $G_1, G_2, G_3, G_4, G_5, G_6$, 根据假设 (A4.3.1) 可得

$$e_x^{\mathrm{T}}(t)LG_1Le_x(t) - g^{\mathrm{T}}(e_x(t))G_1g(e_x(t)) \geqslant 0,$$
$$2g^{\mathrm{T}}(e_x(t))G_2(Le_x(t) - g(e_x(t))) \geqslant 0,$$
$$2g^{\mathrm{T}}(e_x(t-\tau(t)))G_3(Le_x(t-\tau(t)) - g(e_x(t-\tau(t)))) \geqslant 0,$$
$$e_y^{\mathrm{T}}(t)SG_4Se_y(t) - f^{\mathrm{T}}(e_y(t))G_4f(e_y(t)) \geqslant 0,$$
$$2f^{\mathrm{T}}(e_y(t))G_5(Se_y(t) - f(e_y(t))) \geqslant 0,$$
$$2f^{\mathrm{T}}(e_y(t-\tau(t)))G_6(Se_y(t-\tau(t)) - f(e_y(t-\tau(t)))) \geqslant 0.$$

$$(4\text{-}3\text{-}16)$$

根据 (4-3-12)—(4-3-16) 可得

$$\mathbb{E}\{\mathcal{L}V(s)\} \leqslant \mathbb{E}\left[\lambda^{\mathrm{T}}(t)(\Psi + \Delta\Psi(t))\lambda(t)\right], \qquad (4\text{-}3\text{-}17)$$

其中, $\Delta\Psi(t) = M_aF(t)M_b + M_b^{\mathrm{T}}F^{\mathrm{T}}(t)M_a^{\mathrm{T}} + M_cF(t)M_d + M_d^{\mathrm{T}}F^{\mathrm{T}}(t)M_c^{\mathrm{T}}$. 应用 Schur 补引理,

$$\Delta\Psi(t) \leqslant \epsilon_1^{-1}M_aM_a^{\mathrm{T}} + \epsilon_1 M_b^{\mathrm{T}}M_b + \epsilon_2^{-1}M_cM_c^{\mathrm{T}} + \epsilon_2 M_d^{\mathrm{T}}M_d.$$

(4-3-17) 转化为

$$\mathbb{E}\{\mathcal{L}V(s)\} \leqslant \mathbb{E}\left[\lambda^{\mathrm{T}}(t)\tilde{\Psi}\lambda(t)\right], \qquad (4\text{-}3\text{-}18)$$

其中

$$\tilde{\Psi} = [\Psi_{k\times l}]_{16\times 16} + \epsilon_1^{-1}M_aM_a^{\mathrm{T}} + \epsilon_1 M_b^{\mathrm{T}}M_b + \epsilon_2^{-1}M_cM_c^{\mathrm{T}} + \epsilon_2 M_d^{\mathrm{T}}M_d,$$

$$\lambda^{\mathrm{T}}(t) = \left[e_x^{\mathrm{T}}(t)e_x^{\mathrm{T}}(t-\tau(t)), e_x^{\mathrm{T}}(t-\tau), \dot{e}_x^{\mathrm{T}}(t), g^{\mathrm{T}}(e_x(t)), g^{\mathrm{T}}(e_x(t-\tau(t))), \right.$$

$$\int_{t-\tau}^{t} e_x^{\mathrm{T}}(s)\mathrm{d}s \left(\int_{-\tau}^{0}\int_{-\theta_1}^{0}\int_{t+\theta_2}^{t} e_x(s)\mathrm{d}s\mathrm{d}\tilde{\theta_2}\mathrm{d}\theta_1 \right)^{\mathrm{T}}, e_y^{\mathrm{T}}(t), e_y^{\mathrm{T}}(t-\tau(t)),$$

$$e_y^{\mathrm{T}}(t-\tau), \dot{e}_y^{\mathrm{T}}(t), f^{\mathrm{T}}(e_y(t)), f^{\mathrm{T}}(e_y(t-\tau(t))),$$

$$\left. \int_{t-\tau}^{t} e_y^{\mathrm{T}}(s)\mathrm{d}s \left(\int_{-\tau}^{0}\int_{-\theta_1}^{0}\int_{t+\theta_2}^{t} e_y(s)\mathrm{d}s\mathrm{d}\tilde{\theta_2}\mathrm{d}\theta_1 \right)^{\mathrm{T}} \right],$$

$$\Psi_{1,1} = R_3 + \tau R_{11} - \frac{1}{\tau}R_{13} - 2\hat{Z}_1 + \frac{\tau^3}{6}Z_3 - LG_1L, \quad \Psi_{1,3} = -\frac{1}{\tau}R_{13},$$

$$\Psi_{1,4} = P_1 + \tau R_{12}^{\mathrm{T}} + K_1^{\mathrm{T}} N_1^{\mathrm{T}} - N_1^{\mathrm{T}}, \quad \Psi_{1,5} = L^{\mathrm{T}} G_2^{\mathrm{T}},$$

$$\Psi_{1,7} = -\frac{R_{12}}{\tau} + \frac{2Z_1}{\tau}, \quad \Psi_{2,2} = -(1-\mu)R_3, \quad \Psi_{2,6} = L^{\mathrm{T}} G_3^{\mathrm{T}}, \quad \Psi_{3,3} = -\frac{1}{\tau}R_{13},$$

$$\Psi_{3,7} = \frac{1}{\tau}R_{12}, \quad \Psi_{4,4} = \tau R_{13} + \frac{\tau^2 Z_1}{2} - 2N_1, \quad \Psi_{4,13} = N_1 A, \quad \Psi_{4,14} = N_1 B,$$

$$\Psi_{5,5} = -2G_2 - G_1, \quad \Psi_{5,12} = C^{\mathrm{T}} N_2^{\mathrm{T}}, \quad \Psi_{6,6} = -2G_3,$$

$$\Psi_{6,12} = D^{\mathrm{T}} N_2^{\mathrm{T}}, \quad \Psi_{7,7} = -\frac{R_{11}}{\tau} - \frac{2Z}{\tau^2}, \quad \Psi_{8,8} = -\frac{6}{\tau^3}Z_3,$$

$$\Psi_{9,9} = R_4 + \tau R_{21} - \frac{1}{\tau}R_{23} - 2Z_2 + \frac{\tau^3}{6}Z_4 - EG_4 E, \quad \Psi_{9,11} = -\frac{1}{\tau}R_{23},$$

$$\Psi_{9,12} = P_2 + \tau R_{22}^{\mathrm{T}} + K_2^{\mathrm{T}} N_2^{\mathrm{T}} - N_2^{\mathrm{T}}, \quad \Psi_{9,13} = E^{\mathrm{T}} G_5^{\mathrm{T}}, \quad \Psi_{9,15} = -\frac{R_{22}}{\tau} + \frac{2Z_2}{\tau},$$

$$\Psi_{10,10} = -(1-\mu)R_4, \quad \Psi_{10,14} = E^{\mathrm{T}} G_6^{\mathrm{T}}, \quad \Psi_{11,11} = -\frac{1}{\tau}R_{23}, \quad \Psi_{11,15} = \frac{1}{\tau}R_{22},$$

$$\Psi_{12,12} = \tau R_{23} + \frac{\tau^2 Z_2}{2} - 2N_2, \quad \Psi_{13,13} = -2G_5 - G_4, \quad \Psi_{14,14} - 2G_6,$$

$$\Psi_{15,15} = -\frac{R_{21}}{\tau} - \frac{2Z_2}{\tau^2}, \quad \Psi_{16,16} - \frac{6}{\tau^3}Z_4, \quad M_a = \left[0_{n\times 3n}, N_1^{\mathrm{T}} M_1^{\mathrm{T}}, 0_{n\times 12n}\right],$$

$$M_b = [\alpha_a H_1, \quad 0_{n\times 15n}], \quad M_c = \left[0_{n\times 11n}, N_2^{\mathrm{T}} M_2^{\mathrm{T}}, \quad 0_{n\times 4n}\right],$$

$$M_d = [0_{n\times 8n}\alpha_b H_2, \quad 0_{n\times 7n}].$$

考虑 (4-3-11) 的全等变换, 选取 $\{X_2^{\mathrm{T}}, X_2^{\mathrm{T}}, X_2^{\mathrm{T}}, X_2^{\mathrm{T}}, X_2^{\mathrm{T}}\} \in \mathbb{R}^{16\times 16}$, $X_1^{-1} = N_1, X_2^{-1} = N_2, \hat{P}_1 = X_1^{\mathrm{T}} P_1 X_1, \hat{P}_2 = X_2^{\mathrm{T}} P_2 X_2, \hat{R}_3 = X_1^{\mathrm{T}} R_3, X_1^{\mathrm{T}} \hat{R}_4 = X_2^{\mathrm{T}} R_4 X_2, \hat{R}_{1i} = X_1^{\mathrm{T}} R_{1i} X_1, \hat{R}_{2i} = X_2^{\mathrm{T}} R_{2i} X_2, \hat{Z}_1 = X_1^{\mathrm{T}} Z_1 X_1, \hat{Z}_2 = X_2^{\mathrm{T}} Z_2 X_2, \hat{Z}_3 = X_1^{\mathrm{T}} Z_3 X_1, \hat{Z}_4 = X_2^{\mathrm{T}} Z_4 X_2, \hat{G}_i = X_1^{\mathrm{T}} G_i X_1, \hat{G}_j = X_2^{\mathrm{T}} G_j X_2 (i = 1, 2, 3; j = 4, 5, 6)$, 增益矩阵 $K_1 = Y_1 X_1^{-1}, K_2 = Y_2 X_2^{-1}$.

应用 Schur 补引理, 可知 Ψ 与 (4-3-11) 等价. 因此, $\mathcal{L}(V(t)) < 0$. 根据 Lyapunov 稳定性理论可得, 系统 (4-3-7) 能够与 (4-3-6) 达到全局渐近同步. □

定理 4.3.2 假定 (A4.3.1) 成立. 如果存在对称正定矩阵

$$P_i, R_3, R_4, R_i = \begin{bmatrix} R_{i1} & R_{i2} \\ * & R_{i3} \end{bmatrix} > 0, Z_1 > 0, Z_2 > 0, Z_3 > 0, Z_4 > 0,$$

对角矩阵 $G_s > 0, s = 1, 2, \cdots, 6, N_i (i = 1, 2)$ 以及标量 $\varepsilon_1, \varepsilon_2$ 使得下列线性矩阵不等式成立:

$$\begin{bmatrix} \Pi & \bar{M}_b & \bar{M}_d \\ * & -\varepsilon_1 I & 0 \\ * & * & -\varepsilon_2 I \end{bmatrix} < 0, \tag{4-3-19}$$

其中

$$\Pi = \left[\hat{\Pi}_{k\times l}\right]_{16\times 16} + \mathrm{diag}\{\varepsilon_1\alpha_a^2 H_1^\mathrm{T} H_1, 0_{7n\times 7n}, \varepsilon_2\alpha_b^2 H_2^\mathrm{T} H_2, 0_{7n\times 7n}\},$$

$$\bar{M}_b = [0_{n\times 3n}, Y_1^\mathrm{T} M_1^\mathrm{T}, 0_{n\times 12n}]^\mathrm{T}, \quad \bar{M}_d = [0_{n\times 11n}, Y_2^\mathrm{T} M_2^\mathrm{T}, 0_{n\times 4n}]^\mathrm{T},$$

$$\hat{\Pi}_{1,1} = \hat{R}_3 + \tau\hat{R}_{11} - \frac{1}{\tau}\hat{R}_{13} - 2\hat{Z}_1 + \frac{\tau^3}{6}\hat{Z}_3 - L\hat{G}_1 L, \quad \hat{\Pi}_{1,3} = \frac{1}{\tau}\hat{R}_{13},$$

$$\hat{\Pi}_{1,4} = \hat{P}_1 + \tau\hat{R}_{12}^\mathrm{T} - (X_1 - Y_1)^\mathrm{T}, \quad \hat{\Pi}_{1,5} = L^\mathrm{T}\hat{G}_2^\mathrm{T}, \quad \hat{\Pi}_{1,7} = -\frac{\hat{R}_{12}}{\tau} + \frac{2\hat{Z}_1}{\tau},$$

$$\hat{\Pi}_{2,2} = -(1-\mu)\hat{R}_3, \quad \hat{\Pi}_{2,6} = L^\mathrm{T}\hat{G}_3^\mathrm{T}, \quad \hat{\Pi}_{3,3} = -\frac{1}{\tau}\hat{R}_{13}, \quad \hat{\Pi}_{3,7} = \frac{1}{\tau}\hat{R}_{12},$$

$$\hat{\Pi}_{4,4} = \tau\hat{R}_{13} + \frac{\tau^2\hat{Z}_1}{2} - 2X_1, \quad \hat{\Pi}_{4,13} = AX_2, \quad \hat{\Pi}_{4,14} = BX_2,$$

$$\hat{\Pi}_{5,5} = -2\hat{G}_2 - \hat{G}_1, \quad \hat{\Pi}_{5,12} = X_1^\mathrm{T} C^\mathrm{T}, \quad \hat{\Pi}_{6,6} = -2\hat{G}_3,$$

$$\hat{\Pi}_{6,12} = X_1^\mathrm{T} D^\mathrm{T}, \quad \hat{\Pi}_{7,7} = -\frac{\hat{R}_{11}}{\tau} - \frac{2\hat{Z}_1}{\tau^2}, \quad \hat{\Pi}_{8,8} = -\frac{6\hat{Z}_3}{\tau^3},$$

$$\hat{\Pi}_{9,9} = \hat{R}_4 + \tau\hat{R}_{21} - \frac{1}{\tau}\hat{R}_{23} - 2\hat{Z}_2 + \frac{\tau^3\hat{Z}_4}{6} - E\hat{G}_4 E, \quad \hat{\Pi}_{9,11} = -\frac{\hat{R}_{23}}{\tau},$$

$$\hat{\Pi}_{9,12} = \hat{P}_2 + \tau\hat{R}_{22}^\mathrm{T} - (X_2 - Y_2)^\mathrm{T}, \quad \hat{\Pi}_{9,13} = E^\mathrm{T}\hat{G}_5^\mathrm{T}, \quad \hat{\Pi}_{9,15} = -\frac{\hat{R}_{22}}{\tau} + \frac{2\hat{Z}_2}{\tau},$$

$$\hat{\Pi}_{10,10} = -(1-\mu)\hat{R}_4, \quad \hat{\Pi}_{10,14} = E^\mathrm{T}\hat{G}_6^\mathrm{T}, \quad \hat{\Pi}_{11,11} = -\frac{\hat{R}_{23}}{\tau}, \quad \hat{\Pi}_{11,15} = \frac{\hat{R}_{22}}{\tau},$$

$$\hat{\Pi}_{12,12} = \tau\hat{R}_{23} + \frac{\tau^2\hat{Z}_2}{2} - 2X_2, \quad \hat{\Pi}_{13,13} = -2\hat{G}_5 - \hat{G}_4, \quad \hat{\Pi}_{14,14} = -2\hat{G}_6,$$

$$\hat{\Pi}_{15,15} = -\frac{\hat{R}_{21}}{\tau} - \frac{2\hat{Z}_2}{\tau^2}, \quad \hat{\Pi}_{16,16} = -\frac{6\hat{Z}_4}{\tau^3},$$

其余的 $\hat{\Psi}_{k\times l}$ 为零, 响应系统与驱动系统能够达到渐近同步. 另外, 基于观测器的控制增益矩阵 $K_1 = Y_1 X_1^{-1}, K_2 = Y_2 X_2^{-1}$.

　　证明　当 $K_1 = Y_1 X_1^{-1}, K_2 = Y_2 X_2^{-1}$ 时, 与定理 4.3.1 讨论类似, 可得

$$\mathbb{E}[\mathcal{L}V(s)] \leqslant \mathbb{E}[\lambda^\mathrm{T}(t)[\tilde{\Pi}(t) + \Delta\tilde{\Pi}(t)]\lambda(t)], \tag{4-3-20}$$

其中, $\Delta\tilde{\Pi}(t) = \tilde{M}_a F(t)\tilde{M}_b + \tilde{M}_b^\mathrm{T} F^\mathrm{T}(t)\tilde{M}_a^\mathrm{T} + \tilde{M}_c F(t)\tilde{M}_d + \tilde{M}_d^\mathrm{T} F^\mathrm{T}(t)\tilde{M}_c^\mathrm{T}$. 应用 Schur 补引理, 可得 $\Delta\tilde{\Pi}(t) \leqslant \epsilon_1^{-1}\tilde{M}_a\tilde{M}_a^\mathrm{T} + \epsilon_1\tilde{M}_b^\mathrm{T}\tilde{M}_b + \epsilon_2^{-1}\tilde{M}_c\tilde{M}_c^\mathrm{T} + \epsilon_2\tilde{M}_d^\mathrm{T}\tilde{M}_d$. (4-3-20) 变为

$$\mathbb{E}[\mathcal{L}V(s)] \leqslant \mathbb{E}[\lambda^\mathrm{T}(t)[\tilde{\Pi}(t) + \epsilon_1^{-1}\tilde{M}_a\tilde{M}_a^\mathrm{T} + \epsilon_1\tilde{M}_b^\mathrm{T}\tilde{M}_b + \epsilon_2^{-1}\tilde{M}_c\tilde{M}_c^\mathrm{T} + \epsilon_2\tilde{M}_d^\mathrm{T}\tilde{M}_d]\lambda(t)], \tag{4-3-21}$$

其中

$$\tilde{\Pi}_{1,1} = R_3 + \tau R_{11} - \frac{1}{\tau}R_{13} - 2Z_1 + \frac{\tau^3}{6}Z_3 - LG_1L,$$

$$\tilde{\Pi}_{1,3} = \frac{1}{\tau}R_{13}, \quad \tilde{\Pi}_{1,4} = P_1 + \tau R_{12}^{\mathrm{T}} + K_1^{\mathrm{T}}N_1^{\mathrm{T}} - N_1^{\mathrm{T}}, \quad \tilde{\Pi}_{1,5} = L^{\mathrm{T}}G_2^{\mathrm{T}},$$

$$\tilde{\Pi}_{1,7} = -\frac{R_{12}}{\tau} + \frac{2Z_1}{\tau}, \quad \tilde{\Pi}_{2,2} = -(1-\mu)R_3, \quad \tilde{\Pi}_{2,6} = L^{\mathrm{T}}G_3^{\mathrm{T}}, \quad \tilde{\Pi}_{3,3} = -\frac{1}{\tau}R_{13},$$

$$\tilde{\Pi}_{3,7} = \frac{1}{\tau}\tilde{R}_{12}, \quad \tilde{\Pi}_{4,4} = \tau R_{13} + \frac{\tau^2 Z_1}{2} - 2N_1, \quad \tilde{\Pi}_{4,13} = N_1A, \quad \tilde{\Pi}_{4,14} = N_1B,$$

$$\tilde{\Pi}_{5,5} = -2G_2 - G_1, \quad \tilde{\Pi}_{5,12} = C^{\mathrm{T}}N_2^{\mathrm{T}}, \quad \tilde{\Pi}_{6,6} = -2G_3,$$

$$\tilde{\Pi}_{6,12} = D^{\mathrm{T}}N_2^{\mathrm{T}}, \quad \tilde{\Pi}_{7,7} = -\frac{R_{11}}{\tau} - \frac{2Z_1}{\tau^2}, \quad \tilde{\Pi}_{8,8} - \frac{6}{\tau^3}Z_3,$$

$$\tilde{\Pi}_{9,9} = R_4 + \tau R_{21} - \frac{1}{\tau}R_{23} - 2Z_2 + \frac{\tau^3}{6}Z_4 - EG_4E, \quad \tilde{\Pi}_{9,11} = \frac{R_{23}}{\tau},$$

$$\tilde{\Pi}_{9,12} = P_2 + \tau R_{22}^{\mathrm{T}} + K_2^{\mathrm{T}}N_2^{\mathrm{T}} - N_2^{\mathrm{T}}, \quad \tilde{\Pi}_{9,13} = E^{\mathrm{T}}G_5^{\mathrm{T}}, \quad \tilde{\Pi}_{9,15} = -\frac{R_{22}}{\tau} + \frac{2Z_2}{\tau},$$

$$\tilde{\Pi}_{10,10} = -(1-\mu)R_4, \quad \tilde{\Pi}_{10,14} = E^{\mathrm{T}}G_6^{\mathrm{T}}, \quad \tilde{\Pi}_{11,11} = -\frac{R_{23}}{\tau},$$

$$\tilde{\Pi}_{11,15} = \frac{R_{22}}{\tau}, \quad \tilde{\Pi}_{12,12} = \tau R_{23} + \frac{\tau^2 Z_2}{2} - 2N_2, \quad \tilde{\Pi}_{13,13} = -2G_5 - G_4,$$

$$\tilde{\Pi}_{14,14} = -2G_6, \quad \tilde{\Pi}_{15,15} = -\frac{R_{21}}{\tau} - \frac{2Z_2}{\tau^2}, \quad \tilde{\Pi}_{16,16} = \frac{-6Z_4}{\tau^3},$$

$$\tilde{M}_a = \left[0_{n\times 3n}, (N_1K_1)^{\mathrm{T}}M_1^{\mathrm{T}}, 0_{n\times 12n}\right], \quad \tilde{M}_b = [\alpha_a H_1, 0_{n\times 15n}],$$

$$\tilde{M}_c = \left[0_{n\times 11n}, (N_2K_2)^{\mathrm{T}}M_2^{\mathrm{T}}, 0_{n\times 4n}\right], \quad \tilde{M}_d = [0_{n\times 8n}, \alpha_b H_2, 0_{n\times 7n}].$$

与定理 4.3.1 结论类似, 可得 $\mathcal{L}V(t) < 0$. □

4.3.3 数值模拟

下面考虑具有两种类型增益的二维 BAM 忆阻神经网络 (4-3-3), 分别验证本节两个理论结果.

例 4.3.1 假定权重参数满足

$$a_{11}(x_1(t)) = \begin{cases} -0.45, & |x_1(t)| < 1, \\ 0.45, & |x_1(t)| > 1, \end{cases} \quad a_{12}(x_1(t)) = \begin{cases} -0.5, & |x_1(t)| < 1, \\ 0.5, & |x_1(t)| > 1, \end{cases}$$

$$a_{21}(x_2(t)) = \begin{cases} -0.1, & |x_2(t)| < 1, \\ 0.1, & |x_2(t)| > 1, \end{cases} \quad a_{22}(x_2(t)) = \begin{cases} -2.3, & |x_2(t)| < 2, \\ 2.3, & |x_2(t)| > 2, \end{cases}$$

$$b_{11}(x_1(t)) = \begin{cases} -0.54, & |x_1(t)| < 1, \\ 0.54, & |x_1(t)| > 1, \end{cases} \quad b_{12}(x_2(t)) = \begin{cases} -0.8, & |x_2(t)| < 1, \\ 0.8, & |x_2(t)| > 1, \end{cases}$$

$$b_{21}(x_1(t)) = \begin{cases} -0.6, & |x_1(t)| < 1, \\ 0.6, & |x_1(t)| > 1, \end{cases} \quad b_{22}(x_2(t)) = \begin{cases} -1.2, & |x_2(t)| < 2, \\ 1.2, & |x_2(t)| > 2, \end{cases}$$

$$c_{11}(y_1(t)) = \begin{cases} -0.8, & |y_1(t)| < 1, \\ 0.8, & |y_1(t)| > 1, \end{cases} \quad c_{12}(y_1(t)) = \begin{cases} -0.6, & |y_1(t)| < 1, \\ 0.6, & |y_1(t)| > 1, \end{cases}$$

$$c_{21}(y_2(t)) = \begin{cases} -0.5, & |y_2(t)| < 1, \\ 0.5, & |y_2(t)| > 1, \end{cases} \quad c_{22}(y_2(t)) = \begin{cases} -0.8, & |y_2(t)| < 1, \\ 0.8, & |y_2(t)| > 1, \end{cases}$$

$$d_{11}(y_1(t)) = \begin{cases} -0.5, & |y_1(t)| < 1, \\ 0.5, & |y_1(t)| > 1, \end{cases} \quad d_{12}(y_2(t)) = \begin{cases} -0.19, & |y_2(t)| < 1, \\ 0.19, & |y_2(t)| > 1, \end{cases}$$

$$d_{21}(y_1(t)) = \begin{cases} -0.51, & |y_1(t)| < 1, \\ 0.51, & |y_1(t)| > 1, \end{cases} \quad d_{22}(y_2(t)) = \begin{cases} -0.5, & |y_2(t)| < 1, \\ 0.5, & |y_2(t)| > 1. \end{cases}$$

存在

$$A = \begin{bmatrix} -0.45 & 0.5 \\ -0.1 & -2.3 \end{bmatrix}, \quad B = \begin{bmatrix} 0.54 & -0.8 \\ 0.6 & 1.2 \end{bmatrix},$$

$$C = \begin{bmatrix} 0.8 & 0.6 \\ 0.5 & 0.8 \end{bmatrix}, \quad D = \begin{bmatrix} 0.5 & -0.19 \\ 0.51 & 0.5 \end{bmatrix},$$

$$M_1 = \begin{bmatrix} -0.4 & -0.5 \\ -0.5 & 0.5 \end{bmatrix}, \quad M_2 = \begin{bmatrix} -0.3 & 0.9 \\ 0.15 & -1.5 \end{bmatrix},$$

$$H_1 = \begin{bmatrix} -0.5 & -0.6 \\ -0.5 & 0.4 \end{bmatrix}, \quad H_2 = \begin{bmatrix} 0.5 & 0.5 \\ -0.2 & 0.5 \end{bmatrix},$$

$$L = E = \text{diag}\{0.8, 0.8\}.$$

取非线性激活函数 $\tilde{g}_i(x_i) = \tanh(0.8x_i)$, $\tilde{f}_j(y_j) = \tanh(0.8y_j)$, $i, j = 1, 2$. 对于给定的上述参数以及 $\tau = 0.9, \mu = 0.5, \alpha_a = 0.5, \alpha_b = 0.7$, 线性矩阵不等式 (LMI)(4-3-11) 成立. 根据定理 4.3.1, 可得系统 (4-3-6) 在基于增益矩阵 K_1, K_2 的非脆弱观测器下能够和系统 (4-3-7) 达到同步, 其中

$$K_1 = \begin{bmatrix} 0.3819 & 0.0434 \\ 0.1772 & 0.4925 \end{bmatrix}, \quad K_2 = \begin{bmatrix} 0.3803 & -0.0705 \\ 0.0552 & 1.0729 \end{bmatrix}.$$

驱动-响应系统在初始条件 $x(s) = [0.2, 0.3]^{\mathrm{T}}, y(s) = [-0.1, 0.5]^{\mathrm{T}}$ 下的混沌行为分别如图 4-3-1 和图 4-3-2 所示. 图 4-3-3 (a) 和 (b) 描绘驱动-响应系统在非脆弱控制器下状态变量的同步误差 $e_x(t), e_y(t)$.

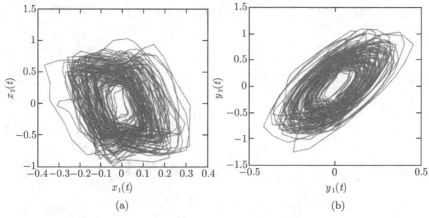

图 4-3-1　驱动系统 (4-3-6) 的混沌曲线图

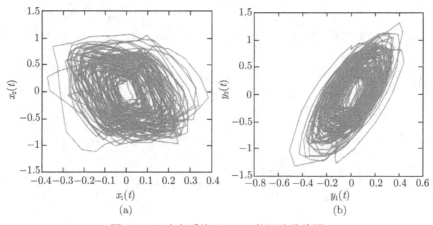

图 4-3-2　响应系统 (4-3-7) 的混沌曲线图

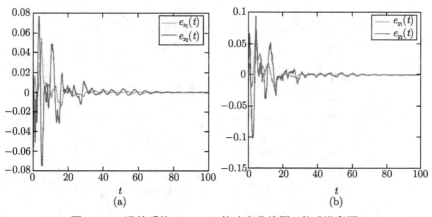

图 4-3-3　误差系统 (4-3-10) 的响应曲线图 (书后附彩图)

例 4.3.2　考虑二维忆阻 BAM 神经网络 (4-3-3) 具有下列参数

$$a_{11}(x_1(t)) = \begin{cases} -0.41, & |x_1(t)| < 1, \\ 0.41, & |x_1(t)| > 1, \end{cases} \quad a_{12}(x_1(t)) = \begin{cases} -0.5, & |x_1(t)| < 1, \\ 0.5, & |x_1(t)| > 1, \end{cases}$$

$$a_{21}(x_2(t)) = \begin{cases} -0.4, & |x_2(t)| < 1, \\ 0.4, & |x_2(t)| > 1, \end{cases} \quad a_{22}(x_2(t)) = \begin{cases} -2.5, & |x_2(t)| < 2, \\ 2.5, & |x_2(t)| > 2, \end{cases}$$

$$b_{11}(x_1(t)) = \begin{cases} -0.4, & |x_1(t)| < 1, \\ 0.4, & |x_1(t)| > 1, \end{cases} \quad b_{12}(x_2(t)) = \begin{cases} -0.8, & |x_2(t)| < 1, \\ 0.8, & |x_2(t)| > 1, \end{cases}$$

$$b_{21}(x_1(t)) = \begin{cases} -0.5, & |x_1(t)| < 1, \\ 0.5, & |x_1(t)| > 1, \end{cases} \quad b_{22}(x_2(t)) = \begin{cases} -1, & |x_2(t)| < 2, \\ 1, & |x_2(t)| > 2, \end{cases}$$

$$c_{11}(y_1(t)) = \begin{cases} -0.5, & |y_1(t)| < 1, \\ 0.5, & |y_1(t)| > 1, \end{cases} \quad c_{12}(y_1(t)) = \begin{cases} -0.5, & |y_1(t)| < 1, \\ 0.5, & |y_1(t)| > 1, \end{cases}$$

$$c_{21}(y_2(t)) = \begin{cases} -0.6, & |y_2(t)| < 1, \\ 0.6, & |y_2(t)| > 1, \end{cases} \quad c_{22}(y_2(t)) = \begin{cases} -0.8, & |y_2(t)| < 1, \\ 0.8, & |y_2(t)| > 1, \end{cases}$$

$$d_{11}(y_1(t)) = \begin{cases} -0.51, & |y_1(t)| < 1, \\ 0.51, & |y_1(t)| > 1, \end{cases} \quad d_{12}(y_2(t)) = \begin{cases} -0.19, & |y_2(t)| < 1, \\ 0.19, & |y_2(t)| > 1, \end{cases}$$

$$d_{21}(y_1(t)) = \begin{cases} -0.51, & |y_1(t)| < 1, \\ 0.51, & |y_1(t)| > 1, \end{cases} \quad d_{22}(y_2(t)) = \begin{cases} -1.3, & |y_2(t)| < 1, \\ 1.3, & |y_2(t)| > 1. \end{cases}$$

存在

$$A = \begin{bmatrix} -0.41 & 0.5 \\ -0.4 & -2.5 \end{bmatrix}, \quad B = \begin{bmatrix} 0.4 & -0.8 \\ 0.5 & -1 \end{bmatrix},$$

$$C = \begin{bmatrix} 0.5 & -0.5 \\ 0.6 & 0.8 \end{bmatrix}, \quad D = \begin{bmatrix} 0.51 & -0.19 \\ 0.51 & 1.3 \end{bmatrix},$$

$$M_1 = \begin{bmatrix} -0.4 & -0.5 \\ -0.7 & -0.6 \end{bmatrix}, \quad M_2 = \begin{bmatrix} -0.3 & 0.9 \\ 0.15 & -1.5 \end{bmatrix},$$

$$H_1 = \begin{bmatrix} -0.5 & -0.6 \\ -0.5 & 0.4 \end{bmatrix}, \quad H_2 = \begin{bmatrix} 0.5 & 0.5 \\ 0.2 & 0.5 \end{bmatrix},$$

$$L = E = \mathrm{diag}\{0.6, 0.6\}.$$

取非线性激活函数 $\tilde{g}_i(x_i) = \tanh(0.6x_i), \tilde{f}_j(y_j) = \tanh(0.6y_j), i, j = 1, 2.$ 对于给定的上述参数以及 $\tau = 1, \mu = 0.45, \alpha_a = 0.02, \alpha_b = 0.02$, 通过解 LMI(4-3-19), 可得

$$K_1 = \begin{bmatrix} 0.3840 & 0.0338 \\ 0.0063 & 0.5177 \end{bmatrix}, \quad K_2 = \begin{bmatrix} 0.4010 & 0.0546 \\ 0.0523 & 0.7597 \end{bmatrix}.$$

取初始条件 $x(s) = [1.2, -1.3]^T, y(s) = [-0.6, 0.6]^T$, 驱动-响应系统的混沌行为分别如图 4-3-4 和图 4-3-5 所示. 进一步, 图 4-3-6 (a) 和 (b) 分别描绘驱动-响应系统在非脆弱控制器下状态变量的同步误差 $e_x(t), e_y(t)$.

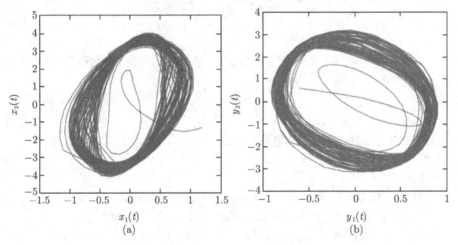

图 4-3-4 系统 (4-3-4) 的混沌吸引子

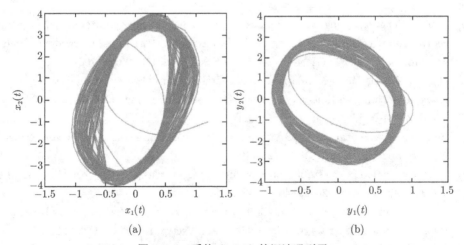

图 4-3-5 系统 (4-3-7) 的混沌吸引子

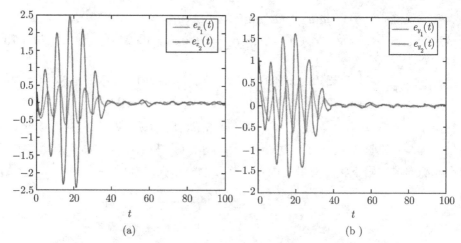

图 4-3-6　根据定理 4.3.2 得到误差系统的响应曲线 (书后附彩图)

参 考 文 献

[1] 王兴元. 混沌系统的同步及在保密通信中的应用 [M]. 北京: 科学出版社, 2012.

[2] 关新平, 范正平, 陈彩莲, 等. 混沌控制及其在保密通信中的应用 [M]. 北京: 国防工业出版社, 2002.

[3] Wu H, Bao B, Liu Z, et al. Chaotic and periodic bursting phenomena in a memristive Wien-bridge oscillator[J]. Nonlinear Dynamics, 2016, 83: 893-903.

[4] Yang S, Li C, Huang T. Exponential stabilization and synchronization for fuzzy model of memristive neural networks by periodically intermittent control[J]. Neural Networks, 2016, 75: 162-172.

[5] Wen S, Zeng Z, Huang T, et al. Exponential adaptive lag synchronization of memristive neural networks via fuzzy method and applications in pseudorandom number generators[J]. IEEE Transactions on Fuzzy Systems, 2014, 22(6): 1704-1713.

[6] Han X, Wu H, Fang B. Adaptive exponential synchronization of memristive neural networks with mixed time-varying delays[J]. Neurocomputing, 2016, 201: 40-50.

[7] Wu H, Zhang X, Li R, et al. Adaptive anti-synchronization and H_∞ anti-synchronization for memristive neural networks with mixed time delays and reaction-diffusion terms[J]. Neurocomputing, 2015, 168(C): 726-740.

[8] Li C, Huang T. On the stability of nonlinear systems with leakage delay[J]. Journal of the Franklin Institute, 2009, 346: 366-377.

[9] Abdurahman A, Jiang H, Teng Z. Finite-time synchronization for memristor-based neural networks with time-varying delays[J]. Neural Networks, 2015, 69: 20-28.

[10] Chen C, Li L, Peng H, et al. Finite-time synchronization of memristor-based neural networks with mixed delays[J]. Neurocomputing, 2017, 235: 83-89.

[11] Zheng M, Li L, Peng H, et al. Finite-time stability and synchronization of memristor-based fractional-order fuzzy cellular neural networks[J]. Communications in Nonlinear Science and Numerical Simulation, 2018, 59: 272-291.

[12] Jiang M, Wang S, Mei J, et al. Finite-time synchronization control of a class of memristor-based recurrent neural networks[J]. Neural Networks, 2015, 63: 133-140.

[13] Liu M, Jiang H, Hu C. Finite-time synchronization of memristor-based Cohen-Grossberg neural networks with time-varying delays[J]. Neurocomputing, 2016, 194: 1-9.

[14] Velmurugan G, Rakkiyappan R, Cao J. Finite-time synchronization of fractional-order memristor-based neural networks with time delays[J]. Neural Networks, 2016, 73: 36-46.

[15] Xiong W, Huang J. Finite-time control and synchronization for memristor-based chaotic system via impulsive adaptive strategy[J]. Advances in Difference Equations, 2016, 101: 1-9.

[16] Gao J, Zhu P, Alsaedi A, et al. A new switching control for finite-time synchronization of memristor-based recurrent neural networks[J]. Neural Networks, 2017, 86: 1-9.

[17] Zhang D, Shen Y. Projective synchronization of different chaotic time-delayed neural networks based on integral sliding mode controller[J]. Applied Mathematics and Computation, 2010, 217: 164-174.

[18] Li G. Modified projective synchronization of chaotic system[J]. Chaos, Solitons and Fractals, 2007, 32: 1786-1790.

[19] Anbuvithya R, Mathiyalagan K, Sakthivel R, et al. Non-fragile synchronization of memristive BAM networks with random feedback gain fluctuations[J]. Communications in Nonlinear Science and Numerical Simulation, 2015, 29: 427-440.

第 5 章　耦合忆阻神经网络

5.1　具有时滞的耦合忆阻神经网络的指数同步

由于忆阻器的物理特性使得忆阻网络展现出状态依赖的切换特点. 研究发现, 忆阻神经网络的同步特性较大程度上依赖于其耦合模式和强度. 另外, 底层网络拓扑的信息交换图无需无相连接或者强连接 [1]. 文献 [2] 指出, 一系列相互作用的神经网络能够实现更高水平的信息处理, 耦合系统的动力学性态也变得更为复杂和难以预测. 需要注意的是, 耦合系统的一些自然属性能够在某些条件下显露出来 [3]. 耦合网络的时空混沌与螺旋波等集群性态引起了学者的研究兴趣 [4]. 作为自然界中最为重要的集群性态之一, 同步特性在混沌控制领域被重点探究 [5,6].

5.1.1　问题的描述

Wang Guan 与 Shen Yi 研究了一类由 N 个忆阻神经网络耦合构成的网络模型

$$
\begin{aligned}
\dot{x}_i(t) = & -\tilde{D} x_i(t) + \tilde{A}\left(x_i(t)\right) \tilde{f}\left(x_i(t)\right) \\
& + \tilde{B}\left(x_i(t)\right) \tilde{g}\left(x_i\left(t - \tau(t)\right)\right) + \tilde{I}(t) \\
& + c \sum_{j=1}^{N} \tilde{w}_{ij} \Gamma x_j(t),
\end{aligned}
\tag{5-1-1}
$$

其中, $i = 1, 2, \cdots, N, x_i(t) = (x_{i1}(t), x_{i2}(t), \cdots, x_{in}(t))^{\mathrm{T}} \in \mathbb{R}^n$ 为第 i 个忆阻神经网络的状态变量, 每一个忆阻神经网络被视为一个节点, 信息在忆阻神经网络间通过一条边传输. $\tilde{W} = (\tilde{w}_{ij})_{N \times N}$ 刻画耦合网络的耦合结构, 元素 $\tilde{w}_{ij}$ 定义为: 如果存在一个直接的边从第 j 到第 i 个忆阻神经网络, $\tilde{w}_{ij} = 1$, 否则, $\tilde{w}_{ij} = 0\ (i \neq j)$. 扩散耦合条件 $\tilde{w}_{ii} = -\sum_{j=1, j\neq i}^{N} \tilde{w}_{ij}, i = 1, 2, \cdots, N$. 正对角矩阵 Γ 表示两个相连接的忆阻神经网络的内耦合.

$$
\tilde{A}\left(x_i(t)\right) = (\tilde{a}_{kl}(x_i(t)))_{n \times n}, \quad \tilde{a}_{kl}(x_i(t)) =
\begin{cases}
\widehat{a}_{kl}, & \omega\left(\dot{x}_{il}(t)\right) \leqslant 0, \\
\check{a}_{kl}, & \omega\left(\dot{x}_{il}(t)\right) > 0,
\end{cases}
$$

$$
\tilde{B}\left(x_i(t)\right) = (\tilde{b}_{kl}(x_i(t)))_{n \times n}, \quad \tilde{b}_{kl}(x_i(t)) =
\begin{cases}
\widehat{b}_{kl}, & \phi\left(\dot{x}_{il}(t)\right) \leqslant 0, \\
\check{b}_{kl}, & \phi\left(\dot{x}_{il}(t)\right) > 0,
\end{cases}
$$

其中, $\omega\left(\dot{x}_{il}(t)\right), \phi\left(\dot{x}_{il}(t)\right)$ 为忆阻切换规则, 并且 $\widehat{a}_{kl}, \breve{a}_{kl}, \widehat{b}_{kl}, \breve{b}_{kl}$ 均为与忆阻相关的已知常数.

应用微分包含与集值映射理论, 由系统 (5-1-1) 可得

$$
\begin{aligned}
\dot{x}_i(t) \in & -\tilde{D}x_i(t) + \mathrm{co}\{\widehat{A}, \breve{A}\}\tilde{f}\left(x_i(t)\right) \\
& + \mathrm{co}\{\widehat{B}, \breve{B}\}\tilde{g}\left(x_i\left(t-\tau(t)\right)\right) + \tilde{I}(t) \\
& + c\sum_{j=1}^{N}\tilde{w}_{ij}\Gamma x_j(t),
\end{aligned} \tag{5-1-2}
$$

其中, $\mathrm{co}\{\widehat{A}, \breve{A}\} = [\underline{A}, \bar{A}], \mathrm{co}\{\widehat{B}, \breve{B}\} = [\underline{B}, \bar{B}]$.

系统 (5-1-2) 能够改写为下列紧形式:

$$
\begin{aligned}
\dot{x}(t) \in & -\bar{D}x_i(t) + \mathrm{co}\{\widehat{A}_1, \breve{A}_1\}\tilde{f}\left(x(t)\right) \\
& + \mathrm{co}\{\widehat{B}_1, \breve{B}_1\}\bar{g}\left(x\left(t-\tau(t)\right)\right) + \bar{I}(t) + c\bar{W}x(t),
\end{aligned} \tag{5-1-3}
$$

其中

$$
\begin{aligned}
& x(t) = (x_1^{\mathrm{T}}(t), \cdots, x_N^{\mathrm{T}}(t))^{\mathrm{T}}, \\
& \bar{f}(x(t)) = (\tilde{f}(x_1(t)), \cdots, \tilde{f}(x_N(t)))^{\mathrm{T}}, \\
& \bar{g}(x(t-\tau(t))) = (\tilde{g}(x_1(t-\tau(t))), \cdots, \tilde{g}(x_N(t-\tau(t))))^{\mathrm{T}}, \\
& \bar{I}(t) = (\tilde{I}_1^{\mathrm{T}}(t), \cdots, \tilde{I}_N^{\mathrm{T}}(t))^{\mathrm{T}}, \\
& \bar{D} = I_N \otimes \tilde{D}, \quad \widehat{A}_1 = I_N \otimes \widehat{A}, \quad \breve{A}_1 = I_N \otimes \breve{A}, \\
& \widehat{B}_1 = I_N \otimes \widehat{B}, \quad \breve{B}_1 = I_N \otimes \breve{B}, \quad \bar{W} = \tilde{W} \otimes \Gamma.
\end{aligned}
$$

假定系统 (5-1-1) 的初始条件为

$$
x_i(t) = \varphi_i(t) \in \mathcal{C}\left([-\tau, 0], \mathbb{R}^n\right).
$$

为了研究系统 (5-1-1) 的指数同步问题, 做以下假设:

(A5.1.1) 假设存在正常数 $F_1, \cdots, F_n, G_1, \cdots, G_n$, 使得

$$
\begin{aligned}
& \left\|\tilde{f}_m(x_m(t)) - \tilde{f}_m(y_m(t))\right\| \leqslant F_m\left\|x_m(t) - y_m(t)\right\|, \\
& \left\|\tilde{g}_m(x_m(t)) - \tilde{g}_m(y_m(t))\right\| \leqslant G_m\left\|x_m(t) - y_m(t)\right\|, \quad m = 1, 2, \cdots, n.
\end{aligned}
$$

(A5.1.2) 对于系统 (5-1-1) 中的 $x(t), y(t) \in \mathbb{R}^n$, $\tilde{f}(x(t)), \tilde{f}(y(t)), \tilde{g}(x(t))$, $\tilde{g}(y(t))$, 下式成立:

$$
\begin{aligned}
&\mathrm{co}\{\widehat{A}, \widebreve{A}\}\tilde{f}\left(x(t)\right) - \mathrm{co}\{\widehat{A}, \widebreve{A}\}\tilde{f}\left(y(t)\right) \subseteq \mathrm{co}\{\widehat{A}, \widebreve{A}\}[\tilde{f}\left(x(t)\right) - \tilde{f}\left(y(t)\right)],\\
&\mathrm{co}\{\widehat{B}, \widebreve{B}\}\tilde{g}\left(x(t-\tau(t))\right) - \mathrm{co}\{\widehat{B}, \widebreve{B}\}\tilde{g}\left(y(t-\tau(t))\right)\\
&\subseteq \mathrm{co}\{\widehat{A}, \widebreve{A}\}\left[\tilde{g}\left(x(t-\tau(t))\right) - \tilde{g}\left(y(t-\tau(t))\right)\right].
\end{aligned}
$$

对于 $m = 1, 2, \cdots, n$, (A5.1.2) 成立的条件为下列不等式成立:

$$
\begin{aligned}
&\min\left\{\sum_{l=1}^n \underline{a}_{ml}\left[\tilde{f}_l\left(x_l(t)\right) - \tilde{f}_l\left(y_l(t)\right)\right], \sum_{l=1}^n \bar{a}_{ml}\left[\tilde{f}_l\left(x_l(t)\right) - \tilde{f}_l\left(y_l(t)\right)\right]\right\}\\
&\leqslant \min\left\{\sum_{l=1}^n \underline{a}_{ml}\tilde{f}_l\left(x_l(t)\right), \sum_{l=1}^n \bar{a}_{ml}\tilde{f}_l\left(x_l(t)\right)\right\}\\
&\quad -\max\left\{\sum_{l=1}^n \underline{a}_{ml}\tilde{f}_l\left(y_l(t)\right), \sum_{l=1}^n \bar{a}_{ml}\tilde{f}_l\left(y_l(t)\right)\right\},\\
&\max\left\{\sum_{l=1}^n \underline{a}_{ml}\tilde{f}_l\left(x_l(t)\right), \sum_{l=1}^n \bar{a}_{ml}\tilde{f}_l\left(x_l(t)\right)\right\}\\
&\quad -\min\left\{\sum_{l=1}^n \underline{a}_{ml}\tilde{f}_l\left(y_l(t)\right), \sum_{l=1}^n \bar{a}_{ml}\tilde{f}_l\left(y_l(t)\right)\right\}\\
&\leqslant \max\left\{\sum_{l=1}^n \underline{a}_{ml}\left[\tilde{f}_l\left(x_l(t)\right) - \tilde{f}_l\left(y_l(t)\right)\right], \sum_{l=1}^n \bar{a}_{ml}\left[\tilde{f}_l\left(x_l(t)\right) - \tilde{f}_l\left(y_l(t)\right)\right]\right\}.
\end{aligned}
$$

(A5.1.3) 在系统 (5-1-1) 中, 存在某些子系统具有直接或间接到达其他系统的路径.

引理 5.1.1[7]　对于矩阵 $B = (b_{ij})_{p\times q}, \forall x \in \mathbb{R}^p, y \in \mathbb{R}^q, x^{\mathrm{T}}By \leqslant \kappa(B)(x^{\mathrm{T}}x + y^{\mathrm{T}}y)$ 成立, 其中 $\kappa(B) = \dfrac{1}{2}\max(p,q)\max_{ij}|b_{ij}|$.

引理 5.1.2[8]　对于任意的 $P \in \mathbb{R}^{n\times n}, 0 < \gamma(t) < \gamma, x: [0, \gamma] \to \mathbb{R}^n$, 使得相关集合有了很好的定义, 则

$$
\left(\int_0^{\tau(t)} x(\xi)\mathrm{d}\zeta\right)^{\mathrm{T}} P\left(\int_0^{\tau(t)} x(\xi)\mathrm{d}\zeta\right) \leqslant \tau(t)\int_0^{\tau(t)} x^{\mathrm{T}}(\xi)Px(\xi)\mathrm{d}\zeta.
$$

5.1.2 指数同步分析

记

$$\tilde{M} = \begin{bmatrix} 1 & -1 & 0 & \cdots & 0 & 0 \\ 0 & 1 & -1 & \cdots & 0 & 0 \\ \vdots & \vdots & \vdots & & \vdots & \vdots \\ 0 & 0 & 0 & \cdots & 1 & -1 \end{bmatrix}_{(N-1)\times N}, \quad \tilde{G} = \begin{bmatrix} 1 & 1 & \cdots & 0 \\ 0 & 1 & \cdots & 0 \\ \vdots & \vdots & & \vdots \\ 0 & 0 & \cdots & 0 \end{bmatrix}_{N\times(N-1)},$$

$$\widehat{A}_2 = I_{N-1} \otimes \widehat{A}, \quad \widecheck{A}_2 = I_{N-1} \otimes \widecheck{A}, \quad \widehat{B}_2 = I_{N-1} \otimes \widehat{B}, \quad \widecheck{B}_2 = I_{N-1} \otimes \widecheck{B},$$
$$D = I_{N-1} \otimes \tilde{D}, \quad W = (\tilde{M}\tilde{W}\tilde{G}) \otimes \Gamma, \quad M = \tilde{M} \otimes I_n, \quad \bar{F} = \mathrm{diag}(F_1, \cdots, F_n),$$
$$\bar{G} = \mathrm{diag}(G_1, \cdots, G_n), \quad F = I_{N-1} \otimes \bar{F}, \quad G = I_{N-1} \otimes \bar{G}.$$

易知

$$M\bar{D} = DM, \quad M\widehat{A}_1 = \widehat{A}_2 M, \quad M\widecheck{A}_1 = \widecheck{A}_2 M,$$
$$M\widehat{B}_1 = \widehat{B}_2 M, \quad M\widecheck{B}_1 = \widecheck{B}_2 M, \quad M\bar{I}(t) = 0, \quad M\bar{W} = WM.$$

定义同步误差 $e(t) = (e_{12}^{\mathrm{T}}(t), \cdots, e_{(N-1)N}^{\mathrm{T}}(t))^{\mathrm{T}}$, 其中

$$e_{i(i+1)}(t) = \left(x_{i1}(t) - x_{(i+1)1}(t), \cdots, x_{in}(t) - x_{(i+1)n}(t) \right)^{\mathrm{T}}, i = 1, \cdots, N-1.$$

因此, $Mx(t) = e(t)$. 记

$$f(e(t)) = M\bar{f}(x(t))$$
$$= (\tilde{f}^{\mathrm{T}}(x_1(t)) - \tilde{f}^{\mathrm{T}}(x_2(t)), \cdots, \tilde{f}^{\mathrm{T}}(x_{N-1}(t)) - \tilde{f}^{\mathrm{T}}(x_N(t)))^{\mathrm{T}},$$
$$g(e(t - \tau(t))) = M\bar{g}(x(t - \tau(t)))$$
$$= \left(\tilde{g}^{\mathrm{T}}(x_1(t - \tau(t))) - \tilde{g}^{\mathrm{T}}(x_2(t - \tau(t))), \cdots, \right.$$
$$\left. \tilde{g}^{\mathrm{T}}(x_{N-1}(t - \tau(t))) - \tilde{g}^{\mathrm{T}}(x_N(t - \tau(t))) \right)^{\mathrm{T}}.$$

由 (5-1-3) 以及 M 的定义可知

$$\dot{e}(t) \in - De(t) + \mathrm{co}\{\widehat{A}_2, \widecheck{A}_2\} f(e(t))$$
$$+ \mathrm{co}\{\widehat{B}_2, \widecheck{B}_2\} g(e(t - \tau(t))) + cWe(t). \tag{5-1-4}$$

抑或等价地, 存在 $A \in \mathrm{co}\{\widehat{A}_2, \widecheck{A}_2\}, B \in \mathrm{co}\{\widehat{B}_2, \widecheck{B}_2\}$ 使得

$$\dot{e}(t) = z(t),$$
$$z(t) = -De(t) + Af(e(t)) + Bg(e(t - \tau(t))) + cWe(t), \tag{5-1-5}$$

其中, A, B 与初始条件和时间相关.

　　事实上, 存在常数 $0 \leqslant \zeta \leqslant 1, 0 \leqslant l \leqslant 1$, 使得 $A = \zeta \widehat{A}_2 + (1 - \zeta) \breve{A}_2$, $B = l \widehat{B}_2 + (1 - \zeta) \breve{B}_2$.

　　记 $\tilde{a} = 2\kappa(A) = (N-1)n \max\limits_{m,l} (|\underline{a}_{ml}|, |\bar{a}_{ml}|), \tilde{b} = 2\kappa(B) = (N-1)n \max\limits_{m,l}(|\underline{b}_{ml}|, |\underline{b}_{ml}|)$.

　　接下来, 我们研究系统 (5-1-5) 的指数同步问题.

　　定理 5.1.1　假设 (A5.1.1)—(A5.1.3) 成立, 对于给定的常数 ε, 如果存在正定矩阵 $P, Q, R, S \in \mathbb{R}^{(N-1)n \times (N-1)n}$, 方阵 $U, V \in \mathbb{R}^{(N-1)n \times (N-1)n}$, 使得下列不等式成立:

$$
\Xi = \begin{bmatrix}
\Xi_{11} & \Xi_{12} & 0 & \Xi_{14} & P & U & 0 \\
* & \Xi_{22} & \Xi_{23} & 0 & 0 & 0 & 0 \\
* & * & \Xi_{33} & 0 & 0 & 0 & 0 \\
* & * & * & \Xi_{44} & 0 & 0 & V \\
* & * & * & * & \Xi_{55} & 0 & 0 \\
* & * & * & * & * & \Xi_{66} & 0 \\
* & * & * & * & * & * & \Xi_{77}
\end{bmatrix} < 0, \tag{5-1-6}
$$

其中

$$
\begin{aligned}
\Xi_{11} = {} & \varepsilon P - PD - DP + cPW + cW^{\mathrm{T}}P + 3\tilde{a}FF + \exp(\varepsilon\tau)Q + \exp(\varepsilon\tau)R \\
& - \exp(-\varepsilon\tau)S + UD + DU^{\mathrm{T}} - cUW - cW^{\mathrm{T}}U^{\mathrm{T}}, \\
\Xi_{12} = {} & \exp(-\varepsilon\tau)S, \quad \Xi_{14} = U + DV^{\mathrm{T}} - cW^{\mathrm{T}}V^{\mathrm{T}}, \\
\Xi_{22} = {} & 3\tilde{b}GG - (1 - u)Q - 2\exp(-\varepsilon\tau)S, \quad \Xi_{23} = \exp(-\varepsilon\tau)S, \\
\Xi_{33} = {} & -R - \exp(-\varepsilon\tau)S, \\
\Xi_{44} = {} & \tau^2 S + 2V, \quad \Xi_{55} = \Xi_{66} = \Xi_{77} = -\frac{1}{\tilde{a} + \tilde{b}}I.
\end{aligned}
$$

则系统 (5-1-1) 在 $u < 1$ 时能够达到指数同步.

　　证明　考虑下列泛函:

$$
V(t) = V_1(t) + V_2(t) + V_3(t) + V_4(t), \tag{5-1-7}
$$

其中

$$
V_1(t) = \exp(\varepsilon t)e^{\mathrm{T}}(t)Pe(t),
$$

$$
V_2(t) = \int_{t-\tau(t)}^{t} \exp\left(\varepsilon(\xi + \tau)\right) e^{\mathrm{T}}(\xi)Qe(\xi)\mathrm{d}\xi,
$$

$$V_3(t) = \int_{t-\tau}^{t} \exp\left(\varepsilon(\xi + \tau)\right) e^{\mathrm{T}}(\xi) Re(\xi) \mathrm{d}\xi,$$

$$V_4(t) = \tau \int_{0}^{\tau} \int_{t-\xi}^{t} \exp(\varepsilon\theta) z^{\mathrm{T}}(\theta) Sz(\theta) \mathrm{d}\theta \mathrm{d}\xi.$$

沿着系统 (5-1-5) 的解计算 $V(t)$ 的导数, 可得

$$
\begin{aligned}
\dot{V}(t) = {} & \exp(\varepsilon t)\{\varepsilon e^{\mathrm{T}}(t) Pe(t) + e^{\mathrm{T}}(t) Pz(t) + z^{\mathrm{T}}(t) Pe(t) + \exp(\varepsilon t) e^{\mathrm{T}}(t) Qe(t) \\
& - \exp(\varepsilon(\tau - \tau(t)))(1 - \dot{\tau}(t)) e^{\mathrm{T}}(t - \tau(t)) Qe(t - \tau(t)) \\
& + \exp(\varepsilon\tau) e^{\mathrm{T}}(t) Re(t) - e^{\mathrm{T}}(t - \tau) Re(t - \tau) + \tau^2 z^{\mathrm{T}}(t) Sz(t)\} \\
& - \tau \int_{0}^{\tau} \exp(\varepsilon(t - \xi)) z^{\mathrm{T}}(t - \xi) Sz(t - \xi) \mathrm{d}\xi.
\end{aligned}
\tag{5-1-8}
$$

根据引理 5.1.1 可证

$$
\begin{aligned}
& e^{\mathrm{T}}(t) Pz(t) + z^{\mathrm{T}}(t) Pe(t) \\
= {} & e^{\mathrm{T}}(t) P[-De(t) + Af(e(t)) + Bg(e(t - \tau(t))) + cWe(t)] \\
& + [-De(t) + Af(e(t)) + Bg(e(t - \tau(t))) + cWe(t)] Pe(t) \\
\leqslant {} & e^{\mathrm{T}}(t)[-PD - DP + (\tilde{a} + \tilde{b})PP + cPW + cW^{\mathrm{T}}P]e(t) \\
& + \tilde{b}g^{\mathrm{T}}(e(t - \tau(t)))\, g(e(t - \tau(t))) + \tilde{a}f^{\mathrm{T}}(e(t)) f(e(t)).
\end{aligned}
\tag{5-1-9}
$$

由 (A5.1.1) 可得

$$
\begin{aligned}
& 0 \leqslant -f^{\mathrm{T}}(e(t)) f(e(t)) + e^{\mathrm{T}}(t) FFe(t), \\
& 0 \leqslant -g^{\mathrm{T}}(e(t - \tau(t)))\, g(e(t - \tau(t))) + e^{\mathrm{T}}(t - \tau(t)) GGe(t - \tau(t)).
\end{aligned}
\tag{5-1-10}
$$

根据引理 5.1.2 可得

$$
\begin{aligned}
& -\tau \int_{0}^{\tau} \exp(\varepsilon(t - \xi)) z^{\mathrm{T}}(t - \xi) Sz(t - \xi) \mathrm{d}\xi \\
\leqslant {} & -\tau \exp(\varepsilon(t - \xi)) \int_{t-\tau}^{t} z^{\mathrm{T}}(\xi) Sz(\xi) \mathrm{d}\xi \\
= {} & -\tau \exp(\varepsilon(t - \xi)) \left[\int_{t-\tau}^{t-\tau(t)} z^{\mathrm{T}}(\xi) Sz(\xi) \mathrm{d}\xi + \int_{t-\tau(t)}^{t} z^{\mathrm{T}}(\xi) Sz(\xi) \mathrm{d}\xi \right]
\end{aligned}
$$

$$\leqslant \exp(\varepsilon(t-\xi))\left[-\frac{\tau}{\tau-\tau(t)}\left(\int_{t-\tau}^{t-\tau(t)} z(\xi)\mathrm{d}\xi\right)^{\mathrm{T}} S \int_{t-\tau}^{t-\tau(t)} z(\xi)\mathrm{d}\xi\right.$$

$$\left.-\frac{\tau}{\tau(t)}\left(\int_{t-\tau(t)}^{t} z(\xi)\mathrm{d}\xi\right)^{\mathrm{T}} S \int_{t-\tau(t)}^{t} z(\xi)\mathrm{d}\xi\right]$$

$$\leqslant \exp(\varepsilon(t-\xi))\left[-\left(\int_{t-\tau}^{t-\tau(t)} z(\xi)\mathrm{d}\xi\right)^{\mathrm{T}} S \int_{t-\tau}^{t-\tau(t)} z(\xi)\mathrm{d}\xi\right.$$

$$\left.-\left(\int_{t-\tau(t)}^{t} z(\xi)\mathrm{d}\xi\right)^{\mathrm{T}} S \int_{t-\tau(t)}^{t} z(\xi)\mathrm{d}\xi\right]. \tag{5-1-11}$$

由 Newton-Leibniz 公式可得

$$e(t) - e(t - \tau(t)) = \int_{t-\tau(t)}^{t} z(\xi)\mathrm{d}\xi,$$

$$e(t - \tau(t)) - e(t - \tau) = \int_{t-\tau}^{t-\tau(t)} z(\xi)\mathrm{d}\xi. \tag{5-1-12}$$

此外, 对于任意的 $(N-1)n \times (N-1)n$ 矩阵 U, V,

$$0 = 2\exp(\varepsilon t)[e^{\mathrm{T}}(t)U + z^{\mathrm{T}}(t)V][-De(t) + Af(e(t)) + Bg(e(t-\tau(t))) + cWe(t)]$$

$$\leqslant \exp(\varepsilon t)\{e^{\mathrm{T}}(t)[UD + DU^{\mathrm{T}} - cUW - cW^{\mathrm{T}}U^{\mathrm{T}} + (\tilde{a}+\tilde{b})UU^{\mathrm{T}} + 2\tilde{a}FF]e(t)$$

$$+ z^{\mathrm{T}}(t)[2V + \tilde{a}VV^{\mathrm{T}} + \tilde{b}VV^{\mathrm{T}}]z(t) + 2\tilde{b}e^{\mathrm{T}}(t-\tau(t))GGe(t-\tau(t))$$

$$+ e^{\mathrm{T}}(t)(U + DV^{\mathrm{T}} - cW^{\mathrm{T}}V^{\mathrm{T}})z(t) + z^{\mathrm{T}}(t)(U^{\mathrm{T}} + VD - cVW)e(t)\}. \tag{5-1-13}$$

将 (5-1-7)—(5-1-13) 代入 (5-1-6) 可得

$$\dot{V}(t) \leqslant \exp(\varepsilon t)\eta^{\mathrm{T}}(t)\tilde{\Xi}\eta(t), \tag{5-1-14}$$

其中, $\eta(t) = [e^{\mathrm{T}}(t), e^{\mathrm{T}}(t-\tau(t)), e^{\mathrm{T}}(t-\tau), z^{\mathrm{T}}(t)]^{\mathrm{T}}$,

$$\tilde{\Xi} = \begin{bmatrix} \tilde{\Xi}_{11} & \exp(-\varepsilon\tau)S & 0 & \tilde{\Xi}_{14} \\ * & \tilde{\Xi}_{22} & \exp(-\varepsilon\tau)S & 0 \\ * & * & \tilde{\Xi}_{33} & 0 \\ * & * & * & \tilde{\Xi}_{44} \end{bmatrix}, \tag{5-1-15}$$

$$\tilde{\Xi}_{11} = \varepsilon P - PD - DP + (\tilde{a} + \tilde{b})PP + cPW + cW^{\mathrm{T}}P + 3\tilde{a}FF + \exp(\varepsilon\tau)Q$$
$$+ \exp(\varepsilon\tau)R - \exp(-\varepsilon\tau)S + UD + DU^{\mathrm{T}} - cUW - cW^{\mathrm{T}}U^{\mathrm{T}} + (\tilde{a} + \tilde{b})UU^{\mathrm{T}},$$
$$\tilde{\Xi}_{14} = U + DV^{\mathrm{T}} - cW^{\mathrm{T}}V^{\mathrm{T}}, \quad \tilde{\Xi}_{22} = 3\tilde{b}GG - (1 - u)Q - 2\exp(-\varepsilon\tau)S,$$
$$\tilde{\Xi}_{33} = -R - \exp(-\varepsilon\tau)S, \quad \tilde{\Xi}_{44} = \tau^2 S + 2V + (\tilde{a} + \tilde{b})VV^{\mathrm{T}}.$$

根据 Schur 补定理, (5-1-15) 能够转化为解线性矩阵不等式 (5-1-6), 这表明对 $\forall \eta(t) \neq 0, \dot{V}(t) < 0$.

另一方面, 由 (5-1-7) 可得

$$V(0) = e^{\mathrm{T}}(0)Pe(0) + \int_{-\tau(t)}^{0} \exp(\varepsilon(\xi + \tau))e^{\mathrm{T}}(\xi)Qe(\xi)\mathrm{d}\xi$$

$$+ \int_{-\tau}^{0} \exp(\varepsilon(\xi + \tau))e^{\mathrm{T}}(\xi)Re(\xi)\mathrm{d}\xi + \tau \int_{0}^{\tau} \int_{-\xi}^{0} \exp(\varepsilon\theta)z^{\mathrm{T}}(\theta)Sz(\theta)\mathrm{d}\theta\mathrm{d}\xi$$

$$\leqslant \bar{\omega}, \tag{5-1-16}$$

其中

$$\bar{\omega} = [\lambda_{\max}(P) + \lambda_{\max}(Q)(\exp(\varepsilon\tau) - 1)/\varepsilon + \lambda_{\max}(R)(\exp(\varepsilon\tau) - 1)/\varepsilon]$$
$$\cdot \sup_{-\tau \leqslant \xi \leqslant 0} e^{\mathrm{T}}(\xi)e(\xi) + [\lambda_{\max}(S)(\tau^2/\varepsilon + \tau\exp(-\varepsilon\tau)/\varepsilon^2 - \tau/\varepsilon^2)]$$
$$\cdot \sup_{-\tau \leqslant \xi \leqslant 0} z^{\mathrm{T}}(\xi)z(\xi).$$

在初始条件 $\varphi_i(t)$ 下, $\bar{\omega}$ 是有界常数. $\exp(\varepsilon t)e^{\mathrm{T}}(t)Pe(t) \leqslant V(t), V(t) \leqslant \bar{\omega}$, 得到 $e^{\mathrm{T}}(t)e(t) \leqslant \omega\exp(-\varepsilon t)$, 其中 $\omega = \bar{\omega}/\lambda_{\min}(P)$. 由此可得耦合忆阻神经网络 (5-1-1) 是指数同步的. $\qquad \square$

在 $u \geqslant 1$ 时, 能够得到类似的结果.

定理 5.1.2 假设 (A5.1.1)—(A5.1.3) 成立, 对于给定的常数 ε, 如果存在正定矩阵 $P, Q, R, S \in \mathbb{R}^{(N-1)n \times (N-1)n}$, 方阵 $U, V \in \mathbb{R}^{(N-1)n \times (N-1)n}$, 使得不等式 (5-1-6) 成立, 其中

$$\tilde{\Xi}_{22} = 3\tilde{b}GG - \exp(\varepsilon\tau)(1 - u)Q - 2\exp(-\varepsilon\tau)S.$$

证明略.

5.1.3 数值模拟

下面给出一个数值例子来说明本节的理论结果.

例 5.1.1 考虑由下列忆阻神经网络构成的耦合网络

$$x_i(t) = (x_{i1}(t), x_{i2}(t))^{\mathrm{T}} \in \mathbb{R}^2,$$

$$\bar{f}\left(x_i(t)\right) = \bar{g}\left(x_i(t)\right) = \frac{|x_{i1}(t)+1| - |x_{i1}(t)-1|}{2},$$

$$\tilde{I}(t) = (1,1)^{\mathrm{T}} \in \mathbb{R}^2, \quad \varGamma = \mathrm{diag}(1,1).$$

指数同步速率 $\varepsilon = 0.1$, 取

$$\tilde{a}_{11}\left(x_i(t)\right) = \begin{cases} -0.2, & -\dfrac{\mathrm{d}\tilde{f}_1\left(x_{i1}(t)\right)}{\mathrm{d}t} - \dfrac{\mathrm{d}x_{i1}(t)}{\mathrm{d}t} \leqslant 0, \\ -0.1, & -\dfrac{\mathrm{d}\tilde{f}_1\left(x_{i1}(t)\right)}{\mathrm{d}t} - \dfrac{\mathrm{d}x_{i1}(t)}{\mathrm{d}t} > 0, \end{cases}$$

$$\tilde{a}_{12}\left(x_i(t)\right) = \begin{cases} 0.5, & \dfrac{\mathrm{d}\tilde{f}_2\left(x_{i2}(t)\right)}{\mathrm{d}t} - \dfrac{\mathrm{d}x_{i1}(t)}{\mathrm{d}t} \leqslant 0, \\ 0.3, & \dfrac{\mathrm{d}\tilde{f}_2\left(x_{i2}(t)\right)}{\mathrm{d}t} - \dfrac{\mathrm{d}x_{i1}(t)}{\mathrm{d}t} > 0, \end{cases}$$

$$\tilde{a}_{21}\left(x_i(t)\right) = \begin{cases} 0.4, & \dfrac{\mathrm{d}\tilde{f}_1\left(x_{i1}(t)\right)}{\mathrm{d}t} - \dfrac{\mathrm{d}x_{i2}(t)}{\mathrm{d}t} \leqslant 0, \\ 0.6, & \dfrac{\mathrm{d}\tilde{f}_1\left(x_{i1}(t)\right)}{\mathrm{d}t} - \dfrac{\mathrm{d}x_{i2}(t)}{\mathrm{d}t} > 0, \end{cases}$$

$$\tilde{a}_{22}\left(x_i(t)\right) = \begin{cases} -0.2, & -\dfrac{\mathrm{d}\tilde{f}_2\left(x_{i2}(t)\right)}{\mathrm{d}t} - \dfrac{\mathrm{d}x_{i2}(t)}{\mathrm{d}t} \leqslant 0, \\ -0.3, & -\dfrac{\mathrm{d}\tilde{f}_2\left(x_{i2}(t)\right)}{\mathrm{d}t} - \dfrac{\mathrm{d}x_{i2}(t)}{\mathrm{d}t} > 0, \end{cases}$$

$$\tilde{b}_{11}\left(x_i(t)\right) = \begin{cases} -0.3, & -\dfrac{\mathrm{d}\tilde{g}_1\left(x_{i1}(t)\right)}{\mathrm{d}t} - \dfrac{\mathrm{d}x_{i1}(t)}{\mathrm{d}t} \leqslant 0, \\ -0.2, & -\dfrac{\mathrm{d}\tilde{g}_1\left(x_{i1}(t)\right)}{\mathrm{d}t} - \dfrac{\mathrm{d}x_{i1}(t)}{\mathrm{d}t} > 0, \end{cases}$$

$$\tilde{b}_{12}\left(x_i(t)\right) = \begin{cases} 0.4, & \dfrac{\mathrm{d}\tilde{g}_2\left(x_{i2}(t)\right)}{\mathrm{d}t} - \dfrac{\mathrm{d}x_{i1}(t)}{\mathrm{d}t} \leqslant 0, \\ 0.2, & \dfrac{\mathrm{d}\tilde{g}_2\left(x_{i2}(t)\right)}{\mathrm{d}t} - \dfrac{\mathrm{d}x_{i1}(t)}{\mathrm{d}t} > 0, \end{cases}$$

$$\tilde{b}_{21}\left(x_i(t)\right) = \begin{cases} 0.3, & \dfrac{\mathrm{d}\tilde{g}_1\left(x_{i1}(t)\right)}{\mathrm{d}t} - \dfrac{\mathrm{d}x_{i2}(t)}{\mathrm{d}t} \leqslant 0, \\ 0.1, & \dfrac{\mathrm{d}\tilde{g}_1\left(x_{i1}(t)\right)}{\mathrm{d}t} - \dfrac{\mathrm{d}x_{i2}(t)}{\mathrm{d}t} > 0, \end{cases}$$

$$\tilde{b}_{22}\left(x_i(t)\right) = \begin{cases} -0.2, & -\dfrac{\mathrm{d}\tilde{g}_2\left(x_{i2}(t)\right)}{\mathrm{d}t} - \dfrac{\mathrm{d}x_{i2}(t)}{\mathrm{d}t} \leqslant 0, \\ -0.3, & -\dfrac{\mathrm{d}\tilde{g}_2\left(x_{i2}(t)\right)}{\mathrm{d}t} - \dfrac{\mathrm{d}x_{i2}(t)}{\mathrm{d}t} > 0, \end{cases}$$

$$D = \mathrm{diag}(0.1, 0.1).$$

考虑由 3 个忆阻神经网络构成的耦合网络, 时滞 $\tau(t) = 0.05(1 - \sin(t))$. 当 $t \in [-\tau, 0]$ $(\tau = 0.1)$ 时, 随机地在 $[-5, 5]$ 内选取初始条件, 取外耦合结构为

$$\widetilde{W} = \begin{bmatrix} 0 & 0 & 0 \\ 1 & -1 & 0 \\ 0 & 1 & -1 \end{bmatrix}.$$

为测试耦合强度, 从两个方面考虑这个例子: 情形 1, $c = 3$; 情形 2, $c = 0.5$. 对情形 1, 通过解线性矩阵不等式 (5-1-6) 得到可行解:

$$P = \begin{bmatrix} 4.3631 & 0 & -0.9116 & 0 \\ 0 & 4.3631 & 0 & -0.9116 \\ 0.9116 & 0 & 1.8355 & 0 \\ 0 & -0.9116 & 0 & 1.8355 \end{bmatrix},$$

$$Q = \begin{bmatrix} 3.9028 & 0 & -1.9542 & 0 \\ 0 & 3.9028 & 0 & -1.9542 \\ -1.9542 & 0 & 2.2638 & 0 \\ 0 & -1.9542 & 0 & 2.2638 \end{bmatrix},$$

$$R = \begin{bmatrix} 3.3027 & 0 & -1.8248 & 0 \\ 0 & 3.3027 & 0 & -1.8248 \\ -1.8248 & 0 & 1.9026 & 0 \\ 0 & -1.8248 & 0 & 1.9026 \end{bmatrix},$$

$$S = \begin{bmatrix} 10.1985 & 0 & -4.3961 & 0 \\ 0 & 10.1985 & 0 & -4.3961 \\ -4.3961 & 0 & 14.4061 & 0 \\ 0 & -4.3961 & 0 & 14.4061 \end{bmatrix},$$

$$U = \begin{bmatrix} -0.0382 & 0 & -0.0432 & 0 \\ 0 & -0.0382 & 0 & -0.0432 \\ -0.0432 & 0 & -0.0037 & 0 \\ 0 & -0.0432 & 0 & -0.0037 \end{bmatrix},$$

$$V = \begin{bmatrix} -0.1669 & 0 & 0.0577 & 0 \\ 0 & -0.1669 & 0 & 0.0577 \\ 0.0577 & 0 & -0.2232 & 0 \\ 0 & 0.0577 & 0 & -0.2232 \end{bmatrix}.$$

　　系统在情形 1 下的可行解如图 5-1-1(a) 与图 5-1-1(b) 所示, 这表明基于线性矩阵不等式的同步判据是有效的. 在情形 2 下, 图 5-1-1(c) 与图 5-1-1(d) 表明在该耦合强度下系统不能达到同步, 这表明适当的耦合强度利于系统实现同步.

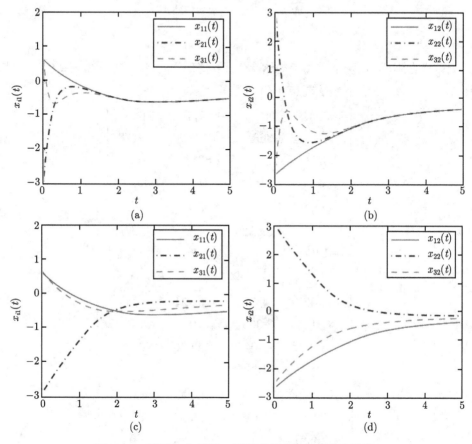

图 5-1-1　情形 1 与情形 2 下节点状态的时间演化曲线

5.2　具有 leakage 时滞的非对称耦合忆阻神经网络的无源性

　　在生物学中, 基于猫的视觉原理构建出了具有全局耦合特性的神经网络模型 [9]. 在硬件实现过程中, 为达到大规模计算与阵列处理的目的, 神经网络通常被集成 (耦合) 在电路中以实现并行计算, 进而提高运算效率与存储容量. 从数学建模角度, 这些集成的神经网络群能够用一个阵列集合模型来刻画, 即耦合神经网络 [9]. 这种网络模型在图像分割、边缘检测、识别与细化等领域有着广泛应用. 耦合神经网络由孤立的节点网络通过节点间耦合组成, 其动力学性态与节点网络既相关却又呈现独特的性质 [10]. 本节基于微分包含与集值映射理论, 研究耦合忆阻神经网络的无源性, 揭示节点网络与耦合网络动力学性态之间的内在联系.

5.2.1 问题的描述

文献 [11] 研究了一类具有时变传输时滞的线性耦合忆阻神经网络模型:

$$\dot{x}_i(t) = -Dx_i(t) + A\left(x_i(t)\right)f(x_i(t)) + B(x_i(t))g(x_i(t - \tau(t))) + \alpha \sum_{j=1, j \neq i}^{N} c_{ij}\Gamma x_j(t),$$

$$(5\text{-}2\text{-}1)$$

其中, $i = 1, 2, \cdots, N, x_i(t) = (x_{i1}(t), x_{i2}(t), \cdots, x_{in}(t))$ 为第 i 个节点网络的状态, 表示耦合强度, i 为常数, $C = (c_{ij}) \in \mathbb{R}^{N \times N}$ 反映耦合网络的耦合结构, $c_{ij} \geqslant 0, i \neq j, c_{ii} = -\sum_{j=1, j \neq i}^{N} c_{ij}, i = 1, 2, \cdots, N, \Gamma = \text{diag}(\gamma_1, \gamma_2, \cdots, \gamma_n)$; 并应用 Lyapunov 方法, 利用线性矩阵不等式技巧, 得到了在周期间歇控制下神经网络全局指数稳定与同步的充分条件.

我们注意到, 系统 (5-2-1) 没有考虑 leakage 时滞、分布传输时滞及节点网络间耦合时滞的影响. 事实上, 在神经网络中往往存在着大量的并行通道, 沿着这些并行通道就会出现传输电压的分布, 信息在这些通道中的传输既不是瞬时的, 传导速率也存在差异.

受文献 [12] 的启发, 本节研究由 N 个时滞忆阻神经网络构成的耦合系统:

$$
\begin{cases}
\dot{x}_i(t) = -D(x_i(t))\,x_i(t-\delta) + A\left(x_i(t)\right)f(x_i(t)) + B(x_i(t))\,f(x_i(t-\tau(t))) \\
\qquad + C(x_i(t)) \displaystyle\int_{t-\mu(t)}^{t} f(x_i(s))\,\mathrm{d}s + u_i(t) \\
\qquad + \alpha \displaystyle\sum_{j=1, j \neq i}^{N} G_{ij}\Lambda x_j(t) + \beta \displaystyle\sum_{j=1, j \neq i}^{N} G_{ij}\Pi x_j(t-\rho(t)), \\
y_i(t) = f(x_i(t)), \quad i = 1, 2, \cdots, N,
\end{cases}
$$

$$(5\text{-}2\text{-}2)$$

其中, $x_i(t) = (x_{i1}(t), x_{i2}(t), \cdots, x_{in}(t))^{\mathrm{T}}$ 为 t 时刻第 i 个节点神经网络电容的电压状态向量, 第 j 个孤立的节点网络为

$$
\begin{cases}
\dot{x}_j(t) = -D(x_j(t))\,x_j(t-\delta) + A(x_j(t))\,f(x_j(t)) + B(x_j(t))\,f(x_j(t-\tau(t))) \\
\qquad + C(x_j(t)) \displaystyle\int_{t-\mu(t)}^{t} f(x_j(s))\,\mathrm{d}s + u_j(t), \\
y_i(t) = f(x_j(t)), \quad j = 1, 2, \cdots, N,
\end{cases}
$$

$$(5\text{-}2\text{-}3)$$

$u_i(t) = (u_{i1}(t), u_{i2}(t), \cdots, u_{in}(t))^{\mathrm{T}}$ 与 $y_i(t) = (y_{i1}(t), y_{i2}(t), \cdots, y_{in}(t))^{\mathrm{T}}$ 分别表示控制输入及输出. $D(x_i(t)) = \mathrm{diag}\,(d_1(x_i(t)), d_2(x_i(t)), \cdots, d_n(x_i(t)))$ 为神经元的自衰减系数矩阵, $\Lambda = \mathrm{diag}\,(\lambda_1, \lambda_2, \cdots, \lambda_n)$ 与 $\Pi = \mathrm{diag}\,(\pi_1, \pi_2, \cdots, \pi_n)$ 为正定对角矩阵, 表示内部连接强度, $f(x_i(t))$ 与 $f(x_i(t - \tau_i(t)))$ 为神经元的激活函数, 满足 $f(0) = 0$. $G = (G_{ij})_{N \times N}$ 为耦合矩阵, 表示网络间的耦合强度及结构, α 与 β 分别为常耦合与时滞耦合系数. $\tau(t), \mu(t), \rho(t)$ 分别表示离散传输时变时滞、分布时变时滞与耦合连接时变时滞, 满足 $0 \leqslant \tau(t) \leqslant \tau_M, \dot{\tau}(t) \leqslant \tau_D, 0 \leqslant \mu(t) \leqslant \mu_M, 0 \leqslant \rho(t) \leqslant \rho_M, \dot{\rho}(t) \leqslant \rho_D$. $\delta \geqslant 0$ 为常数, 表示 leakage 时滞. $A\,(x_i(t)) = (a_{kl}\,(x_i(t)))_{n \times n}, B\,(x_i(t)) = (b_{kl}\,(x_i(t)))_{n \times n}$ 和 $C\,(x_i(t)) = (c_{kl}\,(x_i(t)))_{n \times n}$ 为基于忆阻器的连接权重矩阵, 根据忆阻器的特点以及电流电压特性 [13], 我们假定

$$d_k(x_i(t)) = \begin{cases} \widehat{d}_k, & -\dfrac{\mathrm{d}f\,(x_{ik}(t))}{\mathrm{d}t} - \dfrac{\mathrm{d}x_{ik}(t)}{\mathrm{d}t} \leqslant 0, \\[3mm] \breve{d}_k, & -\dfrac{\mathrm{d}f\,(x_{ik}(t))}{\mathrm{d}t} - \dfrac{\mathrm{d}x_{ik}(t)}{\mathrm{d}t} > 0, \end{cases}$$

$$a_{kl}(x_i(t)) = \begin{cases} \widehat{a}_{kl}, & \mathrm{sign}_{kl}\dfrac{\mathrm{d}f\,(x_{il}(t))}{\mathrm{d}t} - \dfrac{\mathrm{d}x_{ik}(t)}{\mathrm{d}t} \leqslant 0, \\[3mm] \breve{a}_{kl}, & \mathrm{sign}_{kl}\dfrac{\mathrm{d}f\,(x_{il}(t))}{\mathrm{d}t} - \dfrac{\mathrm{d}x_{ik}(t)}{\mathrm{d}t} > 0, \end{cases}$$

$$b_{kl}(x_i(t)) = \begin{cases} \widehat{b}_{kl}, & \mathrm{sign}_{kl}\dfrac{\mathrm{d}f\,(x_{il}\,(t - \tau(t)))}{\mathrm{d}t} - \dfrac{\mathrm{d}x_{ik}(t)}{\mathrm{d}t} \leqslant 0, \\[3mm] \breve{b}_{kl}, & \mathrm{sign}_{kl}\dfrac{\mathrm{d}f\,(x_{il}\,(t - \tau(t)))}{\mathrm{d}t} - \dfrac{\mathrm{d}x_{ik}(t)}{\mathrm{d}t} > 0, \end{cases} \qquad (5\text{-}2\text{-}4)$$

$$c_{kl}(x_i(t)) = \begin{cases} \widehat{c}_{kl}, & \mathrm{sign}_{kl}\dfrac{\mathrm{d}f\,(x_{il}(t))}{\mathrm{d}t} - \dfrac{\mathrm{d}x_{ik}(t)}{\mathrm{d}t} \leqslant 0, \\[3mm] \breve{c}_{kl}, & \mathrm{sign}_{kl}\dfrac{\mathrm{d}f\,(x_{il}(t))}{\mathrm{d}t} - \dfrac{\mathrm{d}x_{ik}(t)}{\mathrm{d}t} > 0, \end{cases}$$

其中, $k, l = 1, 2, \cdots, n, \widehat{d}_k > 0, \breve{d}_k > 0, \widehat{a}_{kl}, \breve{a}_{kl}, \widehat{b}_{kl}, \breve{b}_{kl}, \widehat{c}_{kl}, \breve{c}_{kl}$ 为与忆阻器相关的已知常数, 并且

$$\mathrm{sign}_{kl} = \begin{cases} 1, & k \neq l, \\ -1, & k = l. \end{cases}$$

对系统 (5-2-2) 做以下假设:

(A5.2.1) 神经元的激活函数 $f_i(\cdot)$ 满足 Lipschitz 条件, 即对任意的两个实数 u, v, 均有

$$|f_i(u) - f_i(v)| \leqslant \ell_i |u - v|, \quad \forall u, v \in R, \ u \neq v, \ i = 1, 2, \cdots, n,$$

其中, ℓ_i 为 Lipschitz 常数, 并且 $f_i(0) = 0$.

(A5.2.2) $\delta, \tau(t), \mu(t), \rho(t)$ 满足

$$\delta \geqslant 0, \quad 0 \leqslant \tau(t) \leqslant \tau_M, \quad \dot{\tau}(t) \leqslant \tau_D < 1,$$

$$0 \leqslant \mu(t) \leqslant \mu_M, \quad 0 \leqslant \rho(t) \leqslant \rho_M, \quad \dot{\rho}(t) \leqslant \rho_D < 1.$$

假定系统 (5-2-2) 的初始条件为

$$\begin{aligned}
x_i(t) &= (x_{i1}(t), x_{i2}(t), \cdots, x_{in}(t))^{\mathrm{T}} \\
&= (\phi_{i1}(t), \phi_{i2}(t), \cdots, \phi_{in}(t))^{\mathrm{T}}, \quad t_0 - \epsilon \leqslant t \leqslant t_0,
\end{aligned}$$

其中, $\phi_{ik}(t) \in \mathcal{C}\left([t_0 - \epsilon, t_0], \mathbb{R}\right), \epsilon = \max[\delta, \tau_M, \mu_M, \rho_M], i = 1, 2, \cdots, N, k = 1, 2, \cdots, n.$

记

$$\begin{aligned}
&\widehat{D} = (\widehat{d}_{kl})_{n \times n}, \quad \breve{D} = (\breve{d}_{kl})_{n \times n}, \quad \widehat{A} = (\widehat{a}_{kl})_{n \times n}, \quad \breve{A} = (\breve{a}_{kl})_{n \times n}, \\
&\widehat{B} = (\widehat{b}_{kl})_{n \times n}, \quad \breve{B} = (\breve{b}_{kl})_{n \times n}, \quad \widehat{C} = (\widehat{c}_{kl})_{n \times n}, \quad \breve{C} = (\breve{c}_{kl})_{n \times n}, \\
&\mathfrak{L} = \mathrm{diag}(\ell_1, \ell_2, \cdots, \ell_n), \quad k, l = 1, 2, \cdots, n.
\end{aligned}$$

应用微分包含与集值映射理论, 由系统 (5-2-2) 可得

$$\begin{cases}
\dot{x}_i(t) \in -\mathrm{co}\{\widehat{D}, \breve{D}\} x_i(t - \delta) + \mathrm{co}\{\widehat{A}, \breve{A}\} f(x_i(t)) \\
\quad + \mathrm{co}\{\widehat{B}, \breve{B}\} f(x_i(t - \tau(t))) \\
\quad + \mathrm{co}\{\widehat{C}, \breve{C}\} \displaystyle\int_{t-\mu(t)}^{t} f(x_i(s))\, \mathrm{d}s + u_i(t) \\
\quad + \alpha \displaystyle\sum_{j=1, j \neq i}^{N} G_{ij} \Lambda x_j(t) + \beta \sum_{j=1, j \neq i}^{N} G_{ij} \Pi x_j(t - \rho(t)), \\
y_i(t) = f(x_i(t)), \quad i = 1, 2, \cdots, N,
\end{cases} \qquad (5\text{-}2\text{-}5)$$

或者等价地, 存在 $D \in \mathrm{co}\{\widehat{D}, \breve{D}\}, A \in \mathrm{co}\{\widehat{A}, \breve{A}\}, B \in \mathrm{co}\{\widehat{B}, \breve{B}\}, C \in \mathrm{co}\{\widehat{C}, \breve{C}\},$

使得

$$
\begin{cases}
\dot{x}_i(t) = -Dx_i(t-\delta) + Af(x_i(t)) + Bf(x_i(t-\tau(t))) \\
\quad + C \displaystyle\int_{t-\mu(t)}^{t} f(x_i(s))\,\mathrm{d}s + u_i(t) \\
\quad + \alpha \displaystyle\sum_{j=1,j\neq i}^{N} G_{ij}\Lambda x_j(t) + \beta \displaystyle\sum_{j=1,j\neq i}^{N} G_{ij}\Pi x_j(t-\rho(t)), \\
y_i(t) = f(x_i(t)), \quad i = 1,2,\cdots,N.
\end{cases}
\tag{5-2-6}
$$

5.2.2　无源性分析

定理 5.2.1　假设 (A5.2.1) 和 (A5.2.2) 成立, 存在正定对角矩阵 P_i, Q_i, R_i, $S_i, T_i, M_i, J_i, H_i, \bar{P}_j, \bar{R}_j$ 以及常数 $\gamma \geqslant 0$, 使得下列线性矩阵不等式同时成立:

$$
\Xi_{1i} =
\begin{bmatrix}
\Sigma_{11} & \Sigma_{12} & P_iB & P_iC & 0 & D^{\mathrm{T}}P_i^{\mathrm{T}}D & 0 & P_i \\
* & \Sigma_{22} & 0 & 0 & 0 & -A^{\mathrm{T}}P_i^{\mathrm{T}}D & 0 & -I \\
* & * & -(1-\tau_D)T_i & 0 & 0 & -B^{\mathrm{T}}P_i^{\mathrm{T}}D & 0 & 0 \\
* & * & * & -M_i & 0 & -C^{\mathrm{T}}P_i^{\mathrm{T}}D & 0 & 0 \\
* & * & * & * & -Q_i & 0 & 0 & 0 \\
* & * & * & * & * & -R_i/2 & 0 & -D^{\mathrm{T}}P_i \\
* & * & * & * & * & * & -(1-\tau_D)S_i & 0 \\
* & * & * & * & * & * & * & -\gamma I
\end{bmatrix}
$$
$$
< 0,
\tag{5-2-7}
$$

$$
\Theta_{1j} =
\begin{bmatrix}
\Phi_{11} & \beta\pi_j\bar{P}_jG & -\alpha\lambda_j d_j\bar{P}_jG \\
* & -(1-\rho_D)\bar{J}_j & -\beta\pi_j d_j\bar{P}_jG \\
* & * & -\bar{R}_j/2
\end{bmatrix} < 0,
\tag{5-2-8}
$$

其中

$\Sigma_{11} = Q_i + \delta^2 R_i + S_i - P_iD, \quad \Sigma_{12} = P_iA + \mathcal{L}H_i, \quad \Sigma_{22} = \mu_M^2 M_i + T_i - H_i - H_i^{\mathrm{T}}$,
$\Phi_{11} = -d_j\bar{P}_j + \bar{J}_j + 2\alpha\lambda_j\bar{P}_jG, \quad P_i = \mathrm{diag}(p_1^i, p_2^i, \cdots, p_n^i)$,
$R_i = \mathrm{diag}(r_1^i, r_2^i, \cdots, r_n^i), \quad \bar{P}_j = \mathrm{diag}(\bar{p}_j^1, \bar{p}_j^2, \cdots, \bar{p}_j^N), \quad \bar{R}_j = \mathrm{diag}(\bar{r}_j^1, \bar{r}_j^2, \cdots, \bar{r}_j^N)$,
$i = 1,2,\cdots,N, \ j = 1,2,\cdots,n$,

则耦合系统 (5-2-6) 是无源的.

注 5.2.1 在定理 5.2.1 中, Ξ_{1i} 是独立的, 而 Θ_{1i} 依赖于 Ξ_{1i}. 因此, 应首先计算线性矩阵不等式 (5-2-7) 得到 $P_i(\bar{P}_j)$ 与 $Q_i(\bar{Q}_j)$, 再计算线性矩阵不等式 (5-2-8).

证明 定义 Lyapunov-Krasovskii 泛函:

$$V_1(t) = V_{11}(t) + V_{12}(t) + V_{13}(t) + V_{14}(t) + V_{15}(t), \tag{5-2-9}$$

其中

$$V_{11}(t) = \sum_{i=1}^{N}\left(x_i(t) - D\int_{t-\delta}^{t}x_i(s)\mathrm{d}s\right)^{\mathrm{T}}P_i\left(x_i(t) - D\int_{t-\delta}^{t}x_i(s)\mathrm{d}s\right),$$

$$V_{12}(t) = \sum_{i=1}^{N}\int_{t-\delta}^{t}x_i^{\mathrm{T}}(s)Q_ix_i(s)\mathrm{d}s + \sum_{i=1}^{N}\delta\int_{-\delta}^{0}\int_{t+\theta}^{t}x_i^{\mathrm{T}}(s)R_ix_i(s)\mathrm{d}s\mathrm{d}\theta,$$

$$V_{13}(t) = \sum_{i=1}^{N}\int_{t-\tau(t)}^{t}x_i^{\mathrm{T}}(s)S_ix_i(s)\mathrm{d}s + \sum_{i=1}^{N}\int_{t-\tau(t)}^{t}f^{\mathrm{T}}(x_i(s))\,T_if(x_i(s))\,\mathrm{d}s,$$

$$V_{14}(t) = \sum_{i=1}^{N}\mu_M\int_{-\mu_M}^{0}\int_{t+\theta}^{t}f^{\mathrm{T}}(x_i(s))\,M_if(x_i(s))\,\mathrm{d}s\mathrm{d}\theta,$$

$$V_{15}(t) = \sum_{i=1}^{N}\int_{t-\rho(t)}^{t}x_i^{\mathrm{T}}(s)J_ix_i(s)\mathrm{d}s. \tag{5-2-10}$$

沿着系统 (5-2-6) 的解计算 $V_{1k}(t)$ $(k = 1, 2, \cdots, 5)$ 的全导数, 可得

$$\dot{V}_{11}(t) = 2\sum_{i=1}^{N}\left(x_i(t) - D\int_{t-\delta}^{t}x_i(s)\mathrm{d}s\right)^{\mathrm{T}}P_i\left[-Dx_i(t) + Af(x_i(t))\right.$$

$$+ Bf(x_i(t-\tau(t))) + C\int_{t-\mu(t)}^{t}f(x_i(s))\mathrm{d}s + u_i(t)$$

$$+ \alpha\sum_{j=1,j\neq i}^{N}G_{ij}\Lambda x_j(t) + \beta\sum_{j=1,j\neq i}^{N}G_{ij}\Pi x_j(t-\rho(t))], \tag{5-2-11}$$

$$\dot{V}_{12}(t) = \sum_{i=1}^{N}\left(x_i^{\mathrm{T}}(t)(Q_i+\delta^2 R_i)x_i(t) - x_i^{\mathrm{T}}(t-\delta)Q_ix_i(t-\delta) - \delta\int_{t-\delta}^{t}x_i^{\mathrm{T}}(s)R_ix_i(s)\mathrm{d}s\right)$$

$$\leqslant \sum_{i=1}^{N}\left[x_i^{\mathrm{T}}(t)(Q_i+\delta^2 R_i)x_i(t) - x_i^{\mathrm{T}}(t-\delta)Q_ix_i(t-\delta) - \left(\int_{t-\delta}^{t}x_i(s)\mathrm{d}s\right)^{\mathrm{T}}\right.$$

$$\left.\cdot R_i\left(\int_{t-\delta}^{t}x_i(s)\mathrm{d}s\right)\right], \tag{5-2-12}$$

$$\dot{V}_{13}(t) = \sum_{i=1}^{N} \left(x_i^{\mathrm{T}}(t) S_i x_i(t) - (1 - \dot{\tau}(t)) x_i^{\mathrm{T}}(t - \tau(t)) S_i x_i(t - \tau(t)) \right)$$

$$+ \sum_{i=1}^{N} \left(f^{\mathrm{T}}(x_i(t)) T_i f(x_i(t)) - (1 - \dot{\tau}(t)) f^{\mathrm{T}}(x_i(t - \tau(t))) T_i f(x_i(t - \tau(t))) \right)$$

$$\leqslant \sum_{i=1}^{N} \left(x_i^{\mathrm{T}}(t) S_i x_i(t) - (1 - \tau_D) x_i^{\mathrm{T}}(t - \tau(t)) S_i x_i(t - \tau(t)) \right)$$

$$+ \sum_{i=1}^{N} \left(f^{\mathrm{T}}(x_i(t)) T_i f(x_i(t)) - (1 - \tau_D) f^{\mathrm{T}}(x_i(t - \tau(t))) T_i f(x_i(t - \tau(t))) \right),$$

$$(5\text{-}2\text{-}13)$$

$$\dot{V}_{14}(t) = \sum_{i=1}^{N} \left(f^{\mathrm{T}}(x_i(t)) \mu_M^2 M_i f(x_i(t)) - \mu_M \int_{t-\mu_M}^{t} f^{\mathrm{T}}(x_i(s)) M_i f(x_i(s))\, \mathrm{d}s \right)$$

$$\leqslant \sum_{i=1}^{N} \left[f^{\mathrm{T}}(x_i(t)) \mu_M^2 M_i f(x_i(t)) - \left(\int_{t-\mu(t)}^{t} f(x_i(s))\, \mathrm{d}s \right)^{\mathrm{T}} \right.$$

$$\left. \cdot M_i \left(\int_{t-\mu(t)}^{t} f(x_i(s))\, \mathrm{d}s \right) \right],$$

$$(5\text{-}2\text{-}14)$$

$$\dot{V}_{15}(t) = \sum_{i=1}^{N} \left(x_i^{\mathrm{T}}(t) J_i x_i(t) - (1 - \dot{\rho}(t)) x_i^{\mathrm{T}}(t - \rho(t)) J_i x_i(t - \rho(t)) \right)$$

$$\leqslant \sum_{i=1}^{N} \left(x_i^{\mathrm{T}}(t) J_i x_i(t) - (1 - \rho_D) x_i^{\mathrm{T}}(t - \rho(t)) J_i x_i(t - \rho(t)) \right)$$

$$= \sum_{j=1}^{n} \left(\bar{x}_j^{\mathrm{T}}(t) \bar{J}_j \bar{x}_j(t) - (1 - \rho_D) \bar{x}_j^{\mathrm{T}}(t - \rho(t)) \bar{J}_j \bar{x}_j(t - \rho(t)) \right), \quad (5\text{-}2\text{-}15)$$

其中

$$x_i(t) = (x_{i1}(t), x_{i2}(t), \cdots, x_{in}(t)), \quad i = 1, 2, \cdots, N,$$
$$\bar{x}_j(t) = (x_{1j}(t), x_{2j}(t), \cdots, x_{Nj}(t)), \quad j = 1, 2, \cdots, n.$$

根据 (A5.2.1), 可得

$$2 \left(x_i^{\mathrm{T}}(t) \mathcal{L} H_i f(x_i(t)) - f^{\mathrm{T}}(x_i(t)) H_i f(x_i(t)) \right) \geqslant 0, \quad (5\text{-}2\text{-}16)$$

其中, H_i 为正定对角矩阵.

分别将矩阵 P_i 改写为 $\bar{P}_j = \mathrm{diag}(p_j^1, p_j^2, \cdots, p_j^N)$, R_i 改写为 $\bar{R}_j = \mathrm{diag}(r_j^1, r_j^2, \cdots, r_j^N)$, 矩阵 $\bar{P}_j$ 和 $P_i, \bar{R}_j$ 和 R_i 的各个元素是相同的, 有

$$2\sum_{i=1}^{N} x_i^{\mathrm{T}}(t) P_i \alpha \sum_{j=1,j\neq i}^{N} G_{ij} \Lambda x_j(t) = 2\sum_{j=1}^{n} \alpha\lambda_j \bar{x}_j^{\mathrm{T}}(t) \bar{P}_j G \bar{x}_j(t), \tag{5-2-17}$$

$$2\sum_{i=1}^{N} x_i^{\mathrm{T}}(t) P_i \beta \sum_{j=1,j\neq i}^{N} G_{ij} \Pi x_j(t-\rho(t)) = 2\sum_{j=1}^{n} \beta\pi_j \bar{x}_j^{\mathrm{T}}(t) \bar{P}_j G \bar{x}_j(t-\rho(t)), \tag{5-2-18}$$

$$-\sum_{i=1}^{N} x_i^{\mathrm{T}}(t) P_i D x_i(t) = -\sum_{j=1}^{n} d_j \bar{x}_j^{\mathrm{T}}(t) \bar{P}_j \bar{x}_j(t), \tag{5-2-19}$$

$$-2\sum_{i=1}^{N} \int_{t-\delta}^{t} x_i^{\mathrm{T}}(s)\mathrm{d}s D^{\mathrm{T}} P_i \alpha \sum_{j=1,j\neq i}^{N} G_{ij} \Lambda x_j(t)$$
$$= -2\sum_{j=1}^{n} \alpha\lambda_j d_j \int_{t-\delta}^{t} \bar{x}_j^{\mathrm{T}}(s)\mathrm{d}s \bar{P}_j G \bar{x}_j(t), \tag{5-2-20}$$

$$-2\sum_{i=1}^{N} \int_{t-\delta}^{t} x_i^{\mathrm{T}}(s)\mathrm{d}s D^{\mathrm{T}} P_i \beta \sum_{j=1,j\neq i}^{N} G_{ij} \Pi x_j(t-\rho(t))$$
$$= -2\sum_{j=1}^{n} \beta\pi_j d_j \int_{t-\delta}^{t} \bar{x}_j^{\mathrm{T}}(s)\mathrm{d}s \bar{P}_j G \bar{x}_j(t-\rho(t)), \tag{5-2-21}$$

$$-\sum_{i=1}^{N} \int_{t-\delta}^{t} x_i^{\mathrm{T}}(s)\mathrm{d}s \frac{R_i}{2} \int_{t-\delta}^{t} x_i^{\mathrm{T}}(s)\mathrm{d}s = -\sum_{j=1}^{n} \int_{t-\delta}^{t} \bar{x}_j^{\mathrm{T}}(s)\mathrm{d}s \frac{\bar{R}_j}{2} \int_{t-\delta}^{t} \bar{x}_j(s)\mathrm{d}s. \tag{5-2-22}$$

由 (5-2-11)—(5-2-22) 可得

$$\dot{V}_1(t) - 2y^{\mathrm{T}}(t)u(t) - \gamma u^{\mathrm{T}}(t)u(t)$$

$$\leqslant \sum_{i=1}^{N} \Big[x_i^{\mathrm{T}}(t)(Q_i + \delta^2 R_i + S_i - P_i D)x_i(t) + 2x_i^{\mathrm{T}}(t)(P_i A + \mathcal{L}H_i)f(x_i(t))$$

$$+ 2x_i^{\mathrm{T}}(t)P_i B f(x_i(t-\tau(t))) + 2x_i^{\mathrm{T}}(t)P_i C \int_{t-\mu(t)}^{t} f(x_i(s))\,\mathrm{d}s + 2x_i^{\mathrm{T}}(t)P_i u_i(t)$$

$$+ f^{\mathrm{T}}(x_i(t)) \left(\mu_M^2 M_i + T_i - 2H_i\right) f(x_i(t)) - 2f^{\mathrm{T}}(x_i(t)) u_i(t)$$

$$- x_i^{\mathrm{T}}(t-\delta) Q_i x_i(t-\delta)$$

$$- \gamma u_i^{\mathrm{T}}(t) u_i(t) - (1-\tau) x_i^{\mathrm{T}}(t-\tau(t)) S_i x_i(t-\tau(t))$$

$$- \frac{1}{2} \left(\int_{t-\delta}^t x_i(s)\mathrm{d}s\right)^{\mathrm{T}} R_i \left(\int_{t-\delta}^t x_i(s)\mathrm{d}s\right) + 2 \left(\int_{t-\delta}^t x_i(s)\mathrm{d}s\right)^{\mathrm{T}} DP_i D x_i(t)$$

$$- 2 \left(\int_{t-\delta}^t x_i(s)\mathrm{d}s\right)^{\mathrm{T}} D^{\mathrm{T}} P_i A f(x_i(t)) - 2 \left(\int_{t-\delta}^t x_i(s)\mathrm{d}s\right)^{\mathrm{T}} D^{\mathrm{T}} P B_i f(x_i(t-\tau(t)))$$

$$- 2 \left(\int_{t-\delta}^t x_i(s)\mathrm{d}s\right)^{\mathrm{T}} D^{\mathrm{T}} P_i C \int_{t-\mu(t)}^t f(x_i(s)) \,\mathrm{d}s - 2 \left(\int_{t-\delta}^t x_i(s)\mathrm{d}s\right)^{\mathrm{T}} D^{\mathrm{T}} P_i u_i(t)$$

$$- \left(\int_{t-\mu(t)}^t f(x_i(s)) \,\mathrm{d}s\right)^{\mathrm{T}} M_i \left(\int_{t-\mu(t)}^t f(x_i(s)) \,\mathrm{d}s\right)$$

$$- (1-\tau_D) f^{\mathrm{T}}(x_i(t-\tau(t))) T_i f(x_i(t-\tau(t))) \Big]$$

$$+ \sum_{j=1}^n \Big[-d_j \bar{x}_j^{\mathrm{T}}(t) \bar{P}_j \bar{x}_j(t) + \bar{x}_j^{\mathrm{T}}(t) \bar{J}_j \bar{x}_j(t) - (1-\rho_D) \bar{x}_j^{\mathrm{T}}(t-\rho(t)) \bar{J}_j \bar{x}_j(t-\rho(t))$$

$$+ 2\alpha\lambda_j \bar{x}_j^{\mathrm{T}}(t) \bar{P}_j G \bar{x}_j(t) + 2\beta\pi_j \bar{x}_j^{\mathrm{T}}(t) \bar{P}_j G \bar{x}_j(t-\rho(t))$$

$$- 2\alpha\lambda_j d_j \int_{t-\delta}^t \bar{x}_j^{\mathrm{T}}(s)\mathrm{d}s \bar{P}_j G \bar{x}_j(t) - 2\beta\pi_j d_j \int_{t-\delta}^t \bar{x}_j^{\mathrm{T}}(s)\mathrm{d}s \bar{P}_j G \bar{x}_j(t-\rho(t))$$

$$- \frac{1}{2} \int_{t-\delta}^t \bar{x}_j^{\mathrm{T}}(s)\mathrm{d}s \bar{R}_j \int_{t-\delta}^t \bar{x}_j(s)\mathrm{d}s \Big]$$

$$= \sum_{j=1}^n \theta_j^{\mathrm{T}}(t) \Theta_{1j} \theta_j(t) + \sum_{i=1}^N \xi_i^{\mathrm{T}}(t) \Xi_{1i} \xi_i(t),$$

其中

$$\theta_j^{\mathrm{T}}(t) = \left[\bar{x}_j^{\mathrm{T}}(t), \bar{x}_j^{\mathrm{T}}(t-\rho(t)), \int_{t-\delta}^t \bar{x}_j^{\mathrm{T}}(s)\mathrm{d}s \right],$$

$$\xi_i^{\mathrm{T}}(t) = \Big[x_i^{\mathrm{T}}(t), f^{\mathrm{T}}(x_i(t)), f^{\mathrm{T}}(x_i(t-\tau(t))),$$

$$\int_{t-\mu(t)}^t f^{\mathrm{T}}(x_i(s)) \,\mathrm{d}s, x_i^{\mathrm{T}}(t-\delta), \int_{t-\delta}^t x_i^{\mathrm{T}}(s)\mathrm{d}s, x_i^{\mathrm{T}}(t-\tau(t)), u_i^{\mathrm{T}}(t) \Big].$$

因此, 如果 $\Theta_{1j} < 0, \Xi_{1i} < 0$, 有

$$\dot{V}_1(t) - 2y^{\mathrm{T}}(t)u(t) - \gamma u^{\mathrm{T}}(t)u(t) \leqslant 0. \tag{5-2-23}$$

在时间 0 到 t_p 上对 (5-2-23) 求积分, 当 $x(0) = 0$ 时,

$$2 \int_0^{t_p} y^{\mathrm{T}}(s)u(s)\mathrm{d}s \geqslant V_1(t_p, x(t_p)) - V_1(0, x(0)) - \gamma \int_0^{t_p} u^{\mathrm{T}}(s)u(s)\mathrm{d}s.$$

由于 $V_1(0, x(0)) = 0, V_1(t_p, x(t_p)) \geqslant 0$, 有

$$2 \int_0^{t_p} y^{\mathrm{T}}(s)u(s)\mathrm{d}s \geqslant -\gamma \int_0^{t_p} u^{\mathrm{T}}(s)u(s)\mathrm{d}s.$$

根据定义 1.3.6, 可证耦合系统 (5-2-6) 是无源的. □

推论 5.2.1 假设 (A5.2.1), (A5.2.2) 及定理 5.2.1 中的条件均成立. 当外部输入 $u(t) = 0$ 时, 若存在正定对角矩阵 $P_i, Q_i, R_i, S_i, T_i, M_i, J_i, H_i, \bar{P}_j, \bar{R}$, 以及常数 $\gamma \geqslant 0$, 使得下列线性矩阵不等式同时成立:

$$\Xi_{1i} = \begin{bmatrix} \Sigma_{11} & \Sigma_{12} & P_iB & P_iC & 0 & D^{\mathrm{T}}P_i^{\mathrm{T}}D & 0 & P_i \\ * & \Sigma_{22} & 0 & 0 & 0 & -A^{\mathrm{T}}P_i^{\mathrm{T}}D & 0 & -I \\ * & * & -(1-\tau_D)T_i & 0 & 0 & -B^{\mathrm{T}}P_i^{\mathrm{T}}D & 0 & 0 \\ * & * & * & -M_i & 0 & -C^{\mathrm{T}}P_i^{\mathrm{T}}D & 0 & 0 \\ * & * & * & * & -Q_i & 0 & 0 & 0 \\ * & * & * & * & * & -R_i/2 & 0 & -D^{\mathrm{T}}P_i \\ * & * & * & * & * & * & -(1-\tau_D)S_i & 0 \\ * & * & * & * & * & * & * & -\gamma I \end{bmatrix}$$

$$< 0, \tag{5-2-24}$$

$$\Theta_{1j} = \begin{bmatrix} \Phi_{11} & \beta\pi_j\bar{P}_jG & -\alpha\lambda_jd_j\bar{P}_jG \\ * & -(1-\rho_D)\bar{J}_j & -\beta\pi_jd_j\bar{P}_jG \\ * & * & -\bar{R}_j/2 \end{bmatrix} < 0, \tag{5-2-25}$$

其中

$$\begin{aligned} \Sigma_{11} &= Q_i + \delta^2 R_i + S_i - P_iD, & \Sigma_{12} &= P_iA + \mathcal{L}H_i, \\ \Sigma_{22} &= \mu_M^2 M_i + T_i - H_i - H_i^{\mathrm{T}} & \Phi_{11} &= -d_j\bar{P}_j + \bar{J}_j + 2\alpha\lambda_j\bar{P}_jG, \\ P_i &= \mathrm{diag}(p_1^i, p_2^i, \cdots, p_n^i), & R_i &= \mathrm{diag}(r_1^i, r_2^i, \cdots, r_n^i), \\ \bar{P}_j &= \mathrm{diag}(\bar{p}_j^1, \bar{p}_j^2, \cdots, \bar{p}_j^N), & \bar{R}_j &= \mathrm{diag}(\bar{r}_j^1, \bar{r}_j^2, \cdots, \bar{r}_j^N), \\ i &= 1, 2, \cdots, N, \quad j = 1, 2, \cdots, n, \end{aligned}$$

则耦合系统 (5-2-6) 是全局渐近稳定的.

注 5.2.2 (5-2-24) 仅与节点网络的动力学性态相关, 这不依赖于耦合连接的参数, 而 (5-2-25) 则依赖于 $G, \alpha, \beta, \lambda, \pi$. 由于耦合连接的存在, 使得当节点网络稳

定时, 耦合系统可能不稳定. 因此, 推论 5.2.1 作为桥梁将耦合系统的稳定性与其 N 个节点网络的稳定性联系起来.

证明　当外部输入 $u(t) = 0$ 时, 与定理 5.2.1 证明类似, 可以得到

$$V_1'(t) \leqslant \sum_{j=1}^{n} \theta^{\mathrm{T}}(t)\Theta_{1j}\theta(t) + \sum_{i=1}^{N} \xi^{\mathrm{T}}(t)\Xi_{1i}\xi(t) < 0, \tag{5-2-26}$$

其中, $V_1(t)$ 由 (5-2-9) 定义. 因此,

$$V_1(t) \leqslant V_1(t_0), \quad t \geqslant t_0. \tag{5-2-27}$$

由 (5-2-10) 可得

$$V_{11}(t_0) = \sum_{i=1}^{N} \left(x_i(t_0) - D \int_{t_0-\delta}^{t_0} x_i(s)\mathrm{d}s \right)^{\mathrm{T}} P \left(x_i(t_0) - D \int_{t_0-\delta}^{t_0} x_i(s)\mathrm{d}s \right)$$
$$\leqslant \sum_{i=1}^{N} \lambda_m(P_i) \left\| x_i(t_0) - D \int_{t_0-\delta}^{t_0} x_i(s)\mathrm{d}s \right\|^2,$$

$$V_{12}(t_0) = \sum_{i=1}^{N} \int_{t_0-\delta}^{t_0} x_i^{\mathrm{T}}(s)Q_i x_i(s)\mathrm{d}s + \sum_{i=1}^{N} \delta \int_{-\delta}^{0} \int_{t_0+\theta}^{t_0} x_i^{\mathrm{T}}(s)R_i x_i(s)\mathrm{d}s\mathrm{d}\theta$$
$$\leqslant \sum_{i=1}^{N} \delta\lambda_m(Q_i) \|x_i\|^2 + \sum_{i=1}^{N} \delta\lambda_m(R_i) \int_{-\delta}^{0} \int_{t_0+\theta}^{t_0} \|x_i(s)\|^2\mathrm{d}s\mathrm{d}\theta,$$

$$V_{13}(t_0) = \sum_{i=1}^{N} \int_{t_0-\tau(t)}^{t_0} x_i^{\mathrm{T}}(s)S_i x_i(s)\mathrm{d}s + \sum_{i=1}^{N} \int_{t_0-\tau(t)}^{t_0} f^{\mathrm{T}}(x_i(s)) T_i f(x_i(s))\,\mathrm{d}s$$
$$\leqslant \sum_{i=1}^{N} \tau_M\lambda_m(S_i) \|x_i\|^2 + \sum_{i=1}^{N} \tau_M\lambda_m(T_i)K^2 \|x_i\|^2,$$

$$V_{14}(t_0) = \sum_{i=1}^{N} \mu_M \int_{-\mu_M}^{0} \int_{t_0+\theta}^{t_0} f^{\mathrm{T}}(x_i(s)) M_i f(x_i(s))\,\mathrm{d}s\mathrm{d}\theta$$
$$\leqslant \sum_{i=1}^{N} \mu_M\lambda_m(M_i)K^2 \int_{-\mu_M}^{0} \int_{t_0+\theta}^{t_0} \|x_i(s)\|^2\mathrm{d}s\mathrm{d}\theta,$$

$$V_{15}(t_0) = \sum_{i=1}^{N} \int_{t_0-\rho(t)}^{t_0} x_i^{\mathrm{T}}(s)J_i x_i(s)\mathrm{d}s$$
$$\leqslant \sum_{i=1}^{N} \rho_M\lambda_m(J_i) \|x_i\|^2. \tag{5-2-28}$$

由 (5-2-28) 可得

$$V_1(t_0) \leqslant \sum_{i=1}^{N} (\lambda_m(P_i)(1+\delta\|D\|)^2 + \delta\lambda_m(Q_i) + \tau_M\lambda_m(S_i) + \rho_M\lambda_m(J_i)$$
$$+ \tau_M\lambda_m(T_i)K^2 + \delta^3\lambda_m(R_i)/2 + \mu_M^3\lambda_m(M_i)K^2/2)\|x_i\|^2$$
$$\triangleq \sum_{i=1}^{N} M\|\phi\|^2 < \infty.$$

根据 (5-2-10), 易知

$$\sum_{i=1}^{N} \lambda_m(P_i) \left\| x_i(t) - D\int_{t-\delta}^{t} x_i(s)\mathrm{d}s \right\|^2 \leqslant V_1(t) \leqslant V_1(t_0) \leqslant \sum_{i=1}^{N} M\|\phi\|^2. \quad (5\text{-}2\text{-}29)$$

由 (5-2-29) 有

$$\|x_i(t)\| \leqslant \|D\| \int_{t-\delta}^{t} \|x_i(s)\|\mathrm{d}s + \frac{\sqrt{M}}{\sqrt{\lambda_m(P_i)}} \|\phi\|, \quad t > t_0.$$

由 Gronwall 不等式可得

$$\|x_i(t)\| \leqslant \frac{\sqrt{M}}{\sqrt{\lambda_m(P_i)}} \|\phi\| \exp\{\delta\|D\|\}, \quad t > t_0. \quad (5\text{-}2\text{-}30)$$

由于 $\|\phi\|$ 能够根据充分小的初值取任意小, 所以系统 (5-2-6) 在平衡点处是局部稳定的. 又系统 (5-2-6) 的解在 $[t_0,\infty)$ 上一致有界, 这表明系统 (5-2-6) 的解的导数在 $[t_0,\infty)$ 上有界, 这可以导出系统 (5-2-6) 的解的一致连续性. 由 (5-2-26) 可得

$$V_1(t) - \sum_{j=1}^{n} \int_{t_0}^{t} \theta_j^{\mathrm{T}}(s)\Theta_{1j}\theta_j(s)\mathrm{d}s - \sum_{i=1}^{N} \int_{t_0}^{t} \xi_i^{\mathrm{T}}(s)\Xi_{1i}\xi_i(s)\mathrm{d}s \leqslant V_1(t_0) < \infty. \quad (5\text{-}2\text{-}31)$$

应用 Barbalat 引理, 易知当 $t \to \infty$ 时, $x_i(t) \to 0$. 由此可知, 系统 (5-2-6) 的平衡点是全局吸引的. 推论得证. □

假定神经元的自衰减为瞬时过程, 即不考虑 leakage 时滞的影响, 系统 (5-2-6) 退化为

$$\begin{cases} \dot{x}_i(t) = -Dx_i(t) + Af(x_i(t)) + Bf(x_i(t-\tau(t))) \\ \qquad + C\int_{t-\mu(t)}^{t} f(x_i(s))\,\mathrm{d}s + u_i(t) \\ \qquad + \alpha\sum_{j=1,j\neq i}^{N} G_{ij}\Lambda x_j(t) + \beta\sum_{j=1,j\neq i}^{N} G_{ij}\Pi x_j(t-\rho(t)), \\ y_i(t) = f(x_i(t)), \quad i = 1, 2, \cdots, N. \end{cases} \quad (5\text{-}2\text{-}32)$$

对系统 (5-2-32), 我们有以下结论.

定理 5.2.2　假设 (A5.2.1) 和 (A5.2.2) 成立, 存在正定对角矩阵 $P_i, S_i, T_i, M_i,$ $J_i, H_i, \bar{P}_j$ 以及常数 $\gamma \geqslant 0$, 使得下列线性矩阵不等式同时成立:

$$\Xi_{2i} = \begin{bmatrix} \Sigma_{11} & \Sigma_{12} & P_i B & P_i C & 0 & P_i \\ * & \Sigma_{22} & 0 & 0 & 0 & -I \\ * & * & -(1-\tau_D)T_i & 0 & 0 & 0 \\ * & * & * & -M_i & 0 & 0 \\ * & * & * & * & -(1-\tau_D)S_i & 0 \\ * & * & * & * & * & -\gamma I \end{bmatrix} < 0, \quad (5\text{-}2\text{-}33)$$

$$\Theta_{1j} = \begin{bmatrix} \Phi_{11} & \beta \pi_j \bar{P}_j G \\ * & -(1-\rho_D)\bar{J}_j \end{bmatrix} < 0, \quad (5\text{-}2\text{-}34)$$

其中

$$\Sigma_{11} = S_i - P_i D, \quad \Sigma_{12} = P_i A + \mathcal{L}H_i, \quad \Sigma_{22} = \mu_M^2 M_i + T_i - H_i - H_i^{\mathrm{T}},$$

$$\Phi_{11} = -d_j \bar{P}_j + \bar{J}_j + 2\alpha \lambda_j \bar{P}_j G, \quad P_i = \mathrm{diag}\,(p_1^i, p_2^i, \cdots, p_n^i),$$

$$\bar{P}_j = \mathrm{diag}\,(\bar{p}_j^1, \bar{p}_j^2, \cdots, \bar{p}_j^N), \quad i = 1, 2, \cdots, N, \quad j = 1, 2, \cdots, n,$$

则耦合系统 (5-2-32) 是无源的.

证明　定义 Lyapunov-Krasovskii 泛函:

$$V_2(t) = V_{21}(t) + V_{22}(t) + V_{23}(t) + V_{24}(t), \quad (5\text{-}2\text{-}35)$$

其中

$$V_{21}(t) = \sum_{i=1}^{N} x_i^{\mathrm{T}}(t) P_i x_i(t), \quad V_{22}(t) = V_{13}(t), \quad V_{23}(t) = V_{14}(t), \quad V_{24}(t) = V_{15}(t).$$

$$(5\text{-}2\text{-}36)$$

其余证明与定理 5.2.1 的证明类似, 此处从略.　　　　　　　　　　　　　　　　□

推论 5.2.2　假设 (A5.2.1), (A5.2.2) 及定理 5.2.2 中的条件均成立. 当外部输入 $u(t) = 0$ 时, 若存在正定对角矩阵 $P_i, S_i, T_i, M_i, J_i, H_i, \bar{P}_j$ 以及常数 $\gamma \geqslant 0$,

使得下列线性矩阵不等式同时成立:

$$\Xi_{2i} = \begin{bmatrix} \Sigma_{11} & \Sigma_{12} & P_iB & P_iC & 0 & P_i \\ * & \Sigma_{22} & 0 & 0 & 0 & -I \\ * & * & -(1-\tau_D)T_i & 0 & 0 & 0 \\ * & * & * & -M_i & 0 & 0 \\ * & * & * & * & -(1-\tau_D)S_i & 0 \\ * & * & * & * & * & -\gamma I \end{bmatrix} < 0, \quad (5\text{-}2\text{-}37)$$

$$\Theta_{1j} = \begin{bmatrix} \Phi_{11} & \beta\pi_j\bar{P}_jG \\ * & -(1-\rho_D)\bar{J}_j \end{bmatrix} < 0, \quad (5\text{-}2\text{-}38)$$

其中

$$\begin{aligned}
&\Sigma_{11} = Q_i + \delta^2 R_i + S_i - P_iD, &\quad &\Sigma_{12} = P_iA + \mathcal{L}H_i, \\
&\Sigma_{22} = \mu_M^2 M_i + T_i - H_i - H_i^{\mathrm{T}}, &\quad &\Phi_{11} = -d_j\bar{P}_j + \bar{J}_j + 2\alpha\lambda_j\bar{P}_jG, \\
&P_i = \mathrm{diag}\,(p_1^i, p_2^i, \cdots, p_n^i), &\quad &R_i = \mathrm{diag}\,(r_1^i, r_2^i, \cdots, r_n^i), \\
&\bar{P}_j = \mathrm{diag}\,(\bar{p}_j^1, \bar{p}_j^2, \cdots, \bar{p}_j^N), &\quad &\bar{R}_j = \mathrm{diag}\,(\bar{r}_j^1, \bar{r}_j^2, \cdots, \bar{r}_j^N), \\
&i = 1, 2, \cdots, N, \quad j = 1, 2, \cdots, n,
\end{aligned}$$

则耦合系统 (5-2-32) 是全局渐近稳定的.

倘若忽略节点网络之间的耦合连接关系, 系统 (5-2-6) 退化为下列的孤立节点网络

$$\begin{cases} \dot{x}(t) = -Dx(t-\delta) + Af(x(t)) + Bf(x(t-\tau(t))) + C\int_{t-\mu(t)}^{t} f(x(s))\,\mathrm{d}s + u(t), \\ y(t) = f(x(t)). \end{cases}$$

$$(5\text{-}2\text{-}39)$$

对系统 (5-2-39), 我们有以下结论.

定理 5.2.3 假设 (A5.2.1) 和 (A5.2.3) 成立, 存在正定对角矩阵 P, Q, R, S, T, M, J, H 以及常数 $\gamma \geqslant 0$, 使得下列线性矩阵不等式成立:

$$\Xi = \begin{bmatrix} \Sigma_{11} & \Sigma_{12} & PB & PC & 0 & D^{\mathrm{T}}P^{\mathrm{T}}D & 0 & P \\ * & \Sigma_{22} & 0 & 0 & 0 & -A^{\mathrm{T}}P^{\mathrm{T}}D & 0 & -I \\ * & * & -(1-\tau_D)T & 0 & 0 & -B^{\mathrm{T}}P^{\mathrm{T}}D & 0 & 0 \\ * & * & * & -M & 0 & -C^{\mathrm{T}}P^{\mathrm{T}}D & 0 & 0 \\ * & * & * & * & -Q & 0 & 0 & 0 \\ * & * & * & * & * & -R & 0 & -D^{\mathrm{T}}P \\ * & * & * & * & * & * & -(1-\tau_D)S & 0 \\ * & * & * & * & * & * & * & -\gamma I \end{bmatrix}$$

$$< 0, \tag{5-2-40}$$

其中, $\Sigma_{11} = Q+\delta^2R+S-PD-D^{\mathrm{T}}P^{\mathrm{T}}$, $\Sigma_{12} = PA+\mathcal{L}H$, $\Sigma_{22} = \mu_M^2M+T-H-H^{\mathrm{T}}$, 则系统 (5-2-39) 是无源的.

证明　定义 Lyapunov-Krasovskii 泛函:

$$V_3(t) = V_{31}(t) + V_{32}(t) + V_{33}(t) + V_{34}(t), \tag{5-2-41}$$

其中

$$
\begin{aligned}
V_{31}(t) &= \left(x(t) - D\int_{t-\delta}^t x(s)\mathrm{d}s\right)^{\mathrm{T}} P\left(x(t) - D\int_{t-\delta}^t x(s)\mathrm{d}s\right), \\
V_{32}(t) &= \int_{t-\delta}^t x^{\mathrm{T}}(s)Qx(s)\mathrm{d}s + \delta\int_{-\delta}^0\int_{t+\theta}^t x^{\mathrm{T}}(s)Rx(s)\mathrm{d}s\mathrm{d}\theta, \\
V_{33}(t) &= \int_{t-\tau(t)}^t x^{\mathrm{T}}(s)Sx(s)\mathrm{d}s + \int_{t-\tau(t)}^t f^{\mathrm{T}}\left(x(s)\right)Tf\left(x(s)\right)\mathrm{d}s, \\
V_{34}(t) &= \mu_M\int_{-\mu_M}^0\int_{t+\theta}^t f^{\mathrm{T}}\left(x(s)\right)Mf\left(x(s)\right)\mathrm{d}s\mathrm{d}\theta.
\end{aligned} \tag{5-2-42}
$$

其余证明与定理 5.2.1 的证明类似, 此处从略.　　　　　　　　　　□

推论 5.2.3　假设 (A5.2.1), (A5.2.2) 及定理 5.2.3 中的条件均成立. 当外部输入 $u(t) = 0$ 时, 若存在正定对角矩阵 P, Q, R, S, T, M, J, H 以及常数 $\gamma \geqslant 0$, 使得线性矩阵不等式满足

$$
\Xi = \begin{bmatrix}
\Sigma_{11} & \Sigma_{12} & PB & PC & 0 & D^{\mathrm{T}}P^{\mathrm{T}}D & 0 & P \\
* & \Sigma_{22} & 0 & 0 & 0 & -A^{\mathrm{T}}P^{\mathrm{T}}D & 0 & -I \\
* & * & -(1-\tau_D)T & 0 & 0 & -B^{\mathrm{T}}P^{\mathrm{T}}D & 0 & 0 \\
* & * & * & -M & 0 & -C^{\mathrm{T}}P^{\mathrm{T}}D & 0 & 0 \\
* & * & * & * & -Q & 0 & 0 & 0 \\
* & * & * & * & * & -R & 0 & -D^{\mathrm{T}}P \\
* & * & * & * & * & * & -(1-\tau_D)S & 0 \\
* & * & * & * & * & * & * & -\gamma I
\end{bmatrix}
$$

$$< 0, \tag{5-2-43}$$

其中, $\Sigma_{11} = Q+\delta^2R+S-PD-D^{\mathrm{T}}P^{\mathrm{T}}$, $\Sigma_{12} = PA+\mathcal{L}H$, $\Sigma_{22} = \mu_M^2M+T-H-H^{\mathrm{T}}$, 则系统 (5-2-39) 是全局渐近稳定的.

注 5.2.3　忽略 leakage 时滞与网络间的耦合关系, 系统 (5-2-39) 退化为下列忆阻神经网络:

$$\begin{cases} \dot{x}(t) = -x(t) + Af\left(x(t)\right) + Bf\left(x\left(t - \tau(t)\right)\right) + C\int_{t-\mu(t)}^{t} f\left(x(s)\right)\mathrm{d}s + u(t), \\ y(t) = f\left(x(t)\right). \end{cases}$$

在基于忆阻器阈值切换的性能函数与连续的性能函数两种情形下, 应用微分包含与集值映射理论仍能获得上述系统的无源性判据.

5.2.3 数值模拟

通过举例说明本节理论结果.

例 5.2.1 考虑由三个二维忆阻神经网络构成的耦合系统

$$\begin{cases} \dot{x}_i(t) = -D\left(x_i(t)\right)x_i(t - \delta) + A\left(x_i(t)\right)f\left(x_i(t)\right) + B\left(x_i(t)\right)f\left(x_i\left(t - \tau(t)\right)\right) \\ \qquad + C\left(x_i(t)\right)\int_{t-\mu(t)}^{t} f\left(x_i(s)\right)\mathrm{d}s + u_i(t) \\ \qquad + \alpha\sum_{j=1,j\neq i}^{3} G_{ij}\Lambda x_j(t) + \beta\sum_{j=1,j\neq i}^{3} G_{ij}\Gamma x_j(t - \rho(t)), \\ y_i(t) = f\left(x_i(t)\right), \quad t \geqslant 0, \quad i = 1,2,3, \end{cases}$$

$$(5\text{-}2\text{-}44)$$

其中, 神经元的激活函数 $f(\rho) = \tanh(\rho)$, 时滞 $\tau(t) = 0.3 + 0.1\sin(6t), \mu(t) = 0.1\left|\sin(2t)\right|, \rho(t) = 0.1\left|\sin(t)\right|$, 控制输入 $u_1(t) = 1 + 2\sin(5t), u_2(t) = -1 + 2\cos(5t), u_3(t) = 1 + \sin(5t)$, 耦合参数 $\alpha = 1, \beta = 1, G_{12} = 0.3, G_{13} = 0.7, G_{21} = 0.4, G_{23} = 0.6, G_{31} = 0.5, G_{32} = 0.5$, 对 $i = 1,2,3$,

$$d_1\left(x_i(t)\right) = \begin{cases} 2.1, & -\dfrac{\mathrm{d}f\left(x_{i1}(t)\right)}{\mathrm{d}t} - \dfrac{\mathrm{d}x_{i1}(t)}{\mathrm{d}t} \leqslant 0, \\ 2, & -\dfrac{\mathrm{d}f\left(x_{i1}(t)\right)}{\mathrm{d}t} - \dfrac{\mathrm{d}x_{i1}(t)}{\mathrm{d}t} > 0, \end{cases}$$

$$d_2\left(x_i(t)\right) = \begin{cases} 1.3, & -\dfrac{\mathrm{d}f\left(x_{i2}(t)\right)}{\mathrm{d}t} - \dfrac{\mathrm{d}x_{i2}(t)}{\mathrm{d}t} \leqslant 0, \\ 1.2, & -\dfrac{\mathrm{d}f\left(x_{i2}(t)\right)}{\mathrm{d}t} - \dfrac{\mathrm{d}x_{i2}(t)}{\mathrm{d}t} > 0, \end{cases}$$

$$a_{11}\left(x_i(t)\right) = \begin{cases} -0.03, & -\dfrac{\mathrm{d}f\left(x_{i1}(t)\right)}{\mathrm{d}t} - \dfrac{\mathrm{d}x_{i1}(t)}{\mathrm{d}t} \leqslant 0, \\ -0.01, & -\dfrac{\mathrm{d}f\left(x_{i1}(t)\right)}{\mathrm{d}t} - \dfrac{\mathrm{d}x_{i1}(t)}{\mathrm{d}t} > 0, \end{cases}$$

$$a_{12}\left(x_i(t)\right)=\begin{cases}0.05, & \dfrac{\mathrm{d}f\left(x_{i2}(t)\right)}{\mathrm{d}t}-\dfrac{\mathrm{d}x_{i1}(t)}{\mathrm{d}t}\leqslant 0,\\[3mm] 0.04, & \dfrac{\mathrm{d}f\left(x_{i2}(t)\right)}{\mathrm{d}t}-\dfrac{\mathrm{d}x_{i1}(t)}{\mathrm{d}t}>0,\end{cases}$$

$$b_{11}\left(x_i(t)\right)=\begin{cases}-0.05, & -\dfrac{\mathrm{d}f\left(x_{i1}\left(t-\tau(t)\right)\right)}{\mathrm{d}t}-\dfrac{\mathrm{d}x_{i1}(t)}{\mathrm{d}t}\leqslant 0,\\[3mm] -0.03, & -\dfrac{\mathrm{d}f\left(x_{i1}\left(t-\tau(t)\right)\right)}{\mathrm{d}t}-\dfrac{\mathrm{d}x_{i1}(t)}{\mathrm{d}t}>0,\end{cases}$$

$$b_{12}\left(x_i(t)\right)=\begin{cases}0.07, & \dfrac{\mathrm{d}f\left(x_{i2}\left(t-\tau(t)\right)\right)}{\mathrm{d}t}-\dfrac{\mathrm{d}x_{i1}(t)}{\mathrm{d}t}\leqslant 0,\\[3mm] 0.05, & \dfrac{\mathrm{d}f\left(x_{i2}\left(t-\tau(t)\right)\right)}{\mathrm{d}t}-\dfrac{\mathrm{d}x_{i1}(t)}{\mathrm{d}t}>0,\end{cases}$$

$$c_{11}\left(x_i(t)\right)=\begin{cases}-0.05, & -\dfrac{\mathrm{d}f\left(x_{i1}(t)\right)}{\mathrm{d}t}-\dfrac{\mathrm{d}x_{i1}(t)}{\mathrm{d}t}\leqslant 0,\\[3mm] -0.03, & -\dfrac{\mathrm{d}f\left(x_{i1}(t)\right)}{\mathrm{d}t}-\dfrac{\mathrm{d}x_{i1}(t)}{\mathrm{d}t}>0,\end{cases}$$

$$c_{12}\left(x_i(t)\right)=\begin{cases}0.07, & \dfrac{\mathrm{d}f\left(x_{i2}(t)\right)}{\mathrm{d}t}-\dfrac{\mathrm{d}x_{i1}(t)}{\mathrm{d}t}\leqslant 0,\\[3mm] 0.05, & \dfrac{\mathrm{d}f\left(x_{i2}(t)\right)}{\mathrm{d}t}-\dfrac{\mathrm{d}x_{i1}(t)}{\mathrm{d}t}>0,\end{cases}$$

$$a_{21}\left(x_i(t)\right)=\begin{cases}0.02, & \dfrac{\mathrm{d}f\left(x_{i1}(t)\right)}{\mathrm{d}t}-\dfrac{\mathrm{d}x_{i2}(t)}{\mathrm{d}t}\leqslant 0,\\[3mm] 0.01, & \dfrac{\mathrm{d}f\left(x_{i1}(t)\right)}{\mathrm{d}t}-\dfrac{\mathrm{d}x_{i2}(t)}{\mathrm{d}t}>0,\end{cases}$$

$$a_{22}\left(x_i(t)\right)=\begin{cases}-0.01, & -\dfrac{\mathrm{d}f\left(x_{i2}(t)\right)}{\mathrm{d}t}-\dfrac{\mathrm{d}x_{i2}(t)}{\mathrm{d}t}\leqslant 0,\\[3mm] -0.005, & -\dfrac{\mathrm{d}f\left(x_{i2}(t)\right)}{\mathrm{d}t}-\dfrac{\mathrm{d}x_{i2}(t)}{\mathrm{d}t}>0,\end{cases}$$

$$b_{21}\left(x_i(t)\right)=\begin{cases}0.07, & \dfrac{\mathrm{d}f\left(x_{i1}\left(t-\tau(t)\right)\right)}{\mathrm{d}t}-\dfrac{\mathrm{d}x_{i2}(t)}{\mathrm{d}t}\leqslant 0,\\[3mm] 0.05, & \dfrac{\mathrm{d}f\left(x_{i1}\left(t-\tau(t)\right)\right)}{\mathrm{d}t}-\dfrac{\mathrm{d}x_{i2}(t)}{\mathrm{d}t}>0,\end{cases}$$

$$b_{22}\left(x_i(t)\right)=\begin{cases}-0.04, & -\dfrac{\mathrm{d}f\left(x_{i2}\left(t-\tau(t)\right)\right)}{\mathrm{d}t}-\dfrac{\mathrm{d}x_{i2}(t)}{\mathrm{d}t}\leqslant 0,\\[3mm] -0.03, & -\dfrac{\mathrm{d}f\left(x_{i2}\left(t-\tau(t)\right)\right)}{\mathrm{d}t}-\dfrac{\mathrm{d}x_{i2}(t)}{\mathrm{d}t}>0,\end{cases}$$

$$c_{21}\left(x_i(t)\right) = \begin{cases} 0.07, & \dfrac{\mathrm{d}f\left(x_{i1}(t)\right)}{\mathrm{d}t} - \dfrac{\mathrm{d}x_{i2}(t)}{\mathrm{d}t} \leqslant 0, \\[4mm] 0.05, & \dfrac{\mathrm{d}f\left(x_{i1}(t)\right)}{\mathrm{d}t} - \dfrac{\mathrm{d}x_{i2}(t)}{\mathrm{d}t} > 0, \end{cases}$$

$$c_{22}\left(x_i(t)\right) = \begin{cases} -0.04, & -\dfrac{\mathrm{d}f\left(x_{i2}(t)\right)}{\mathrm{d}t} - \dfrac{\mathrm{d}x_{i2}(t)}{\mathrm{d}t} \leqslant 0, \\[4mm] -0.03, & -\dfrac{\mathrm{d}f\left(x_{i2}(t)\right)}{\mathrm{d}t} - \dfrac{\mathrm{d}x_{i2}(t)}{\mathrm{d}t} > 0. \end{cases}$$

首先, 取 $\delta = 0.01, \Lambda = \Gamma = \mathrm{diag}(0.5, 0.5)$, 验证定理 5.2.1 与推论 5.2.1.

对于系统 (5-2-44), $\tau_M = 0.4, \tau_D = 0.6, \mu_M = 0.1, \mu_D = 0.2, \rho_M = 0.1,$ $\rho_D = 0.1,$

$$K = \begin{bmatrix} 1 & 0 \\ 0 & 1 \end{bmatrix}, \quad G = \begin{bmatrix} -1 & 0.3 & 0.7 \\ 0.4 & -1 & 0.6 \\ 0.5 & 0.5 & -1 \end{bmatrix},$$

并且存在

$$D = \begin{bmatrix} 2 & 0 \\ 0 & 1.2 \end{bmatrix}, \quad A = \begin{bmatrix} 0.03 & 0.05 \\ 0.02 & 0.01 \end{bmatrix}, \quad B = \begin{bmatrix} 0.05 & 0.07 \\ 0.07 & 0.04 \end{bmatrix},$$

$$C = \begin{bmatrix} 0.05 & 0.07 \\ 0.07 & 0.04 \end{bmatrix}.$$

使用 MATLAB 对线性矩阵不等式 (5-2-7) 与 (5-2-8) 进行求解, 可以得到一组可行解:

$$P_1 = P_2 = P_3 = \mathrm{diag}(0.6351, 0.5354), \qquad Q_1 = Q_2 = Q_3 = \mathrm{diag}(0.1150, 0.0641),$$

$$R_1 = R_2 = R_3 = \mathrm{diag}(22.6567, 8.5074), \quad S_1 = S_2 = S_3 = \mathrm{diag}(0.1091, 0.0588),$$

$$T_1 = T_2 = T_3 = \mathrm{diag}(0.1673, 0.1954), \qquad M_1 = M_2 = M_3 = \mathrm{diag}(2.0071, 2.0863),$$

$$H_1 = H_2 = H_3 = \mathrm{diag}(0.6606, 0.5319), \qquad \gamma = 0.6567,$$

$$\bar{P}_1 = \mathrm{diag}(0.6351, 0.6351, 0.6351), \qquad \bar{P}_2 = \mathrm{diag}(0.5354, 0.5354, 0.5354),$$

$$\bar{R}_1 = \mathrm{diag}(22.6567, 22.6567, 22.6567), \quad \bar{R}_2 = \mathrm{diag}(8.5074, 8.5074, 8.5074),$$

$$\bar{J}_1 = \mathrm{diag}(30.5413, 30.3506, 32.0507), \quad \bar{J}_2 = \mathrm{diag}(16.8067, 17.0103, 16.9816).$$

　　根据定理 5.2.1, 当控制输入 $u(t) = (u_1(t), u_2(t), u_3(t))$ 时, 耦合系统 (5-2-44) 是无源的. 根据推论 5.2.1, 当无控制输入时, 耦合系统 (5-2-44) 是全局渐近稳定的.

　　由图 5-2-1 (a)、(c)、(e), 图 5-2-2(a)、(c)、(e) 和图 5-2-3 (a)、(c)、(e) 可见, 在控制输入 $u(t) = (u_1(t), u_2(t), u_3(t))$, $\delta = 0.01$ 时, 耦合系统 (5-2-44) 的三个二维节点网络均能保持内部稳定, 是无源的. 由图 5-2-1 (b)、(d)、(f), 图 5-2-2 (b)、(d)、(f) 和图 5-2-3 (b)、(d)、(f) 可见, 在控制输入 $u(t) = 0$, $\delta = 0.01$ 时, 耦合系统 (5-2-44) 的三个二维节点网络是稳定的.

　　接下来, 取 $\delta = 0$, $\Lambda = \mathrm{diag}(4, 4)$, $\Gamma = \mathrm{diag}(0.3, 0.3)$, 其他参数保持不变, 验证定理 5.2.2 与推论 5.2.2.

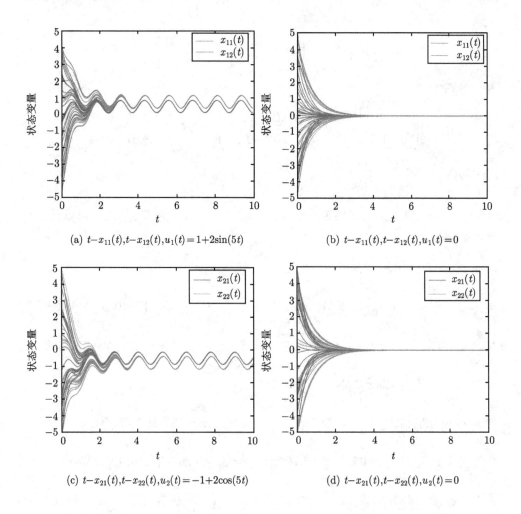

(a) $t-x_{11}(t), t-x_{12}(t), u_1(t) = 1+2\sin(5t)$　　　　(b) $t-x_{11}(t), t-x_{12}(t), u_1(t) = 0$

(c) $t-x_{21}(t), t-x_{22}(t), u_2(t) = -1+2\cos(5t)$　　　　(d) $t-x_{21}(t), t-x_{22}(t), u_2(t) = 0$

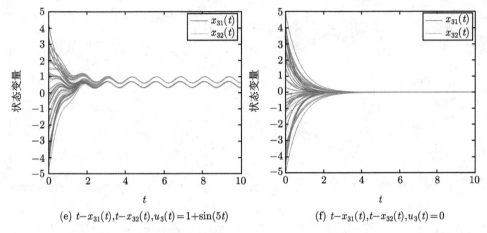

(e) $t-x_{31}(t),t-x_{32}(t),u_3(t)=1+\sin(5t)$ (f) $t-x_{31}(t),t-x_{32}(t),u_3(t)=0$

图 5-2-1　系统 (5-2-44) 的状态曲线图, $\delta=0.01$, 输入 $u(t)=(u_1(t),u_2(t),u_3(t))^{\mathrm{T}}$ 或 $u(t)=(0,0,0)^{\mathrm{T}}$(书后附彩图)

使用 MATLAB 对线性矩阵不等式 (5-2-33) 与 (5-2-34) 进行求解, 可以得到一组可行解:

$P_1=P_2=P_3=\mathrm{diag}(46.1858,40.6700),\quad S_1=S_2=S_3=\mathrm{diag}(29.0731,9.6917),$

$T_1=T_2=T_3=\mathrm{diag}(33.5303,22.0979),\quad M_1=M_2=M_3=\mathrm{diag}(43.1425,42.7645),$

$H_1=H_2=H_3=\mathrm{diag}(55.3709,45.2848),\quad \gamma=51.7049,$

$\bar{P}_1=\mathrm{diag}(46.1858,46.1858,46.1858),\qquad \bar{P}_2=\mathrm{diag}(40.6700,40.6700,40.6700),$

$\bar{J}_1=\mathrm{diag}(0.0174,0.0162,0.0206),\qquad \bar{J}_2=\mathrm{diag}(0.7494,0.7519,0.7314).$

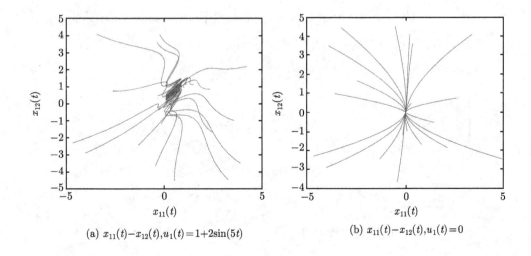

(a) $x_{11}(t)-x_{12}(t),u_1(t)=1+2\sin(5t)$ (b) $x_{11}(t)-x_{12}(t),u_1(t)=0$

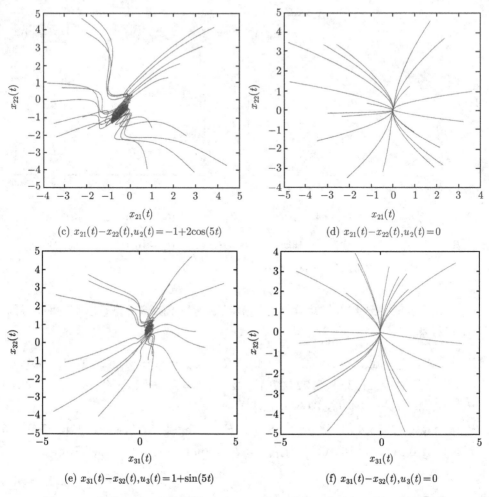

(c) $x_{21}(t)-x_{22}(t), u_2(t)=-1+2\cos(5t)$　　　　(d) $x_{21}(t)-x_{22}(t), u_2(t)=0$

(e) $x_{31}(t)-x_{32}(t), u_3(t)=1+\sin(5t)$　　　　(f) $x_{31}(t)-x_{32}(t), u_3(t)=0$

图 5-2-2　系统 (5-2-44) 的相图, $\delta=0.01$, 输入 $u(t)=(u_1(t), u_2(t), u_3(t))^{\mathrm{T}}$ 或
$$u(t)=(0,0,0)^{\mathrm{T}}$$

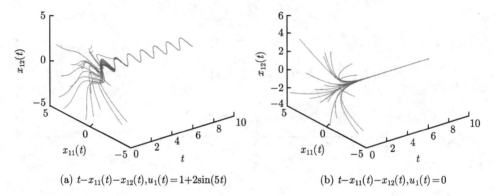

(a) $t-x_{11}(t)-x_{12}(t), u_1(t)=1+2\sin(5t)$　　　　(b) $t-x_{11}(t)-x_{12}(t), u_1(t)=0$

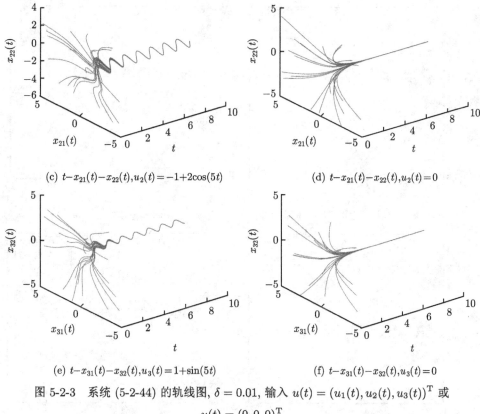

(c) $t-x_{21}(t)-x_{22}(t), u_2(t)=-1+2\cos(5t)$

(d) $t-x_{21}(t)-x_{22}(t), u_2(t)=0$

(e) $t-x_{31}(t)-x_{32}(t), u_3(t)=1+\sin(5t)$

(f) $t-x_{31}(t)-x_{32}(t), u_3(t)=0$

图 5-2-3 系统 (5-2-44) 的轨线图, $\delta = 0.01$, 输入 $u(t) = (u_1(t), u_2(t), u_3(t))^{\mathrm{T}}$ 或 $u(t) = (0, 0, 0)^{\mathrm{T}}$

根据定理 5.2.2, 当控制输入 $u(t) = (u_1(t), u_2(t), u_3(t))$ 时, 耦合系统 (5-2-44) 是无源的. 根据推论 5.2.2, 当无控制输入时, 耦合系统 (5-2-44) 是全局渐近稳定的.

由图 5-2-4 (a)、(c)、(e), 图 5-2-5 (a)、(c)、(e) 和图 5-2-6 (a)、(c)、(e) 可见, 在控制输入 $u(t) = (u_1(t), u_2(t), u_3(t)), \delta = 0$ 时, 耦合系统 (5-2-44) 的三个二维节点网络均能保持内部稳定, 是无源的. 由图 5-2-4 (b)、(d)、(f), 图 5-2-5 (b)、(d)、(f) 和图 5-2-6 (b)、(d)、(f) 可见, 在控制输入 $u(t) = 0, \delta = 0$ 时, 耦合系统 (5-2-44) 的三个二维节点网络是稳定的.

例 5.2.2 忽略网络间的耦合连接因素, 考虑下列二维忆阻神经网络:

$$
\begin{cases}
\dot{x}(t) = -D\left(x(t)\right) x(t-\delta) + A\left(x(t)\right) f\left(x(t)\right) + B\left(x(t)\right) f\left(x\left(t-\tau(t)\right)\right) \\
\qquad + C\left(x(t)\right) \displaystyle\int_{t-\mu(t)}^{t} f\left(x(s)\right) \mathrm{d}s + u(t), \\
y(t) = f\left(x(t)\right), \quad t \geqslant 0, i = 1, 2, 3,
\end{cases}
$$

$$(5\text{-}2\text{-}45)$$

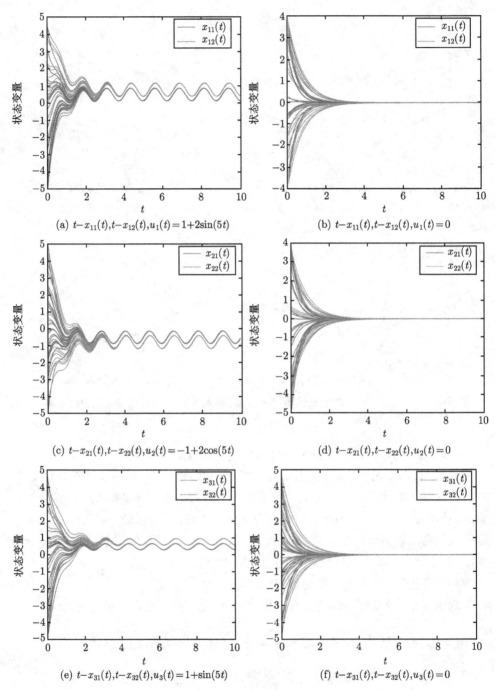

(a) $t-x_{11}(t), t-x_{12}(t), u_1(t)=1+2\sin(5t)$

(b) $t-x_{11}(t), t-x_{12}(t), u_1(t)=0$

(c) $t-x_{21}(t), t-x_{22}(t), u_2(t)=-1+2\cos(5t)$

(d) $t-x_{21}(t), t-x_{22}(t), u_2(t)=0$

(e) $t-x_{31}(t), t-x_{32}(t), u_3(t)=1+\sin(5t)$

(f) $t-x_{31}(t), t-x_{32}(t), u_3(t)=0$

图 5-2-4　系统 (5-2-44) 的状态曲线图, $\delta=0$, 输入 $u(t)=(u_1(t), u_2(t), u_3(t))^{\mathrm{T}}$ 或
$u(t)=(0,0,0)^{\mathrm{T}}$ (书后附彩图)

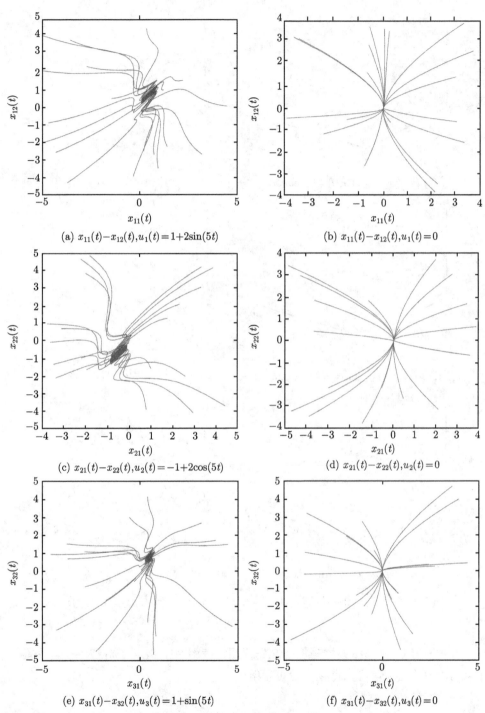

(a) $x_{11}(t) - x_{12}(t), u_1(t) = 1+2\sin(5t)$

(b) $x_{11}(t) - x_{12}(t), u_1(t) = 0$

(c) $x_{21}(t) - x_{22}(t), u_2(t) = -1+2\cos(5t)$

(d) $x_{21}(t) - x_{22}(t), u_2(t) = 0$

(e) $x_{31}(t) - x_{32}(t), u_3(t) = 1+\sin(5t)$

(f) $x_{31}(t) - x_{32}(t), u_3(t) = 0$

图 5-2-5 系统 (5-2-44) 的相图, $\delta = 0$, 输入 $u(t) = (u_1(t), u_2(t), u_3(t))^{\mathrm{T}}$ 或 $u(t) = (0,0,0)^{\mathrm{T}}$

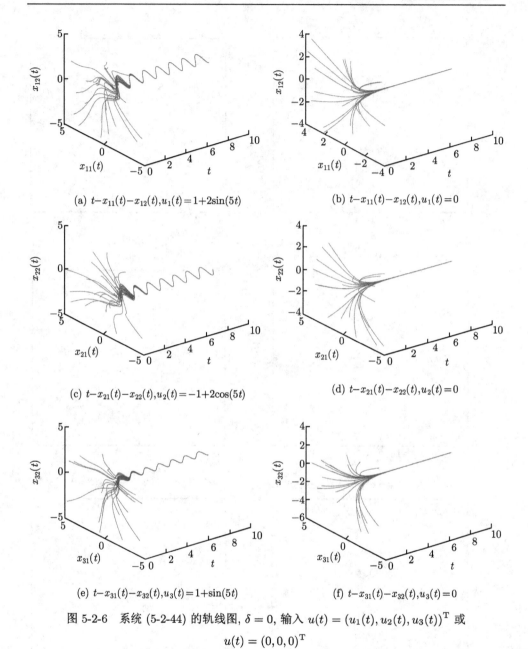

(a) $t-x_{11}(t)-x_{12}(t), u_1(t)=1+2\sin(5t)$

(b) $t-x_{11}(t)-x_{12}(t), u_1(t)=0$

(c) $t-x_{21}(t)-x_{22}(t), u_2(t)=-1+2\cos(5t)$

(d) $t-x_{21}(t)-x_{22}(t), u_2(t)=0$

(e) $t-x_{31}(t)-x_{32}(t), u_3(t)=1+\sin(5t)$

(f) $t-x_{31}(t)-x_{32}(t), u_3(t)=0$

图 5-2-6　系统 (5-2-44) 的轨线图, $\delta=0$, 输入 $u(t)=(u_1(t),u_2(t),u_3(t))^{\mathrm{T}}$ 或
$$u(t)=(0,0,0)^{\mathrm{T}}$$

其中, $\delta=0.1$, 其他参数均与例 5.2.1 相同. 使用 MATLAB 对线性矩阵不等式
(5-2-43) 进行求解, 可以得到一组可行解:

$$P=\mathrm{diag}(36.0885,59.8132),\qquad Q=\mathrm{diag}(17.7577,20.2186),$$

$$R = \mathrm{diag}(17.7577, 20.2186), \qquad S = \mathrm{diag}(893.1636, 460.6294),$$
$$T = \mathrm{diag}(17.4706, 20.6850), \qquad M = \mathrm{diag}(18.3476, 39.2164),$$
$$H = \mathrm{diag}(115.9175, 119.2062), \quad \gamma = 42.9653.$$

根据定理 5.2.3, 当控制输入 $u(t) = 1 + 2\sin(5t)$ 时, 系统 (5-2-45) 是无源的, 如图 5-2-7(a)、(c)、(e) 所示. 根据推论 5.2.3, 当无控制输入时, 系统 (5-2-45) 是全局渐近稳定的, 如图 5-2-7(b)、(d)、(f) 所示.

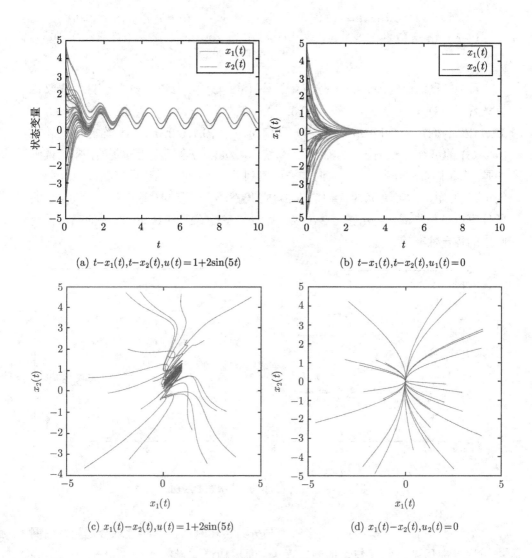

(a) t-$x_1(t)$,t-$x_2(t)$,$u(t)=1+2\sin(5t)$ (b) t-$x_1(t)$,t-$x_2(t)$,$u_1(t)=0$

(c) $x_1(t)$-$x_2(t)$,$u(t)=1+2\sin(5t)$ (d) $x_1(t)$-$x_2(t)$,$u_2(t)=0$

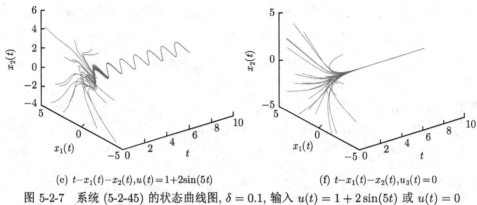

(e) $t - x_1(t) - x_2(t), u(t) = 1 + 2\sin(5t)$ (f) $t - x_1(t) - x_2(t), u_3(t) = 0$

图 5-2-7   系统 (5-2-45) 的状态曲线图, $\delta = 0.1$, 输入 $u(t) = 1 + 2\sin(5t)$ 或 $u(t) = 0$

(书后附彩图)

最后, 我们研究 leakage 时滞对系统 (5-2-45) 动力学性态的影响. 选取初始条件 $\phi_1(s) = 0.5, \phi_2(s) = -0.5$, 输入 $u(t) = (0,0)^{\mathrm{T}}$ 固定 $\tau(t) = 0.3 + 0.1\sin(6t), \mu(t) = 0.1\,|\sin(2t)|$. 当分别取 $\delta = 0, 0.1, 0.2, 0.3$ 时, 均能得到满足 (5-2-43) 的可行解. 由图 5-2-8 可见, 系统 (5-2-45) 是全局渐近稳定的. 应当说明的是, 当我们继续升高 leakage 时滞的取值到 $\delta = 0.4$, 便不能再得到满足 (5-2-43) 的可行解. 由图 5-2-8 可见, 系统 (5-2-45) 仍然能保持稳定. 这表明推论 5.2.3 的条件可以进一步减弱. 由图 5-2-8 我们可以清楚地看到 leakage 时滞的确对神经网络的稳定性有破坏性.

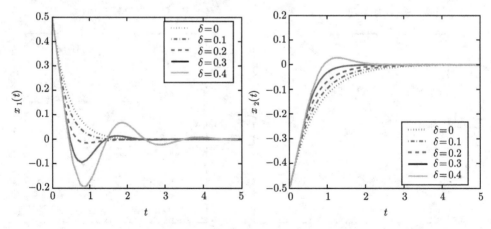

图 5-2-8   系统 (5-2-45) 的状态曲线图

5.2.4   小结

本节研究了一类具有 leakage 时滞与分布传输时滞的非对称耦合忆阻神经网络模型. 应用微分包含与集值映射理论, 通过构造适当的 Lyapunov-Krasovskii

泛函, 得到了线性时滞耦合系统的无源性判据. 基于无源性分析, 应用 Barbalat 引理导出了耦合系统的稳定性判据. 在模型的建立方面, 本节在考虑节点网络中 leakage 时滞与分布传输时滞的同时, 还考虑了信息在节点网络间传输存在的耦合时滞; 耦合结构不再局限于对称耦合, 也不再要求耦合矩阵满足行和为零、非对角线元素非负等条件; 本节定理所给出的充分条件与节点网络和耦合结构相关, 揭示了节点网络与耦合网络的动力学性态之间的内在联系; 在不同内部连接强度下进行数值模拟, 分别说明了定理 5.2.1 及定理 5.2.2 的有效性, 并讨论了 leakage 时滞对节点网络稳定性的影响.

参 考 文 献

[1] Wang G, Shen Y. Exponential synchronization of coupled memristive neural networks with time delays[J]. Neural Computing and Applications, 2014, 24: 1421-1430.

[2] Chang C, Fan K, Chung I, et al. A recurrent fuzzy coupled cellular neural network system with automatic structure and template learning[J]. IEEE Transactions on Circuits and Systems II: Express Briefs, 2006, 53: 602-606.

[3] Wu C. Evolution and dynamics of complex networks of coupled systems[J]. IEEE Circuits and Systems Magazine, 2010, 10: 55-63.

[4] Wu W, Chen T. Global synchronization criteria of linearly coupled neural network systems with time-varying coupling[J]. IEEE Transactions on Neural Networks, 2008, 19: 319-332.

[5] Wu A, Zeng Z, Zhu X, et al. Exponential synchronization of memristor-based recurrent neural networks with time delays[J]. Neurocomputing, 2011, 74: 3043-3050.

[6] Wu A, Wen S, Zeng Z. Synchronization control of a class of memristor-based recurrent neural networks[J]. Information Science, 2012, 183 :106-116.

[7] Li L, Cao J. Cluster synchronization in an array of coupled stochastic delayed neural networks via pinning control[J]. Neurocomputing, 2011, 74: 846-856.

[8] Rakkiyappan R, Balasubramaniam P. On exponential stability results for fuzzy impulsive neural networks[J]. Fuzzy Sets and Systems, 2010, 161: 1823-1835.

[9] Wang Z, Zhang H. Synchronization stability in complex interconnected neural networks with nonsymmetric coupling[J]. Neurocomputing, 2013, 108: 84-92.

[10] Yang X, Cao J, Lu J, Synchronization of coupled neural networks with random coupling strengths and mixed probabilistic time-varying delays[J]. International Journal of Robust and Nonlinear Control, 2013, 23: 2060-2081.

[11] Zhang W, Li C, Huang T, et al. Stability and synchronization of memristor-based coupling neural networks with time-varying delays via intermittent control[J]. Neurocomputing, 2016, 173: 1066-1072.

[12] Li T, Wang T, Song A. Synchronization control for an array of coupled neural networks with time-varying delay coupling[J]. Intelligent Control and Automation, 2010, 20(1): 734-739.

[13] Wen S, Zeng Z, Huang T, et al. Passivity analysis of memristor-based recurrent neural networks with time-varying delays[J]. Journal of the Franklin Institute, 2013, 350: 2354-2370.

第 6 章 分数阶忆阻神经网络

近年来, 由于忆阻神经网络在诸如新型高速低功耗处理器、滤波器和联想记忆生物模型中的应用, 忆阻神经网络的动力学性态成为研究热点 [1,2]. 分数阶微积分将一般的微积分推广到任意阶数, 它起源于传统的微积分诞生之时. 由于缺乏求解方法和物理解释, 起初分数阶微积分未引起研究者的重视. 近年来, 由于分数阶微积分在理论和应用上都有着广阔的发展前景, 分数阶微分系统受到越来越多的关注. 相较于整数阶系统, 分数阶系统提供无限的记忆和更为精确的结果, 为描述各种材料和过程的记忆和遗传特性提供了一个很好的工具 [3]. 分数阶微积分蕴含着无限记忆而被引入到神经网络的研究中.

6.1 分数阶忆阻神经网络的混合投影同步

某些特殊的网络结构 (如轮毂结构和环状结构) 用于表征无标度网络和复杂递归网络的动态行为. 在轮毂结构的网络中, 某些节点的连接关系相较其他节点更多更复杂 (高度), 这些简化的连接结构用以洞察复杂网络行为背后的机制. 文献 [4] 深入研究了具有轮毂结构与环状结构的分数阶 Hopfield 神经网络的稳定性问题. 文献 [5] 通过应用 Laplace 变换, 利用分数阶系统的稳定性理论和循环矩阵的性质, 给出了具有轮毂结构与环状结构的分数阶 Hopfield 神经网络的稳定性.

文献 [6] 首次提出了投影同步的概念, 其比例特性能够提供更快的通信功能. 这一特性可用于将二进制拓展到 M 进制数字通信, 以实现快速通信 [7]. 因此, 对投影同步的研究, 具有理论意义和应用价值. 文献 [8] 研究了一类具有时滞的分数阶忆阻神经网络 (FMNNs) 的混合投影同步问题. 文献 [8] 首先给出具有轮毂结构与时滞的分数阶忆阻神经网络的基本概念, 讨论了具有轮毂结构与时滞的分数阶忆阻神经网络的基本思想. 在此基础上, 由相应的驱动系统推导出响应系统的同步, 即响应系统可以与驱动系统的投影达到同步, 即混合投影同步. 通过应用 Filippov 解、微分包含理论、线性分数阶系统的稳定性定理, 并利用适当的线性反馈控制率得到了确保上述 FMNNs 达到投影同步的充分条件. 本节的分析是建立在右端不连续的分数阶微分方程理论上的. 最后, 给出了一个数值例子, 说明了理论结果的有效性.

6.1.1　模型的建立

本节考虑一类具有时滞的分数阶忆阻神经网络为驱动系统:

$$
_cD_t^\alpha u_i(t) = -a_i u_i(t) + \sum_{j=1}^n \beta_{ij}(u_j(t)) f_j(u_j(t)) + \sum_{j=1}^n \gamma_{ij}(u_j(t)) f_j(u_j(t-\tau)),
$$

$$(6\text{-}1\text{-}1)$$

$i = 1,2,\cdots,n, 0 < \alpha < 1, u_i(t)$ 是第 i 个神经元的状态变量. $a_i > 0$ 为自反馈连接权重, $f_j(u_j(t)), f_j(u_j(t-\tau))$ 表示非线性激活函数, τ 表示网络的常时滞. $\beta_{ij}(u_j(t)), \gamma_{ij}(u_j(t))$ 为基于忆阻器的连接权重, 定义如下

$$
\beta_{ij}(u_j(t)) = \begin{cases} \beta_{ij}^*, & |u_j(t)| > T_j, \\ \beta_{ij}^{**}, & |u_j(t)| < T_j, \end{cases}
\quad
\gamma_{ij}(u_j(t)) = \begin{cases} \gamma_{ij}^*, & |u_j(t)| > T_j, \\ \gamma_{ij}^{**}, & |u_j(t)| < T_j, \end{cases}
\quad (6\text{-}1\text{-}2)
$$

$i,j = 1,2,\cdots,n$, 其中切换跳 $\beta_{ij}^*, \beta_{ij}^{**}, \gamma_{ij}^*, \gamma_{ij}^{**}$ 为常数.

系统 (6-1-1) 的初始条件为

$$
u_i(s) = \phi_i(s), \quad s \in [-\tau, 0], \quad i = 1,2,\cdots,n, \tag{6-1-3}
$$

其中, $\phi_i(s) = (\phi_1(s), \phi_2(s), \cdots, \phi_n(s))^{\mathrm{T}} \in \mathcal{C}([-\tau, 0], \mathbb{R}^n)$.

应用微分包含理论, 系统 (6-1-1) 可改写为

$$
_cD_t^\alpha u_i(t) \in -a_i u_i(t) + \sum_{j=1}^n \mathrm{co}\left\{\beta_{ij}, \bar\beta_{ij}\right\} f_j(u_j(t)) + \sum_{j=1}^n \mathrm{co}\left\{\gamma_{ij}, \bar\gamma_{ij}\right\} f_j(u_j(t-\tau)),
$$

$$(6\text{-}1\text{-}4)$$

$i = 1,2,\cdots,n$, 集值映射定义为

$$
\mathrm{co}\left\{\beta_{ij}, \bar\beta_{ij}\right\} = \begin{cases} \beta_{ij}^*, & |u_j(t)| > T_j, \\ [\beta_{ij}, \bar\beta_{ij}], & |u_j(t)| = T_j, \\ \beta_{ij}^{**}, & |u_j(t)| < T_j, \end{cases}
$$

$$
\mathrm{co}\left\{\gamma_{ij}, \bar\gamma_{ij}\right\} = \begin{cases} \gamma_{ij}^*, & |u_j(t)| > T_j, \\ [\gamma_{ij}, \bar\gamma_{ij}], & |u_j(t)| = T_j, \\ \gamma_{ij}^{**}, & |u_j(t)| < T_j, \end{cases}
$$

其中, $\underline\beta_{ij} = \min\left\{\beta_{ij}^*, \beta_{ij}^{**}\right\}, \bar\beta_{ij} = \max\left\{\beta_{ij}^*, \beta_{ij}^{**}\right\}, \underline\gamma_{ij} = \min\left\{\gamma_{ij}^*, \gamma_{ij}^{**}\right\}, \bar\gamma_{ij} = \max\left\{\gamma_{ij}^*, \gamma_{ij}^{**}\right\}$, 或者等价地存在 $b_{ij}(t) \in \mathrm{co}\left\{\underline\beta_{ij}, \bar\beta_{ij}\right\}, c_{ij}(t) \in \mathrm{co}\left\{\underline\gamma_{ij}, \bar\gamma_{ij}\right\}$ 使得

$$_CD_t^\alpha u_i(t) = -a_i u_i(t) + \sum_{j=1}^{n} b_{ij}(t) f_j\left(u_j(t)\right) + \sum_{j=1}^{n} c_{ij}(t) f_j\left(u_j(t-\tau)\right), \quad (6\text{-}1\text{-}5)$$

为简便可改写为

$$_CD_t^\alpha u_i(t) = -a_i u_i(t) + \sum_{j=1}^{n} b_{ij}^* f_j\left(u_j(t)\right) + \sum_{j=1}^{n} c_{ij}^* f_j\left(u_j(t-\tau)\right), \quad i=1,\cdots,n,$$

$$(6\text{-}1\text{-}6)$$

其中, $b_{ij}^* = \sup\limits_{t \geqslant 0} \|b_{ij}(t)\|$, $c_{ij}^* = \sup\limits_{t \geqslant 0} \|c_{ij}(t)\|$.

(6-1-6) 可改写为下列向量形式:

$$_CD_t^\alpha u(t) = -Au(t) + \hat{\beta} f(u(t)) + \hat{\gamma} f(u(t-\tau)), \quad (6\text{-}1\text{-}7)$$

其中

$$u(t) = (u_1(t), u_2(t), \cdots, u_n(t))^{\mathrm{T}} \in \mathbb{R}^n, \quad A = \mathrm{diag}\,(a_1, a_2, \cdots, a_n) \in \mathbb{R}^{n \times n},$$
$$\hat{\beta} = (b_{ij}^*)_{n \times n} \in \mathbb{R}^{n \times n}, \quad \hat{\gamma} = (c_{ij}^*)_{n \times n} \in \mathbb{R}^{n \times n},$$
$$f(u(t)) = (f_1(u_1(t)), f_2\left(u_2(t)\right), \cdots, f_n\left(u_n(t)\right))^{\mathrm{T}},$$
$$f(u(t-\tau)) = (f_1\left(u_1(t-\tau)\right), \cdots, f_n\left(u_n(t-\tau)\right))^{\mathrm{T}}.$$

系统 (6-1-7) 可线性化为

$$_CD_t^\alpha u(t) = -Au(t) + \hat{\beta} R u(t) + \bar{u}(t-\tau), \quad (6\text{-}1\text{-}8)$$

其中 R 为 $f(u(t))$ 的 Jacobi 矩阵, $\bar{u}(t-\tau) = \left(\sum_{j=1}^{n} c_{1j}^* p_{1j} u_j(t-\tau), \cdots, \sum_{j=1}^{n} c_{nj}^* p_{nj} u_j(t-\tau)\right)^{\mathrm{T}}$ 为 $\hat{\gamma} f(u(t-\tau))$ 在平衡点的线性化向量. 记 $\tilde{\beta} = \hat{\beta} R$, $\tilde{\Theta} = (c_{ij}^* p_{ij})_{n \times n}$, (6-1-8) 可改写为

$$_CD_t^\alpha u(t) = -Au(t) + \tilde{\beta} u(t) + \tilde{\Theta} u(t-\tau), \quad (6\text{-}1\text{-}9)$$

系统 (6-1-1) 对应的响应系统为

$$_CD_t^\alpha v_i(t) = -a_i v_i(t) + \sum_{j=1}^{n} \beta_{ij}\left(v_j(t)\right) f_j\left(v_j(t)\right)$$

$$+ \sum_{j=1}^{n} \gamma_{ij}\left(v_j(t)\right) f_j\left(v_j(t-\tau)\right) + \sigma_i(t), \quad i=1,2,\cdots,n, \quad (6\text{-}1\text{-}10)$$

其中, $\sigma_i(t) = (\sigma_1(t), \sigma_2(t), \cdots, \sigma_n(t))^{\mathrm{T}}$ 为确保驱动-响应系统同步的控制输入. 类似地, 响应系统 (6-1-10) 的参数定义如下

$$\beta_{ij}\left(v_j(t)\right) = \begin{cases} \beta_{ij}^*, & |v_j(t)| > T_j, \\ \beta_{ij}^{**}, & |v_j(t)| < T_j, \end{cases} \qquad \gamma_{ij}\left(v_j(t)\right) = \begin{cases} \gamma_{ij}^*, & |v_j(t)| > T_j, \\ \gamma_{ij}^{**}, & |v_j(t)| < T_j, \end{cases}$$

$$(6\text{-}1\text{-}11)$$

$i, j = 1, 2, \cdots, n$, 其中切换跳 $\beta_{ij}^*, \beta_{ij}^{**}, \gamma_{ij}^*, \gamma_{ij}^{**}$ 为常数.

系统 (6-1-10) 的初始条件为

$$v_i(s) = \pi_i(s), \quad s \in [-\tau, 0], \quad i = 1, 2, \cdots, n, \qquad (6\text{-}1\text{-}12)$$

其中, $\pi_i(s) = (\pi_1(s), \pi_2(s), \cdots, \pi_n(s))^{\mathrm{T}} \in \mathcal{C}([-\tau, 0], \mathbb{R}^n)$. 应用微分包含理论, 响应系统 (6-1-10) 可改写为

$$_{C}D_t^\alpha v_i(t) \in -a_i v_i(t) + \sum_{j=1}^n \mathrm{co}\left\{\underline{\beta}_{ij}, \bar{\beta}_{ij}\right\} f_j\left(v_j(t)\right)$$

$$+ \sum_{j=1}^n \mathrm{co}\{\underline{\gamma}_{ij}, \bar{\gamma}_{ij}\} f_j\left(v_j(t-\tau)\right) + \sigma_i(t), \qquad (6\text{-}1\text{-}13)$$

$i = 1, 2, \cdots, n$, 集值映射定义为

$$\mathrm{co}\left\{\underline{\beta}_{ij}, \bar{\beta}_{ij}\right\} = \begin{cases} \beta_{ij}^*, & |v_j(t)| > T_j, \\ [\underline{\beta}_{ij}, \bar{\beta}_{ij}], & |v_j(t)| = T_j, \\ \beta_{ij}^{**}, & |v_j(t)| < T_j, \end{cases}$$

$$\mathrm{co}\left\{\underline{\gamma}_{ij}, \bar{\gamma}_{ij}\right\} = \begin{cases} \gamma_{ij}^*, & |v_j(t)| > T_j, \\ [\underline{\gamma}_{ij}, \bar{\gamma}_{ij}], & |v_j(t)| = T_j, \\ \gamma_{ij}^{**}, & |v_j(t)| < T_j, \end{cases}$$

其中, $\underline{\beta}_{ij} = \min\left\{\beta_{ij}^*, \beta_{ij}^{**}\right\}$, $\bar{\beta}_{ij} = \max\left\{\beta_{ij}^*, \beta_{ij}^{**}\right\}, \underline{\gamma}_{ij} = \min\left\{\gamma_{ij}^*, \gamma_{ij}^{**}\right\}, \bar{\gamma}_{ij} = \max\left\{\gamma_{ij}^*, \gamma_{ij}^{**}\right\}$, 或者等价地存在 $\bar{b}_{ij}(t) \in \mathrm{co}\{\underline{\beta}_{ij}, \bar{\beta}_{ij}\}, \bar{c}_{ij}(t) \in \mathrm{co}\{\underline{\gamma}_{ij}, \bar{\gamma}_{ij}\}$, 使得

$$_{C}D_t^\alpha v_i(t) = -a_i v_i(t) + \sum_{j=1}^n \bar{b}_{ij}(t) f_j\left(v_j(t)\right) + \sum_{j=1}^n \bar{c}_{ij}(t) f_j\left(v_j(t-\tau)\right) + \sigma_i(t).$$

$$(6\text{-}1\text{-}14)$$

为简便可改写为

$$_{C}D_t^\alpha v_i(t) = -a_i v_i(t) + \sum_{j=1}^n \bar{b}_{ij}^* f_j\left(v_j(t)\right) + \sum_{j=1}^n \bar{c}_{ij}^* f_j\left(v_j(t-\tau)\right) + \sigma_i(t), \quad (6\text{-}1\text{-}15)$$

其中, $\bar{b}_{ij}^* = \sup\limits_{t \geqslant 0} \|\bar{b}_{ij}(t)\|, \bar{c}_{ij}^* = \sup_{t\geqslant 0} \|\bar{c}_{ij}(t)\|$, (6-1-15) 可改写为下列向量形式:

$$_C D_t^\alpha v(t) = -A v(t) + \beta^* f(v(t)) + \gamma^* f(v(t-\tau)) + \sigma(t), \qquad (6\text{-}1\text{-}16)$$

其中

$$v(t) = (v_1(t), v_2(t), \cdots, v_n(t))^{\mathrm{T}} \in \mathbb{R}^n, \quad A = \mathrm{diag}(a_1, a_2, \cdots, a_n) \in \mathbb{R}^{n \times n},$$
$$\beta^* = \left(\bar{b}_{ij}^*\right)_{n \times n} \in \mathbb{R}^{n \times n}, \quad \gamma^* = \left(\bar{c}_{ij}^*\right)_{n \times n} \in \mathbb{R}^{n \times n},$$
$$\sigma(t) = (\sigma_1(t), \sigma_2(t), \cdots, \sigma_n(t))^{\mathrm{T}},$$
$$f(v(t)) = (f_1(v_1(t)), f_2(v_2(t)), \cdots, f_n(v_n(t)))^{\mathrm{T}},$$
$$f(v(t-\tau)) = (f_1(v_1(t-\tau)), \cdots, f_n(v_n(t-\tau)))^{\mathrm{T}}.$$

与驱动系统的线性化技巧类似, 可将响应系统线性化:

$$_C D_t^\alpha v(t) = -A v(t) + \tilde{\beta}^* v(t) + \tilde{\Theta}^* v(t-\tau) + \sigma(t), \qquad (6\text{-}1\text{-}17)$$

其中, $\tilde{\beta}^* = \beta^* R^*, \tilde{\Theta}^* = (\bar{c}_{ij}^* p_{ij}^*)_{n \times n}, R^*$ 为 $f(u(t))$ 的 Jacobi 矩阵, $\bar{v}(t-\tau) = \left(\sum_{j=1}^n c_{1j}^* p_{1j} v_j(t-\tau), \cdots, \sum_{j=1}^n c_{nj}^* p_{nj} v_j(t-\tau)\right)^{\mathrm{T}}$ 为 $\hat{\gamma} f(v(t-\tau))$ 在平衡点的线性化向量.

定义 6.1.1 如果存在一个实矩阵 $B \in \mathbb{R}^{n \times n}$ 使得驱动系统 (6-1-9) 与响应系统 (6-1-17) 在初始条件 $\phi(0), \pi(0)$ 的任意两个解 $u(t), v(t)$ 满足

$$\lim_{t \to \infty} \|v(t) - B u(t)\| = 0, \qquad (6\text{-}1\text{-}18)$$

则称驱动系统 (6-1-9) 与响应系统 (6-1-17) 全局混合投影同步.

本节使用线性反馈控制的方法实现驱动系统 (6-1-9) 与响应系统 (6-1-17) 的同步. 设控制器 $\sigma(t)$ 为

$$\sigma(t) = K(v(t) - B u(t)), \qquad (6\text{-}1\text{-}19)$$

其中, $K = \mathrm{diag}(k_1, k_2, \cdots, k_n) \in \mathbb{R}^{n \times n}$ 为反馈增益矩阵.

6.1.2 投影同步结果

定义 $e(t) = v(t) - B u(t)$ 为同步误差, 由 (6-1-9) 和 (6-1-17) 可得误差系统:

$$_C D_t^\alpha e(t) = -A e(t) + \bar{\beta} e(t) + \bar{\Theta} e(t-\tau) + K e(t), \qquad (6\text{-}1\text{-}20)$$

其中, $\bar{\beta} = \max\{\tilde{\beta}, \tilde{\beta}^*\}, \bar{\Theta} = \max\{\tilde{\Theta}, \tilde{\Theta}^*\}$.

误差系统 (6-1-20) 对应的初始条件为

$$e(s) = \delta(s), \quad s \in [-\tau, 0], \quad \delta(s) = (\delta_1(s), \delta_2(s), \cdots, \delta_n(s))^{\mathrm{T}} \in \mathcal{C}([-\tau, 0], \mathbb{R}^n).$$

由定义 1.3.10, 取系统 (6-1-20) 的 Laplace 变换可得

$$s^{\alpha}E_1(s) - s^{\alpha-1}\delta_1(0)$$

$$= \left(-a_1 + k_1 + \bar{\beta}_{11}\right)E_1(s) + \bar{\beta}_{12}E_2(s) + \cdots + \bar{\beta}_{1n}E_n(s)$$

$$+ \bar{\theta}_{11}e^{-s\tau}\left(E_1(s) + \int_{-\tau}^{0}e^{-st}\delta_1(t)\mathrm{d}t\right)$$

$$+ \bar{\theta}_{12}e^{-s\tau}\left(E_2(s) + \int_{-\tau}^{0}e^{-st}\delta_2(t)\mathrm{d}t\right) + \cdots$$

$$+ \bar{\theta}_{1n}e^{-s\tau}\left(E_n(s) + \int_{-\tau}^{0}e^{-st}\delta_n(t)\mathrm{d}t\right),$$

$$s^{\alpha}E_1(s) - s^{\alpha-1}\delta_1(0)$$

$$= \left(-a_1 + k_1 + \bar{\beta}_{11} + \bar{\theta}_{11}e^{-s\tau}\right)E_1(s) + \left(\bar{\beta}_{12} + \bar{\theta}_{12}e^{-s\tau}\right)E_2(s) + \cdots$$

$$+ \left(\bar{\beta}_{1n} + \bar{\theta}_{1n}e^{-s\tau}\right)E_n(s) + \bar{\theta}_{11}e^{-s\tau}\int_{-\tau}^{0}e^{-st}\delta_1(t)\mathrm{d}t + \bar{\theta}_{12}e^{-s\tau}\int_{-\tau}^{0}e^{-st}\delta_2(t)\mathrm{d}t$$

$$+ \cdots + \bar{\theta}_{1n}e^{-s\tau}\int_{-\tau}^{0}e^{-st}\delta_n(t)\mathrm{d}t,$$

$$s^{\alpha}E_2(s) - s^{\alpha-1}\delta_2(0)$$

$$= \left(-a_2 + k_2 + \bar{\beta}_{22} + \bar{\theta}_{22}e^{-s\tau}\right)E_2(s) + \left(\bar{\beta}_{21} + \bar{\theta}_{21}e^{-s\tau}\right)E_1(s) + \cdots$$

$$+ \left(\bar{\beta}_{2n} + \bar{\theta}_{2n}e^{-s\tau}\right)E_n(s) + \bar{\theta}_{21}e^{-s\tau}\int_{-\tau}^{0}e^{-st}\delta_1(t)\mathrm{d}t + \bar{\theta}_{22}e^{-s\tau}\int_{-\tau}^{0}e^{-st}\delta_2(t)\mathrm{d}t$$

$$+ \cdots + \bar{\theta}_{2n}e^{-s\tau}\int_{-\tau}^{0}e^{-st}\delta_n(t)\mathrm{d}t$$

$$\cdots\cdots$$

$$s^{\alpha}E_n(s) - s^{\alpha-1}\delta_n(0)$$

$$= \left(-a_n + k_n + \bar{\beta}_{nn} + \bar{\theta}_{nn}e^{-s\tau}\right)E_n(s) + \left(\bar{\beta}_{n1} + \bar{\theta}_{n1}e^{-s\tau}\right)E_1(s) + \cdots$$

$$+ \left(\bar{\beta}_{n,n-1} + \bar{\theta}_{n,n-1}e^{-s\tau}\right)E_{n-1}(s) + \bar{\theta}_{n1}e^{-s\tau}\int_{-\tau}^{0}e^{-st}\delta_1(t)\mathrm{d}t$$

$$+ \bar{\theta}_{n2}e^{-s\tau}\int_{-\tau}^{0}e^{-st}\delta_2(t)\mathrm{d}t + \cdots + \bar{\theta}_{nn}e^{-s\tau}\int_{-\tau}^{0}e^{-st}\delta_n(t)\mathrm{d}t, \tag{6-1-21}$$

其中, $E(s)$ 为 $e(t)$ 通过 $E(s) = L(e(t))$ 的 Laplace 变换. 另外, 上述方程可改写为

$$\Delta(s) \cdot E(s) = d(s), \tag{6-1-22}$$

其中, $\Delta(s)$ 为系统 (6-1-20) 的特征矩阵, $d(s)$ 为系统 (6-1-21) 的非线性项,

$$
\Delta(s) = \begin{pmatrix}
s^a + c_1 - \bar{\theta}_{11}e^{-sz} & -\bar{\beta}_{12} - \bar{\theta}_{12}e^{-sz} & \cdots & -\bar{\beta}_{1n} - \bar{\theta}_{1n}e^{-sz} \\
-\bar{\beta}_{21} - \bar{\theta}_{21}e^{-sz} & s^{\alpha} + c_2 - \bar{\theta}_{22}e^{-sz} & \cdots & -\bar{\beta}_{2n} - \bar{\theta}_{2n}e^{-sz} \\
\vdots & \vdots & & \vdots \\
-\bar{\beta}_{n1} - \bar{\theta}_{n1}e^{-sz} & -\bar{\beta}_{n2} - \bar{\theta}_{n2}e^{-sz} & \cdots & s^{\alpha} + c_n - \bar{\theta}_{nn}e^{-sz}
\end{pmatrix},
$$

(6-1-23)

$$
c_i = a_i - k_i - \bar{\beta}_{ii}(i = 1, 2, \cdots, n),
$$
$$
d_1(s) = s^{\alpha-1}\delta_1(0) + \bar{\theta}_{11}e^{-s\tau}\int_{-\tau}^{0} e^{-st}\delta_1(t)\mathrm{d}t
$$
$$
+ \bar{\theta}_{12}e^{-s\tau}\int_{-\tau}^{0} e^{-st}\delta_2(t)\mathrm{d}t + \cdots + \bar{\theta}_{1n}e^{-s\tau}\int_{-\tau}^{0} e^{-st}\delta_n(t)\mathrm{d}t,
$$
$$
d_2(s) = s^{\alpha-1}\delta_2(0) + \bar{\theta}_{21}e^{-s\tau}\int_{-\tau}^{0} e^{-st}\delta_1(t)\mathrm{d}t + \bar{\theta}_{22}e^{-s\tau}\int_{-\tau}^{0} e^{-st}\delta_2(t)\mathrm{d}t + \cdots
$$
$$
+ \bar{\theta}_{2n}e^{-s\tau}\int_{-\tau}^{0} e^{-st}\delta_n(t)\mathrm{d}t
$$
$$
\cdots\cdots
$$
$$
d_n(s) = s^{\alpha-1}\delta_n(0) + \bar{\theta}_{n1}e^{-s\tau}\int_{-\tau}^{0} e^{-st}\delta_1(t)\mathrm{d}t + \bar{\theta}_{n2}e^{-s\tau}\int_{-\tau}^{0} e^{-st}\delta_2(t)\mathrm{d}t
$$
$$
+ \cdots + \bar{\theta}_{nn}e^{-s\tau}\int_{-\tau}^{0} e^{-st}\delta_n(t)\mathrm{d}t.
$$

假设 $\tau = 0$, 系统 (6-1-20) 可改写为

$$
cD_t^{\alpha}e(t) = (-A + K + \bar{\beta} + \bar{\Theta})e(t) = \mathcal{M}e(t), \tag{6-1-24}
$$

其中

$$
\mathcal{M} = \begin{pmatrix}
-a_1 + k_1 + \bar{\beta}_{11} + \bar{\theta}_{11} & \bar{\beta}_{12} + \bar{\theta}_{12} & \cdots & \bar{\beta}_{1n} + \bar{\theta}_{1n} \\
\bar{\beta}_{21} + \bar{\theta}_{21} & -a_2 + k_2 + \bar{\beta}_{22} + \bar{\theta}_{22} & \cdots & \bar{\beta}_{2n} + \bar{\theta}_{2n} \\
\vdots & \vdots & & \vdots \\
\bar{\beta}_{n1} + \bar{\theta}_{n1} & \bar{\beta}_{n2} + \bar{\theta}_{n2} & \cdots & -a_n + k_n + \bar{\beta}_{nn} + \bar{\theta}_{nn}
\end{pmatrix}.
$$

(6-1-25)

若 $A = 0, \bar{\beta} = 0, K = 0$, (6-1-20) 退化为 [11] 的模型; 若 $\alpha \in (0,1), A \neq 0, \bar{\beta} \neq 0, K \neq 0$, 则同样有文献 [4] 结论.

考虑下列具有轮毂结构与时滞的 FMNNs 模型:

$$
\begin{cases}
{}_C D_t^\alpha u_1(t) = -a_1 u_1(t) + \sum_{j=1}^{n} \beta_{1j}\left(u_j(t)\right) f_j\left(u_j(t)\right) \\
\qquad\quad + \gamma_1\left(u_1(t)\right) f_1\left(u_1(t-\tau)\right), \\
{}_C D_t^\alpha u_i(t) = -a_i u_i(t) + \beta_{i1}\left(u_1(t)\right) f_1\left(u_1(t)\right) + \beta_{ii}\left(u_i(t)\right) f_i\left(u_i(t)\right) \\
\qquad\quad + \gamma\left(u_i(t)\right) f_i\left(u_i(t-\tau)\right), \quad i = 2,\cdots,n,
\end{cases} \tag{6-1-26}
$$

其中, $a_i > 0$. 在系统 (6-1-26) 中第一个神经元为轮毂的中心, 其余的神经元仅通过中心神经元直接连接.

对应的响应系统:

$$
\begin{cases}
{}_C D_t^\alpha v_1(t) = -a_1 v_1(t) + \sum_{j=1}^{n} \beta_{1j}\left(v_j(t)\right) f_j\left(v_j(t)\right) \\
\qquad\quad + \gamma_1\left(v_1(t)\right) f_1\left(v_1(t-\tau)\right) + \sigma_1(t), \\
{}_C D_t^\alpha v_i(t) = -a_i v_i(t) + \beta_{i1}\left(v_1(t)\right) f_1\left(v_1(t)\right) + \beta_{ii}\left(v_i(t)\right) f_i\left(v_i(t)\right) \\
\qquad\quad + \gamma\left(v_i(t)\right) f_i\left(v_i(t-\tau)\right) + \sigma_i(t), \quad i = 2,\cdots,n,
\end{cases} \tag{6-1-27}
$$

系统 (6-1-26) 与系统 (6-1-27) 的线性形式如下

$$
c D_t^\alpha u(t) = -A u(t) + \tilde{\beta} u(t) + \tilde{\Theta} u(t-\tau), \tag{6-1-28}
$$

$$
{}_C D_t^\alpha v(t) = -A v(t) + \tilde{\beta}^* v(t) + \tilde{\Theta}^* v(t-\tau) + \sigma(t). \tag{6-1-29}
$$

由 (6-1-28) 与 (6-1-29), 误差系统为

$$
c D_t^\alpha e(t) = -A e(t) + \bar{\beta} e(t) + \bar{\Theta} e(t-\tau) + K e(t), \tag{6-1-30}
$$

其中

$$
A = \operatorname{diag}\left(a_1,\cdots,a_n\right), \quad \bar{\beta} = \begin{pmatrix}
\bar{\beta}_{11} & \bar{\beta}_{12} & \bar{\beta}_{13} & \cdots & \bar{\beta}_{1n} \\
\bar{\beta}_{21} & \bar{\beta}_{22} & 0 & \cdots & 0 \\
\vdots & \vdots & \vdots & & \vdots \\
\bar{\beta}_{n1} & 0 & 0 & \cdots & \bar{\beta}_{nn}
\end{pmatrix},
$$

$$
\bar{\Theta} = \begin{pmatrix}
\bar{\theta}_1 & 0 & 0 & \cdots & 0 \\
0 & \bar{\theta} & 0 & \cdots & 0 \\
\vdots & \vdots & \vdots & & \vdots \\
0 & 0 & 0 & \cdots & \bar{\theta}
\end{pmatrix}.
$$

定理 6.1.1[9]　当 $\alpha \in (0,1), \bar{a}_2 - \bar{\theta} > 0, \bar{a}_1 + \bar{a}_2 - \bar{\theta}_1 - \bar{\theta} > 0, (\bar{a}_1 - \bar{\theta}_1)(\bar{a}_2 - \bar{\theta}) - \chi > 0$ 时, 其中

$$\bar{a}_1 = a_1 - k_1 - \bar{\beta}_{11}, \quad \bar{a}_2 = a_i - k_i - \bar{\beta}_{ii} \ (i = 2, \cdots, n), \quad \chi = \sum_{i=2}^{n} (\bar{\beta}_{i1}\bar{\beta}_{1i}).$$

(i) 如果 $\chi = 0, \bar{\theta}^2 - \bar{a}_2^2 \sin^2 \dfrac{\alpha\pi}{2} < 0, \bar{\theta}_1^2 - \bar{a}_1^2 \sin^2 \dfrac{\alpha\pi}{2} < 0$, 系统 (6-1-30) 的零解是 Lyapunov 渐近稳定的;

(ii) 如果 $\chi \neq 0, \bar{\theta}^2 - \bar{a}_2^2 \sin^2 \dfrac{\alpha\pi}{2} < 0$, 系统 (6-1-30) 的零解是 Lyapunov 渐近稳定的.

此处证明省略, 详见文献 [8].

6.1.3　数值例子

考虑下列分数阶忆阻神经网络为驱动系统:

$$\begin{cases} cD_t^\alpha u_1(t) = -a_1 u_1(t) + \sum_{j=1}^{4} \beta_{1j}(u_j(t)) f_j(u_j(t)) + \gamma_1(u_1(t)) f_1(u_1(t-\tau)), \\ cD_t^\alpha u_i(t) = -a_i u_i(t) + \beta_{i1}(u_1(t)) f_1(u_1(t)) + \beta_{ii}(u_i(t)) f_i(u_i(t)) \\ \qquad\qquad + \gamma(u_i(t)) f_i(u_i(t-\tau)), \quad i = 2, \cdots, 4, \end{cases}$$

$$(6\text{-}1\text{-}31)$$

其中

$$\alpha = 0.9, \quad \tau = 0.15, \quad f(u(t)) = \tanh u(t), \quad a_1 = 3, a_2 = 2, a_3 = 2, a_4 = 2,$$

$$\beta_{11}(u_1(t)) = \begin{cases} 1.8, & |u_1(t)| > 1, \\ 1.5, & |u_1(t)| < 1, \end{cases} \qquad \beta_{22}(u_2(t)) = \begin{cases} 2.5, & |u_2(t)| > 1, \\ 2.7, & |u_2(t)| < 1, \end{cases}$$

$$\beta_{33}(u_3(t)) = \begin{cases} 5, & |u_3(t)| > 1, \\ 4.5, & |u_3(t)| < 1, \end{cases} \qquad \beta_{44}(u_4(t)) = \begin{cases} 4.5, & |u_4(t)| > 1, \\ 5, & |u_4(t)| < 1, \end{cases}$$

$$\beta_{12}(u_2(t)) = \begin{cases} 1.8, & |u_2(t)| > 1, \\ 2, & |u_2(t)| < 1, \end{cases} \qquad \beta_{21}(u_1(t)) = \begin{cases} 5, & |u_1(t)| > 1, \\ 4.5, & |u_1(t)| < 1, \end{cases}$$

$$\beta_{13}(u_3(t)) = \begin{cases} 5, & |u_3(t)| > 1, \\ 4.5, & |u_3(t)| < 1, \end{cases} \qquad \beta_{31}(u_1(t)) = \begin{cases} -1.5, & |u_1(t)| > 1, \\ -1, & |u_1(t)| < 1, \end{cases}$$

$$\beta_{14}(u_4(t)) = \begin{cases} 1, & |u_4(t)| > 1, \\ 0.5, & |u_4(t)| < 1, \end{cases} \qquad \beta_{41}(u_1(t)) = \begin{cases} -5, & |u_1(t)| > 1, \\ -5.5, & |u_1(t)| < 1, \end{cases}$$

$$\gamma_1(u_1(t)) = \begin{cases} -8, & |u_1(t)| > 1, \\ -8.5, & |u_1(t)| < 1, \end{cases} \qquad \gamma(u_2(t)) = \begin{cases} -5, & |u_2(t)| > 1, \\ -5.5, & |u_2(t)| < 1, \end{cases}$$

$$\gamma(u_3(t)) = \begin{cases} -5, & |u_3(t)| > 1, \\ -5.5, & |u_3(t)| < 1, \end{cases} \qquad \gamma(u_4(t)) = \begin{cases} -5, & |u_4(t)| > 1, \\ -5.5, & |u_4(t)| < 1. \end{cases}$$

对应的响应系统为

$$
\begin{cases}
{}_C D_t^\alpha v_1(t) = -a_1 v_1(t) + \sum_{j=1}^{4} \beta_{1j}(v_j(t)) f_j(v_j(t)) + \gamma_1(v_1(t)) f_1(v_1(t-\tau)) + \sigma_1(t), \\
{}_C D_t^\alpha v_i(t) = -a_i v_i(t) + \beta_{i1}(v_1(t)) f_1(v_1(t)) + \beta_{ii}(v_i(t)) f_i(v_i(t)) \\
\qquad\qquad + \gamma(v_i(t)) f_i(v_i(t-\tau)) + \sigma_i(t), \quad i = 2,3,4.
\end{cases}
$$

$$(6\text{-}1\text{-}32)$$

系统 (6-1-32) 参数值与系统 (6-1-31) 相同, 满足定理 6.1.1 的条件 (i). 因此, 在初始条件 $\phi(0) = (0.5, -0.2, -0.3, 0.1)^{\mathrm{T}}, \pi(0) = (0.1, -0.2, -0.5, 0.3)^{\mathrm{T}}$ 与非线性反馈控制增益 $K = \mathrm{diag}(-90, -90, -92.3, -92.3)$ 下, 驱动系统 (6-1-31) 与响应系统 (6-1-32) 能够达到混合投影同步, 其混沌形态与误差系统的一致性曲线分别如图 6-1-1、图 6-1-2 和图 6-1-3 所示, 缩放矩阵 $B = \mathrm{diag}(1,1,1,1), B = \mathrm{diag}(-1,-1,-1,-1), B = \mathrm{diag}(2,2,2,2)$.

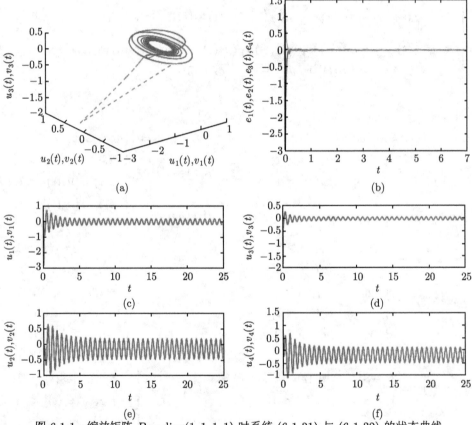

图 6-1-1　缩放矩阵 $B = \mathrm{diag}(1,1,1,1)$ 时系统 (6-1-31) 与 (6-1-32) 的状态曲线和误差曲线图

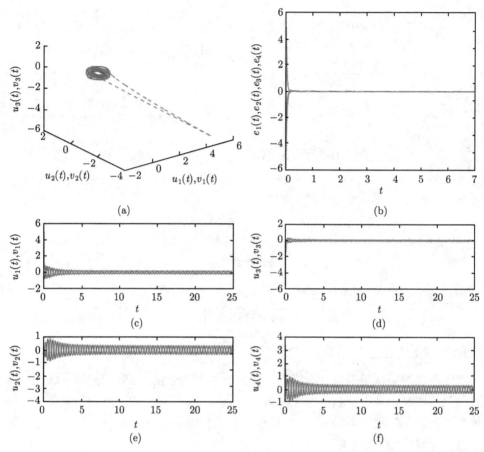

图 6-1-2 缩放矩阵 $B = \text{diag}(-1,-1,-1,-1)$ 时系统 (6-1-31) 与 (6-1-32) 的状态曲线
和误差曲线图

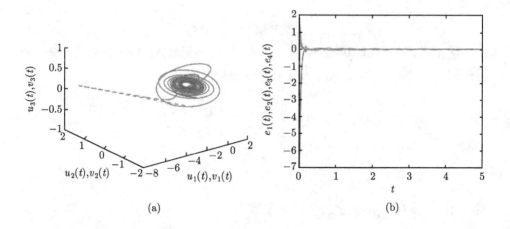

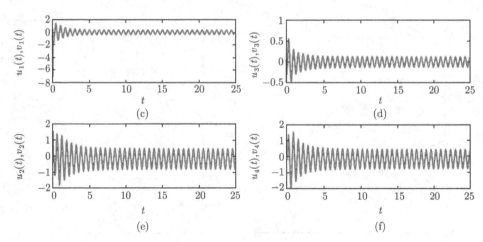

图 6-1-3　缩放矩阵 $B = \mathrm{diag}(2, 2, 2, 2)$ 时系统 (6-1-31) 与 (6-1-32) 的状态曲线
和误差曲线图

6.2　分数阶忆阻神经网络的自适应同步

6.2.1　模型的建立

为解决神经网络与复杂网络的同步问题, 人们提出了自适应控制、线性与非线性反馈控制、牵引控制和脉冲控制等一系列控制方法. 由于分数阶模型能更好地刻画系统, 其动力学性态与同步问题引起人们的关注. 文献 [12] 以下列分数阶忆阻神经网络为驱动系统:

$$D^{\alpha} x_i(t) = -c_i x_i(t) + \sum_{j=1}^{n} a_{ij}(x_j(t)) f_j(x_j(t)) + \sum_{j=1}^{n} b_{ij}(x_j(t)) f_j(x_j(t-\tau)) + I_i,$$

$$(6\text{-}2\text{-}1)$$

其中, $i = 1, 2, \cdots, n, t \geqslant 0, n$ 为神经网络中单元数量, $x(t) = (x_1(t), \cdots, x_n(t))^{\mathrm{T}}$, $x_i(t)$ 为第 i 个神经元的状态, c_i 为正常数, I_i 为外部输入, $f_i(\cdot)$ 为非线性吸引函数, 时滞 $\tau > 0, a_{ij}(x_j(t)), b_{ij}(x_j(t))$ 为忆阻连接权重,

$$a_{ij}(x_j(t)) = \begin{cases} a_{ij}^*, & |x_j(t)| > T_j, \\ a_{ij}^{**}, & |x_j(t)| < T_j, \end{cases}$$

$$b_{ij}(x_j(t)) = \begin{cases} b_{ij}^*, & |x_j(t)| > T_j, \\ b_{ij}^{**}, & |x_j(t)| < T_j, \end{cases}$$

切换阈值 $T_j > 0, a_{ij}^*, a_{ij}^{**}, b_{ij}^*, b_{ij}^{**}$ 均为常数.

对应的响应系统为

$$D^\alpha y_i(t) = -c_i y_i(t) + \sum_{j=1}^{n} a_{ij}(y_j(t)) f_j(y_j(t)) + \sum_{j=1}^{n} b_{ij}(y_j(t)) f_j(y_j(t-\tau)) + I_i + u_i(t),$$

$$(6\text{-}2\text{-}2)$$

其中, $u_i(t)$ 为控制输入.

根据微分包含与集值映射理论, 由系统 (6-2-1) 与 (6-2-2) 可得

$$D^\alpha x_i(t) \in -c_i x_i(t) + \sum_{j=1}^{n} \text{co}\,[a_{ij}(x_j(t))] f_j(x_j(t))$$

$$+ \sum_{j=1}^{n} \text{co}\,[b_{ij}(x_j(t))] f_j(x_j(t-\tau)) + I_i, \qquad (6\text{-}2\text{-}3)$$

$$D^\alpha y_i(t) \in -c_i y_i(t) + \sum_{j=1}^{n} \text{co}\,[a_{ij}(y_j(t))] f_j(y_j(t))$$

$$+ \sum_{j=1}^{n} \text{co}\,[b_{ij}(y_j(t))] f_j(y_j(t-\tau)) + I_i + u_i(t). \qquad (6\text{-}2\text{-}4)$$

其中, $0 < \alpha < 1$,

$$\text{co}\,[a_{ij}(x_j(t))] = \begin{cases} a_{ij}^*, & |x_j(t)| > T_j, \\ \text{co}\,\{a_{ij}^*, a_{ij}^{**}\}, & |x_j(t)| = T_j, \\ a_{ij}^{**}, & |x_j(t)| < T_j, \end{cases}$$

$$\text{co}\,[b_{ij}(x_j(t))] = \begin{cases} b_{ij}^*, & |x_j(t)| > T_j, \\ \text{co}\,\{b_{ij}^*, b_{ij}^{**}\}, & |x_j(t)| = T_j, \\ b_{ij}^{**}, & |x_j(t)| < T_j, \end{cases}$$

$$\text{co}\,[a_{ij}(y_j(t))] = \begin{cases} a_{ij}^*, & |y_j(t)| > T_j, \\ \text{co}\,\{a_{ij}^*, a_{ij}^{**}\}, & |y_j(t)| = T_j, \\ a_{ij}^{**}, & |y_j(t)| < T_j, \end{cases}$$

$$\text{co}\,[b_{ij}(y_j(t))] = \begin{cases} b_{ij}^*, & |y_j(t)| > T_j, \\ \text{co}\,\{b_{ij}^*, b_{ij}^{**}\}, & |y_j(t)| = T_j, \\ b_{ij}^{**}, & |y_j(t)| < T_j, \end{cases}$$

$$\text{co}\left\{a_{ij}^*, a_{ij}^{**}\right\} = [\underline{a}_{ij}, \bar{a}_{ij}], \quad \text{co}\left\{b_{ij}^*, b_{ij}^{**}\right\} = [\underline{b}_{ij}, \bar{b}_{ij}], \quad \underline{a}_{ij} = \min\left\{a_{ij}^*, a_{ij}^{**}\right\},$$

$$\bar{a}_{ij} = \max\left\{a_{ij}^*, a_{ij}^{**}\right\}, \quad \underline{b}_{ij} = \min\left\{b_{ij}^*, b_{ij}^{**}\right\}, \quad \bar{b}_{ij} = \max\left\{b_{ij}^*, b_{ij}^{**}\right\},$$

$$\rho_{ij}(x_j(t)) \in \text{co}\left[a_{ij}(y_j(t))\right], \quad \gamma_{ij}(y_j(t)) \in \text{co}\left[a_{ij}(y_j(t))\right],$$

$$\alpha_{ij}(x_j(t)) \in \text{co}\left[b_{ij}(x_j(t))\right], \quad \beta_{ij}(y_j(t)) \in \text{co}\left[b_{ij}(y_j(t))\right],$$

使得

$$D^\alpha x_i(t) = -c_i x_i(t) + \sum_{j=1}^n \rho_{ij}(x_j(t)) f_j(x_j(t)) + \sum_{j=1}^n \alpha_{ij}(x_j(t)) f_j(x_j(t-\tau)) + I_i,$$

$$(6\text{-}2\text{-}5)$$

$$D^\alpha y_i(t) = -c_i y_i(t) + \sum_{j=1}^n \gamma_{ij}(y_j(t)) f_j(y_j(t)) + \sum_{j=1}^n \beta_{ij}(y_j(t)) f_j(y_j(t-\tau)) + I_i + u_i(t).$$

$$(6\text{-}2\text{-}6)$$

假设系统 (6-2-1) 与 (6-2-2) 的初始条件为

$$x_i(s) = \phi_i(s), \quad y_i(s) = \psi_i(s),$$

$$s \in [-\tau, 0], \quad \phi_i(s), \psi_i(s) \in \mathcal{C}([-\tau, 0], \mathbb{R}), \quad i = 1, 2, \cdots, n.$$

为确保系统 (6-2-1) 与 (6-2-2) 解的存在性与唯一性, 假设

(H$_1$) 神经元的激活函数 f_j 在 $\mathbb{R}$ 上是 Lipschitz 连续的, Lipschitz 常数 $L_j > 0$, 即

$$|f_j(u) - f_j(v)| \leqslant L_j |u - v|, \quad u, v \in \mathbb{R}, \quad j = 1, 2, \cdots, n.$$

引理 6.2.1[12,13]   假设函数 $g(t)$ 在 $t \in [0, \infty]$ 上不减且可微, 对任意常数 $h, t \in [0, \infty]$, 有

$$D^\alpha(g(t) - h)^2 \leqslant 2(g(t) - h) D^\alpha g(t),$$

其中, $0 < \alpha < 1$.

引理 6.2.2[14]   在 H$_1$ 下, 如果 $f_j(\pm T_j) = 0 \ (j = 1, 2, \cdots, n)$, 则有

$$\left|\text{co}\left[a_{ij}(x_j(t))\right] f_j(x_j(t)) - \text{co}\left[a_{ij}(y_j(t))\right] f_j(y_j(t))\right| \leqslant a_{ij}^u L_j |x_j - y_j|,$$

$$i, j = 1, 2, \cdots, n,$$

也即对任意的 $\rho_{ij}(x_j(t)) \in \text{co}\left[a_{ij}(x_j(t))\right], \gamma_{ij}(y_j(t)) \in \text{co}\left[a_{ij}(y_j(t))\right]$,

$$\left|\rho_{ij}(x_j(t)) - \gamma_{ij}(y_j(t))\right| \leqslant a_{ij}^u L_j |x_j - y_j|, \quad i, j = 1, 2, \cdots, n,$$

$$a_{ij}^u = \max\left\{|a_{ij}^*|, |a_{ij}^{**}|\right\}$$

都成立.

6.2.2 自适应同步

本节基于自适应时滞反馈控制研究分数阶忆阻神经网络的同步问题.

令 $e_i(t) = y_i(t) - x_i(t), i = 1, 2, \cdots, n,$

$$
\begin{cases}
u_i(t) = -d_i(t)e_i(t) - \operatorname{sgn}(e_i(t)) \, \epsilon_i(t) \, |e_i(t-\tau)|, \\
D^\alpha d_i(t) = k_i \, |e_i(t)|, \\
D^\alpha \epsilon_i(t) = m_i \, |e_i(t-\tau)|,
\end{cases}
\tag{6-2-7}
$$

其中, k_i 与 m_i 为任意正数. 由系统 (6-2-5) 与 (6-2-6) 可得下列误差系统:

$$
\begin{aligned}
D^\alpha e_i(t) = {} & -c_i e_i(t) + \sum_{j=1}^{n} \left[\gamma_{ij}(y_j(t)) \, f_j(y_j(t)) - \rho_{ij}(x_j(t)) \, f_j(x_j(t)) \right] \\
& + \sum_{j=1}^{n} \left[\beta_{ij}(y_j(t)) \, f_j(y_j(t-\tau)) - \alpha_{ij}(x_j(t)) \, f_j(x_j(t-\tau)) \right] \\
& - d_i(t)e_i(t) - \operatorname{sgn}(e_i(t)) \, \epsilon_i(t) \, |e_i(t-\tau)|, \text{ a.e.} t \geqslant 0, i = 1, 2, \cdots, n.
\end{aligned}
\tag{6-2-8}
$$

定理 6.2.1 假设 (H_1) 成立并且 $f_j(\pm T_j) = 0$ $(j = 1, 2, \cdots, n)$, 则在控制器 (6-2-7) 下驱动系统 (6-2-1) 与响应系统 (6-2-2) 全局渐近同步.

证明 假设 $x(t) = (x_1(t), x_2(t), \cdots, x_n(t))^{\mathrm{T}}$ 与 $y(t) = (y_1(t), y_2(t), \cdots, y_n(t))^{\mathrm{T}}$ 分别为系统 (6-2-1) 和 (6-2-2) 在初始条件 $x(t_0) = (x_1(t_0), x_2(t_0), \cdots, x_n(t_0))^{\mathrm{T}}$ 与 $y(t_0) = (y_1(t_0), y_2(t_0), \cdots, y_n(t_0))^{\mathrm{T}}$ 下的任意两个解, 满足 $e_i(t_0) \neq 0, i = 1, 2, \cdots, n$. 显然, $e_i(t) = 0$ 是误差系统 (6-2-8) 的一个解. 由分数阶微分函数的存在与唯一性定理 [15], $e_i(t_0)e_i(t) > 0, t > t_0$.

如果 $e_i(t_0) > 0$, 则 $e_i(t) > 0$, 并且

$$
D^\alpha |e_i(t)| = \frac{1}{\Gamma(1-\alpha)} \int_{t_0}^{t} \frac{e_i'(s)}{(t-s)^\alpha} \mathrm{d}s = D^\alpha e_i(t),
$$

如果 $e_i(t_0) < 0$, 则 $e_i(t) < 0$, 并且

$$
D^\alpha |e_i(t)| = -\frac{1}{\Gamma(1-\alpha)} \int_{t_0}^{t} \frac{e_i'(s)}{(t-s)^\alpha} \mathrm{d}s = -D^\alpha e_i(t),
$$

因此, $D^\alpha |e_i(t)| = \operatorname{sgn}(e_i(t)) D^\alpha e_i(t)$.

构造 Lyapunov 泛函

$$V(t) = \sum_{i=1}^{n} |e_i(t)| + \sum_{i=1}^{n} \frac{1}{2k_i} (d_i(t) - d_i)^2 + \sum_{i=1}^{n} \frac{1}{2m_i} (\epsilon_i(t) - \epsilon_i)^2, \qquad (6\text{-}2\text{-}9)$$

其中, d_i, ϵ_i 为待定的自适应常数.

由于 $D^\alpha d_i(t) = k_i |e_i(t)|, D^\alpha \epsilon_i(t) = m_i |e_i(t-\tau)|$, 根据引理 6.2.1 与引理 6.2.2 可得

$$D^\alpha V(t)$$
$$= \sum_{i=1}^{n} D^\alpha |e_i(t)| + \sum_{i=1}^{n} \frac{1}{2k_i} D^\alpha (d_i(t) - d_i)^2 + \sum_{i=1}^{n} \frac{1}{2m_i} D^\alpha (\epsilon_i(t) - \epsilon_i)^2$$
$$\leqslant \sum_{i=1}^{n} \operatorname{sgn}(e_i(t)) \left\{ -c_i e_i(t) + \sum_{j=1}^{n} [\gamma_{ij}(y_j(t)) f_j(y_j(t)) - \rho_{ij}(x_j(t)) f_j(x_j(t))] \right.$$
$$+ \sum_{j=1}^{n} [\beta_{ij}(y_j(t)) f_j(y_j(t-\tau)) - \alpha_{ij}(x_j(t)) f_j(x_j(t-\tau))]$$
$$\left. - d_i(t) e_i(t) - \operatorname{sgn}(e_i(t)) \epsilon_i(t) |e_i(t-\tau)| \right\}$$
$$+ \sum_{i=1}^{n} \frac{1}{k_i} (d_i(t) - d_i) k_i |e_i(t)| + \sum_{i=1}^{n} \frac{1}{m_i} (\epsilon_i(t) - \epsilon_i) m_i |e_i(t-\tau)|$$
$$\leqslant \sum_{i=1}^{n} \left\{ -c_i |e_i(t)| + \sum_{j=1}^{n} a_{ij}^u L_j |e_j(t)| + \sum_{j=1}^{n} b_{ij}^u L_j |e_j(t-\tau)| - d_i |e_i(t)| - \epsilon_i |e_i(t-\tau)| \right\}$$
$$= -\sum_{i=1}^{n} \left\{ c_i + d_i - \sum_{j=1}^{n} a_{ji}^u L_i \right\} |e_i(t)| - \sum_{i=1}^{n} \left\{ \epsilon_i - \sum_{j=1}^{n} b_{ji}^u L_i \right\} |e_i(t-\tau)|.$$

d_i, ϵ_i 按下式选取:

$$c_i + d_i - \sum_{j=1}^{n} a_{ji}^u L_i > 0,$$
$$\epsilon_i - \sum_{j=1}^{n} b_{ji}^u L_i > 0, \quad i = 1, 2, \cdots, n.$$

令

$$\lambda_1 = \min \left\{ c_i + d_i - \sum_{j=1}^{n} a_{ji}^u L_i \right\} > 0,$$
$$\lambda_2 = \min \left\{ \epsilon_i - \sum_{j=1}^{n} b_{ji}^u L_i \right\} > 0.$$

可得

$$D^\alpha V(t) \leqslant -\lambda_1 \sum_{i=1}^n |e_i(t)| - \lambda_2 \sum_{i=1}^n |e_i(t-\tau)|, \quad t \geqslant t_0,$$

令 $t > t_0$ 并且

$$
\begin{aligned}
D^\alpha V(t) &= f(t, e(t), e(t-\tau)) \\
&\leqslant -\lambda_1 \sum_{i=1}^n |e_i(t)| - \lambda_2 \sum_{i=1}^n |e_i(t-\tau)| \\
&\leqslant -\lambda_1 \sum_{i=1}^n |e_i(t)| \\
&= -\lambda_1 U(t) \\
&\leqslant 0, \quad\quad\quad\quad\quad\quad\quad\quad\quad\quad\quad (6\text{-}2\text{-}10)
\end{aligned}
$$

其中, $U(t) = \sum_{i=1}^n |e_i(t)|.$

根据定义 6.2.1 可得

$$V(t) - V(t_0) = \frac{1}{\Gamma(\alpha)} \int_{t_0}^t (t-s)^{\alpha-1} f(s, e(s), e(s-\tau)) \mathrm{d}s \leqslant 0.$$

所以 $V(t) \leqslant V(t_0), t \geqslant t_0$. 由 (6-2-9) 可知 $e_i(t), d_i(t), \epsilon_i(t)$ 在 $t \geqslant t_0$ 时有界. 因此, 存在一个正常数 $M > 0$ 使得

$$|D^\alpha U(t)| \leqslant M, \quad t \geqslant t_0. \quad\quad\quad\quad (6\text{-}2\text{-}11)$$

反证法可证 $\lim_{t \to \infty} U(t) = 0$, 详见文献 [6—12].

因此, 可知驱动系统与响应系统在控制器 (6-2-7) 作用下全局渐近同步. □

考虑具有时滞的分数阶驱动-响应系统:

$$D^\alpha x_i(t) = -c_i x_i(t) + \sum_{j=1}^n a_{ij} f_j(x_j(t)) + \sum_{j=1}^n b_{ij} f_j(x_j(t-\tau)) + I_i, \quad (6\text{-}2\text{-}12)$$

$$D^\alpha y_i(t) = -c_i y_i(t) + \sum_{j=1}^n a_{ij} f_j(y_j(t)) + \sum_{j=1}^n b_{ij} f_j(y_j(t-\tau)) + I_i + u_i(t). \quad (6\text{-}2\text{-}13)$$

系统 (6-2-12) 和系统 (6-2-13) 的误差系统:

$$D^\alpha e_i(t) = -c_i e_i(t) + \sum_{j=1}^{n} a_{ij} \left[f_j \left(y_j(t) \right) - f_j \left(x_j(t) \right) \right]$$

$$+ \sum_{j=1}^{n} b_{ij} \left[f_j \left(y_j(t-\tau) \right) - f_j \left(x_j(t-\tau) \right) \right]$$

$$- d_i(t) e_i(t) - \text{sgn} \left(e_i(t) \right) \epsilon_i(t) \left| e_i(t-\tau) \right|. \tag{6-2-14}$$

定理 6.2.2 假设 (H_1) 成立, 在控制器 (6-2-7) 下驱动系统 (6-2-12) 与响应系统 (6-2-13) 全局渐近同步.

证明 仍使用 Lyapunov 函数 (6-2-9). 由 (H_1), 沿着误差系统 (6-2-14) 的迹计算 $V(t)$ 的分数阶导数可得

$$D^\alpha V(t)$$

$$= \sum_{i=1}^{n} D^\alpha \left| e_i(t) \right| + \sum_{i=1}^{n} \frac{1}{2k_i} D^\alpha \left(d_i(t) - d_i \right)^2 + \sum_{i=1}^{n} \frac{1}{2m_i} D^\alpha \left(\epsilon_i(t) - \epsilon_i \right)^2$$

$$\leqslant \sum_{i=1}^{n} \text{sgn} \left(e_i(t) \right) \left\{ -c_i e_i(t) + \sum_{j=1}^{n} a_{ij} \left[f_j \left(y_j(t) \right) - f_j \left(x_j(t) \right) \right] \right.$$

$$\left. + \sum_{j=1}^{n} b_{ij} \left[f_j \left(y_j(t-\tau) \right) - f_j \left(x_j(t-\tau) \right) \right] - d_i(t) e_i(t) - \text{sgn} \left(e_i(t) \right) \epsilon_i(t) \left| e_i(t-\tau) \right| \right\}$$

$$+ \sum_{i=1}^{n} \left(d_i(t) - d_i \right) \left| e_i(t) \right| + \sum_{i=1}^{n} \left(\epsilon_i(t) - \epsilon_i \right) \left| e_i(t-\tau) \right|$$

$$\leqslant \sum_{i=1}^{n} \left\{ -c_i \left| e_i(t) \right| + \sum_{j=1}^{n} |a_{ij}| L_j \left| e_j(t) \right| + \sum_{j=1}^{n} |b_{ij}| L_j \left| e_j(t-\tau) \right| - d_i \left| e_i(t) \right| \right.$$

$$\left. - \epsilon_i \left| e_i(t-\tau) \right| \right\}$$

$$= -\sum_{i=1}^{n} \left\{ c_i + d_i - \sum_{j=1}^{n} |a_{ji}| L_i \right\} \left| e_i(t) \right| - \sum_{i=1}^{n} \left\{ \epsilon_i - \sum_{j=1}^{n} |b_{ji}| L_i \right\} \left| e_i(t-\tau) \right|.$$

$$\tag{6-2-15}$$

如下选取 d_i, ϵ_i:

$$c_i + d_i - \sum_{j=1}^{n} |a_{ji}| L_i > 0,$$

$$\epsilon_i - \sum_{j=1}^{n} |b_{ji}| L_i > 0, \quad i = 1, 2, \cdots, n.$$

令

$$\lambda_1 = \min \left\{ c_i + d_i - \sum_{j=1}^{n} |a_{ji}| L_i \right\} > 0,$$

$$\lambda_2 = \min \left\{ \epsilon_i - \sum_{j=1}^{n} |b_{ji}| L_i \right\} > 0.$$

可得

$$D^\alpha V(t) \leqslant -\lambda_1 \sum_{i=1}^{n} |e_i(t)| - \lambda_2 \sum_{i=1}^{n} |e_i(t-\tau)|, \quad t \geqslant t_0.$$

其余证明与定理 6.2.1 的证明类似, 此处从略. □

6.2.3 数值例子

下面给出两个数值例子来说明本节同步结论的可行性.

例 6.2.1 考虑下列分数阶忆阻神经网络为驱动系统:

$$D^\alpha x(t) = -Cx(t) + A(x(t))f(x(t)) + B(x(t))f(x(t-\tau)) + I, \qquad (6\text{-}2\text{-}16)$$

其中, $\alpha = 0.98, x = (x_1, x_2)^{\mathrm{T}}, f(x) = (f_1(x_1), f_2(x_2))^{\mathrm{T}}, f_j(x_j) = \tanh(|x_j|-1)$, $L_j = 1, j = 1, 2, I = (0,0)^{\mathrm{T}}, C = 2I_{2\times2}$,

$$A(x(t)) = \begin{bmatrix} a_{11}(x_1) & -0.2 \\ -10 & a_{22}(x_2) \end{bmatrix}, \quad B(x(t)) = \begin{bmatrix} b_{11}(x_1) & -0.2 \\ -0.4 & b_{22}(x_2) \end{bmatrix},$$

$$a_{11}(x_1) = \begin{cases} 4, & |x_1| < 1, \\ 3.5, & |x_1| > 1, \end{cases} \qquad a_{22}(x_2) = \begin{cases} 9, & |x_2| < 1, \\ 8, & |x_2| > 1, \end{cases}$$

$$b_{11}(x_1) = \begin{cases} -3, & |x_1| < 1, \\ -2.9, & |x_1| > 1, \end{cases} \qquad b_{22}(x_2) = \begin{cases} -8, & |x_2| < 1, \\ -7.5, & |x_2| > 1, \end{cases}$$

对应的响应系统为

$$D^\alpha y(t) = -Cy(t) + A(y(t))f(y(t)) + B(y(t))f(y(t-\tau)) + I + u(t), \qquad (6\text{-}2\text{-}17)$$

其中 $u(t) = (u_1(t), u_2(t))^{\mathrm{T}}$. 系统 (6-2-16) 是混沌的, 如图 6-2-1 所示. 接下来说明在 (6-2-7) 作用下两个系统能够达到同步.

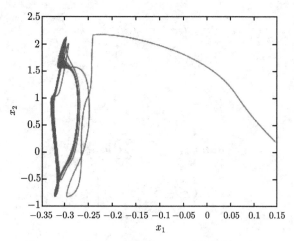

图 6-2-1　例 6.2.1 系统 (6-2-16) 的混沌吸引子

选取初始条件 $(x_1(s), x_2(s))^{\mathrm{T}} = (0.15, 0.18)^{\mathrm{T}}$, $(y_1(s), y_2(s))^{\mathrm{T}} = (-0.25, -0.25)^{\mathrm{T}}$, $\forall s \in [-1, 0], \epsilon_i(0) = 0.5, d_i(0) = 0.5(i = 1, 2), k_i = 2, m_i = 1, d_1 = 13, d_2 = 8, \epsilon_1 = 4, \epsilon_2 = 3$, 可得

$$c_i + d_i - \sum_{j=1}^{n} a_{ji}^u L_i > 0, \quad \epsilon_i - \sum_{j=1}^{n} b_{ji}^u L_i > 0 \quad (i = 1, 2),$$

因此, 系统 (6-2-16) 能够与系统 (6-2-17) 达到同步. 图 6-2-2 为同步误差曲线图, 图 6-2-3 为分数阶网络各个变量 $x_1(t), x_2(t), y_1(t), y_2(t)$ 的时间演化曲线图, 图 6-2-4 和图 6-2-5 显示自适应增益 $d_i(t), \epsilon_i(t)(i = 1, 2)$ 趋向某些正数.

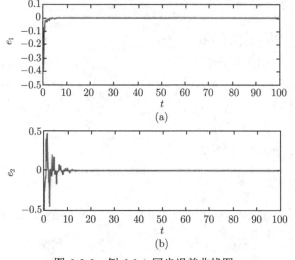

图 6-2-2　例 6.2.1 同步误差曲线图

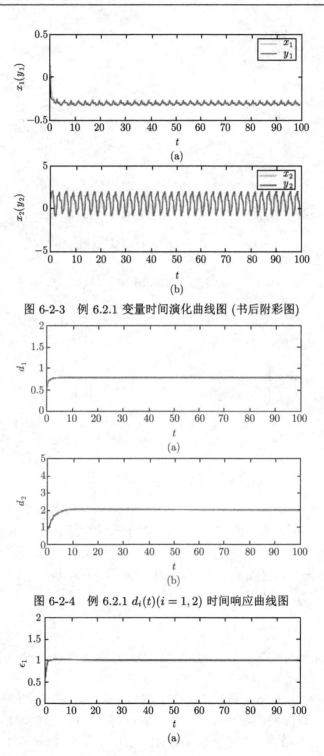

图 6-2-3 例 6.2.1 变量时间演化曲线图 (书后附彩图)

图 6-2-4 例 6.2.1 $d_i(t)(i = 1, 2)$ 时间响应曲线图

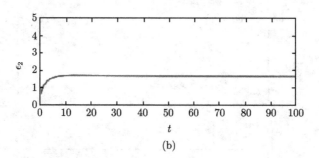

图 6-2-5 例 6.2.1 $\epsilon_i(t)(i=1,2)$ 时间响应曲线图

例 6.2.2 考虑驱动系统 (6-2-16) 与对应的响应系统 (6-2-17). 其中

$$f_1\left(x_1\right)=\sin\left(|x_1|-1\right),\quad f_2\left(x_2\right)=\tanh\left(|x_2|-1\right),$$

$$L_j=1,\quad j=1,2,\quad I=(0,0)^{\mathrm{T}},\quad C=I_{2\times2},$$

$$A(x(t))=\begin{bmatrix}1 & a_{12}(x_2)\\ a_{21}(x_1) & 1.8\end{bmatrix},\quad B(x(t))=\begin{bmatrix}b_{11}(x_1) & b_{12}(x_2)\\ b_{21}(x_1) & b_{22}(x_2)\end{bmatrix},$$

$$a_{12}\left(x_2\right)=\begin{cases}7,&|x_2|<1,\\5,&|x_2|>1,\end{cases}\quad a_{21}\left(x_1\right)=\begin{cases}0.8,&|x_1|<1,\\1,&|x_1|>1,\end{cases}$$

$$b_{11}\left(x_1\right)=\begin{cases}-1.5,&|x_1|<1,\\-1.2,&|x_1|>1,\end{cases}\quad b_{12}\left(x_2\right)=\begin{cases}1.0,&|x_2|<1,\\0.8,&|x_2|>1,\end{cases}$$

$$b_{21}\left(x_1\right)=\begin{cases}0.8,&|x_1|<1,\\1,&|x_1|>1,\end{cases}\quad b_{22}\left(x_2\right)=\begin{cases}-1.4,&|x_2|<1,\\-1.6,&|x_2|>1,\end{cases}$$

系统 (6-2-16) 是混沌的, 如图 6-2-6 所示. 接下来说明在 (6-2-7) 作用下两个系统能够达到同步.

选取初始条件 $(x_1(s),x_2(s))^{\mathrm{T}}=(0.45,0.6)^{\mathrm{T}},(y_1(s),y_2(s))^{\mathrm{T}}=(-0.2,0.3)^{\mathrm{T}},$ $\forall s\in[-1,0],\epsilon_i(0)=d_i(0)=0.1(i=1,2),k_i=3,m_i=2,d_1=1.5,d_2=8,\epsilon_1=3,$ $\epsilon_2=2,$ 可得

$$c_i+d_i-\sum_{j=1}^{n}a_{ji}^{u}L_i>0,\quad \epsilon_i-\sum_{j=1}^{n}b_{ji}^{u}L_i>0\quad(i=1,2),$$

因此, 系统 (6-2-16) 能够与系统 (6-2-17) 达到同步. 图 6-2-7 为同步误差曲线图, 图 6-2-8 为分数阶网络各个变量 $x_1(t),x_2(t),y_1(t),y_2(t)$ 的时间演化曲线图, 图 6-2-9 和图 6-2-10 显示自适应增益 $d_i(t),\epsilon_i(t)(i=1,2)$ 趋向某些正数.

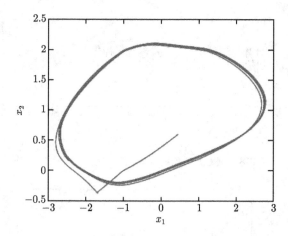

图 6-2-6　例 6.2.2 系统 (6-2-16) 的混沌吸引子

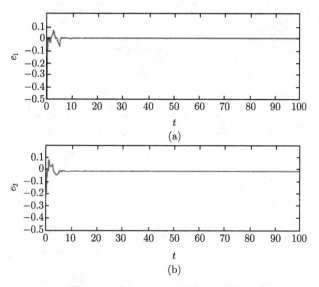

图 6-2-7　例 6.2.2 同步误差曲线图

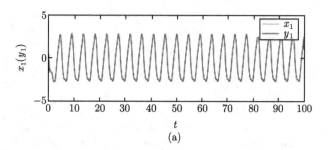

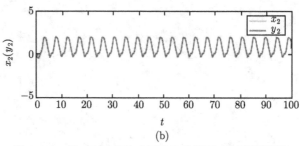

(b)

图 6-2-8　例 6.2.2 变量时间演化曲线图 (书后附彩图)

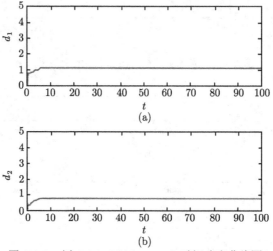

(a)

(b)

图 6-2-9　例 6.2.2 $d_i(t)(i = 1, 2)$ 时间响应曲线图

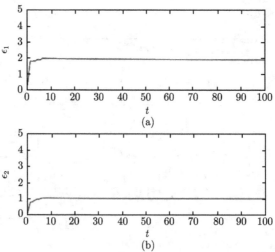

(a)

(b)

图 6-2-10　例 6.2.2 $\epsilon_i(t)(i = 1, 2)$ 时间响应曲线图

参 考 文 献

[1]   Driscoll T, Quinn J, Klein S, et al. Memristive adaptive filters[J]. Applied Physics
       Letters, 2010, 97, 093502.

[2]   PershinY, Di Ventra M. Experimental demonstration of associative memory with mem-
       ristive neural networks[J]. Neural Networks. 2010, 23: 881-886.

[3]   Petras I. A note on the fractional-order cellular neural networks[C]. International Joint
       Conference on Neural Networks, 2006: 1021-1024.

[4]   Wang H, Yu Y, Wen G. Stability analysis of fractional-order Hopfield neural networks
       with time delays[J]. Neural Networks, 2014, 55: 98-109.

[5]   Kaslik E, Sivasundaram S. Nonlinear dynamics and chaos in fractional-order neural
       networks[J]. Neural Networks, 2012, 32: 245-256.

[6]   Rehacek J, Mainieri R. Projective synchronization in three-dimensional chaotic sys-
       tems[J]. Physical Review Letters, 1999, 82: 3024-3045.

[7]   Chee C, Xu D. Chaos-based M-ary digital communication technique using controlled
       projective synchronisation[J]. IEEE Proceedings G (Circuits, Devices and Systems),
       2006, 153: 357-360.

[8]   Velmurugan G, Rakkiyappan R. Hybrid projective synchronization of fractional-order
       memristor-based neural networks with time delays[J]. Nonlinear Dynamics, 2016, 83:419-
       432.

[9]   Podlubny I. Fractional Differential Equations[M]. New York: Academic Press, 1999.

[10]   Aubin J, Frankowska H. Set-Valued Analysis[M]. New York: Springer, 2009.

[11]   Deng W, Li C, Lü J. Stability analysis of linear fractional differential system with
       multiple time delays[J]. Nonlinear Dynamics, 2007, 48: 409-416.

[12]   Yu J, Hu C, Jiang H, et al. Projective synchronization for fractional neural networks[J].
       Neural Networks, 2014, 49, 87-95.

[13]   Yu J, Hu C, Jiang H. Corrigendum to "Projective synchronization for fractional neural
       networks" [J]. Neural Networks, 2015, 67: 152-154.

[14]   Chen J, Zeng Z, Jiang P. Global Mittag-Leffler stability and synchronization of
       memristor-based fractional-order neural networks[J]. Neural Networks, 2014, 51: 1-8.

[15]   Kilbas A, Srivastava H, Trujillo J. Theory and Applications of Fractional Differential
       Equations[M]. New York: Elsevier, 2006.

第 7 章　忆阻神经网络的应用

1971 年, Chua 基于电路理论的完整性提出了忆阻器, 并指出它不同于电阻、电容与电感的独特性质. 作为一种无源非线性电路元件, 忆阻器具备记忆电流的能力 [1]. 2008 年 5 月, 惠普实验室的研究人员首次报道了忆阻器的物理实现, 为其应用奠定了实验基础 [2]. 忆阻器的引入使得集成电路更小, 忆阻器的物理实现引起了人们的极大关注, 近年来取得了大量令人鼓舞的成果 [3–10].

人工构建的忆阻神经网络通常能够显示出混沌系统的特征, 随着混沌同步理论的发展, 时滞反馈控制、自适应控制、滑模变结构控制与模糊控制等同步控制方法成为忆阻混沌系统应用于文本信号加密与图像保密通信的理论基础 [11–15].

脉冲耦合神经网络 (PCNN) 被认为是 Eckhorn 于 1990 年提出的第三代解释猫视觉皮层神经元同步脉冲现象的人工神经网络 [16]. 1998 年, Johnson 与同事修改了初始的 PCNN 模型, 使其更适合计算, 并将该算法引入图像处理中 [17]. PCNN 比传统的神经网络更能模拟生物行为. 与 BP 神经网络和 Kohonen 神经网络相比, PCNN 不需要学习和训练就可以在复杂背景中提取有用信息, 具有同步脉冲分布于全局耦合特点. 信号的形式和机制符合人类视觉神经系统的生理基础 [18]. PCNN 的原理是将图像的每个像素值作为神经网络中的输入神经元. 目前, PCNN 在图像处理中的应用主要包括图像去噪、图像融合、图像边缘检测、图像分割和图像增强 [19].

先进的影像研究推动了医药科学与临床医学的发展, 医学图像数据量大, 数据形式复杂. 计算机断层扫描 (CT) 图像具有较强的空间分辨率与几何特性, 分辨率足够高, 可以清晰地显示骨骼 [20]. 磁共振成像 (MRI) 的图像信号强度与质子含量成正比, 这在特定人群中的正常软组织中是不同的, 尤其是在正常组织与病理组织中. MRI 技术不仅可以区分脂肪、肌肉、淋巴、外突等正常软组织, 还对脑瘤等病理组织具有较高的分辨率 [21]. 不同的成像设备对诊断信息的表现不尽相同, 因此在诊断中存在许多不足. 结合互补信息能够为临床诊断与治疗提供更多的病理信息 [22]. 在图像融合中常用的方法有加权平均法、互信息法和基于小波变换的多分辨率图像融合法. 但是它们也有一些缺点, 例如可能会降低合成图像的信噪比, 在融合评价过程中通常受到很多因素的影响 [23]. 幸运的是, PCNN 图像处理的特点是大数据与大计算复杂度, 非常适合处理医学图像. 此外, 传统的图像去噪方法容易造成图像模糊, 而 PCNN 图像处理机制使得该方法保留了图像的细节. 传统的图像边缘提取不能提取足够的边缘信息, 而 PCNN 用于边缘提取能够获得更多的边缘信息, 使得临床上能够精确地诊断病人.

神经网络硬件是计算机构造、人工智能与神经科学的一个领域, 它利用特殊的硬件电路来实现神经网络算法. 近年来, 计算机体系结构与人工神经网络出现了一些新趋势, 使得计算机网络硬件重回工业与学术界. 目前, PCNN 电路的实现方法有 CNAPs、VLSI\FPGA 与 CMOS[24−26]. 但是这些 PCNN 的规模巨大而效果不够好. 忆阻器的出现, 特别是其自适应阈值调整部分提供了一个完美的解决方案.

7.1 基于自适应同步的文本信号加密

例 7.1.1 基于例 4.1.1 中对驱动系统 (4-1-18) 与响应系统 (4-1-19) 的混沌同步理论分析, 下面我们设计一个文本加密传输方案来介绍忆阻神经网络在保密通信中的应用.

首先, 作为两个不同的混沌系统, 我们将系统 (4-1-18) 以及系统 (4-1-19) 均放在发射端, 如图 7-1-1 所示. 对初始的文本信号的加密包括以下四个步骤.

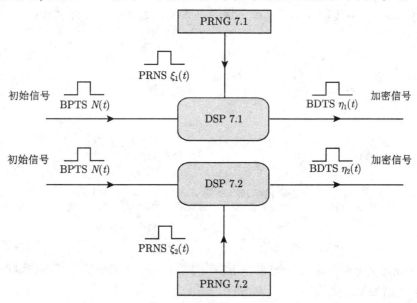

图 7-1-1 数字信号加密流程图

步骤 1: 基于 ASCII 表将初始信号 (明文) 转换为二进制的明文序列 (BPTS) $N(t)$, 如图 7-1-2 所示.

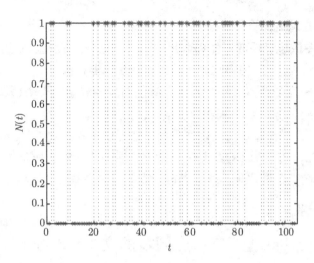

图 7-1-2　二进制的明文序列 $N(t)$

注 7.1.1　ASCII(American Standard Code for Information Interchange) 为美国信息交换标准代码, 使用 7 位二进制数来表示所有大写和小写字母、数字 0 到 9、标点符号以及特殊控制字符.

步骤 2: 例 7.1.1 中的混沌系统 (4-1-18) 与 (4-1-19) 分别作为伪随机数发生器 (PRNG 7.1 与 PRNG 7.2), 产生伪随机数序列 $\xi_1(t)$ 与 $\xi_2(t)$, 如图 7-1-3 (a)、(c) 所示. 定义

$$\xi_1(t) = \begin{cases} 1, & \tilde{x}_1(t) > \tilde{x}_2(t), \\ 0, & \tilde{x}_1(t) \leqslant \tilde{x}_2(t), \end{cases} \quad \xi_2(t) = \begin{cases} 1, & \tilde{y}_1(t) > \tilde{y}_2(t), \\ 0, & \tilde{y}_1(t) \leqslant \tilde{y}_2(t), \end{cases} \quad t \in [t_{\text{start}}, t_{\text{end}}], \tag{7-1-1}$$

其中

$$\tilde{x}_1(t) = \frac{x_1(t)}{\max\limits_{t \in [t_{\text{start}}, t_{\text{end}}]} \{x_1(t)\}}, \quad \tilde{x}_2(t) = \frac{x_2(t)}{\max\limits_{t \in [t_{\text{start}}, t_{\text{end}}]} \{x_2(t)\}},$$

$$\tilde{y}_1(t) = \frac{|y_1(t)|}{\max\limits_{t \in [t_{\text{start}}, t_{\text{end}}]} \{y_1(t)\}}, \quad \tilde{y}_2(t) = \frac{|y_2(t)|}{\max\limits_{t \in [t_{\text{start}}, t_{\text{end}}]} \{y_2(t)\}}.$$

注 7.1.2　在步骤 2 中, $\tilde{x}_1(t), \tilde{x}_2(t)$ 与 $\tilde{y}_1(t), \tilde{y}_2(t)$ 的定义形式不同, 也就使得 $\xi_1(t)$ 与 $\xi_2(t)$ 不同. 这表明不同结构类型的忆阻神经网络在信号加密传输中的应用具有灵活性以及实用性.

步骤 3: 通过数字信号处理器 (DSP 7.1 与 DSP 7.2) 将二进制的明文序列 $N(t)$ 与伪随机数序列 $\xi_1(t), \xi_2(t)$ 分别整合得到二进制的密文序列 (BDTS)$\eta_1(t)$, $\eta_2(t)$, 如图 7-1-3 (b)、(d) 所示.

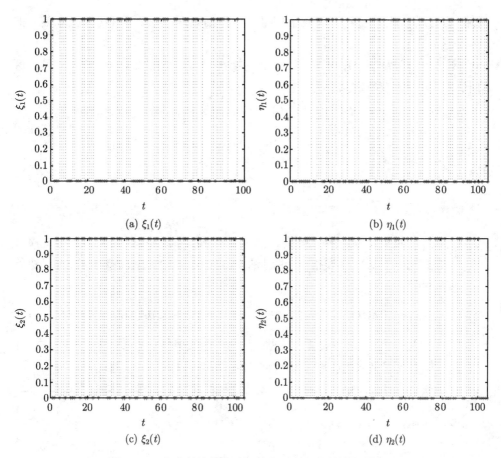

图 7-1-3　在发射端的伪随机数序列和二进制的密文序列

步骤 4: 根据 ASCII 表将二进制的密文序列 $\eta_1(t), \eta_2(t)$ 翻译成密文.

例如, 对下列传输的初始文本信号:

$$0\,0\,\mathrm{STX\,M\,E\,M\,R\,I\,S\,T\,O\,R\,E\,TX}\,9\,9,$$

其中, "MEMRISTOR" 为有用信号. 通过上述四个步骤的加密处理过程, 由混沌系统 (4-1-18) 得到下列密文:

$$\mathrm{R}\,''\mathrm{A\,m}\,\bullet\,\mathrm{K}\,'\circ\,\mathrm{I},$$

由混沌系统 (4-1-19) 得到下列密文:

$$\mathrm{i}\backslash\quad\mathrm{A}\,\blacktriangle\,\{\,\mathrm{J\,X}\,\circ\,\mathrm{t}.$$

显然, 经过伪随机数发生器与数字信号处理器的处理, 实现了对初始文本信号的有效加密.

接下来, 将混沌系统 (4-1-19) 放置在接收端作为伪随机数发生器, 并且在区间 $[t_{\text{start}}, t_{\text{end}}]$ 上重新定义

$$\xi_3(t) = \begin{cases} 1, & \tilde{y}_1(t) > \tilde{y}_2(t), \\ 0, & \tilde{y}_1(t) \leqslant \tilde{y}_2(t), \end{cases} \tag{7-1-2}$$

其中

$$\tilde{y}_1(t) = \frac{y_1(t)}{\max\limits_{t \in [t_{\text{start}}, t_{\text{end}}]} \{y_1(t)\}}, \quad \tilde{y}_2(t) = \frac{y_2(t)}{\max\limits_{t \in [t_{\text{start}}, t_{\text{end}}]} \{y_2(t)\}}.$$

依照上述四个步骤, 能够得到伪随机数序列 $\xi_3(t)$ 以及二进制的密文序列 $\eta_3(t)$, 如图 7-1-4 所示. 必须指出, 通过图 7-1-3 (a)、(b) 与图 7-1-4(a)、(b) 进行对比可以发现

$$\eta_1(t) = \eta_3(t), \quad t \in \{22, 23, \cdots, 83, 84\}, \quad t \neq 26, 36, 37, 83.$$

$t = 26, 36, 37, 83$ 处称为 "坏点". 这些 "坏点" 影响信号在接收端的准确还原, 在今后的工作中我们将致力于解决这一问题.

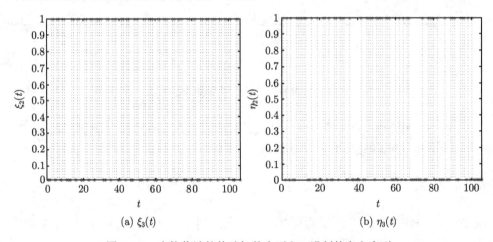

(a) $\xi_3(t)$　　　　　　　　　　　　　(b) $\eta_3(t)$

图 7-1-4　在接收端的伪随机数序列和二进制的密文序列

7.2　基于有限时间同步的图像保密通信

在例 7.1.1 中, 对文本信号进行加密与解密的过程, 接收端真实信号的恢复依赖于系统 (4-1-18) 与系统 (4-1-19) 达到同步. 系统的同步时间直接决定着初始明

文信号与伪随机序列进行混合的时机. 随着对忆阻神经网络同步问题研究的逐步深入, 人们开始关注系统达到同步所需时间 (收敛速度) 问题, 神经网络的有限时间同步蕴含着在收敛时间上的优化, 具有实际应用价值和理论意义, 这方面研究引起了学者的广泛注意 [27-33].

例 7.2.1 随着网络技术的发展与数字多媒体产品的应用, 图像传输广泛存在于我们的日常生活中 [34,35], 例如军事卫星图、商业机密图纸、远程私人医疗记录等. 自然地, 图像传输的保密通信问题引起人们的重视. 下面, 在例 4.2.1 模型基础上设计一个图像加密传输方案来介绍忆阻神经网络在保密通信中的应用.

在图像的加密与解密过程中使用 leakage 时滞 δ 作为密钥, 将混沌神经网络 (4-2-18) 与 (4-2-19) 分别放置在发射端与接收端作为伪随机数发生器 (PRNG). 具体的图像加密与解密过程如图 7-2-1 所示.

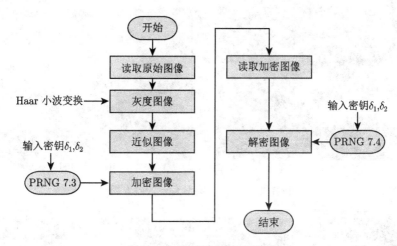

图 7-2-1 加密与解密流程图

步骤 1: 在发射端读取原始彩色图像 (图 7-2-2, 源自网络).

步骤 2: 将原始彩色图像灰度化处理 (图 7-2-3 (a)).

步骤 3: 运用 Haar 小波变换获取灰度图像的参数信息 (图 7-2-4).

步骤 4: 给出灰度图像的近似图像 (图 7-2-3 (b)).

步骤 5: 在发射端输入密钥 $\delta_1 = \delta_2 = 0.1$, 使用 PRNG 7.3 产生伪随机数序列 $\xi(t)$.

步骤 6: 使用伪随机数序列 $\xi(t)$ 对近似图像进行加密.

步骤 7: 输出加密图像 (图 7-2-5(a)).

步骤 8: 在接收端读取加密图像并获取其参数信息.

步骤 9: 在接收端输入密钥 $\delta_1 = \delta_2 = 0.1$, 使用 PRNG 7.4 产生伪随机数序列 $\eta(t)$.

步骤 10: 在接收端使用伪随机数序列 $\eta(t)$ 对加密图像解密.

步骤 11: 输出解密图像 (图 7-2-5(b)).

显然, 通过 PRNG 7.3 成功地实现了对原始图像的加密, 同时, 可以通过 PRNG 7.4 实现对加密图像的解密. 可见, 本方案符合保密性与可用性要求. 进一步, 分别取 $\delta_1 = 0.2, \delta_2 = 0.1$ 进行密钥敏感性测试, 如图 7-2-6 所示. 可见, 在接收端设备被劫持或密钥泄露的情况下, 本方案符合保密通信的可控性要求.

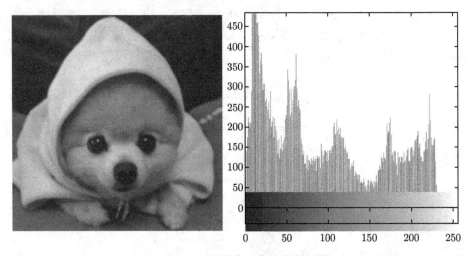

图 7-2-2　原始彩色图像及其直方图

(a) 灰度图像　　　　　　　　(b) 近似图像

图 7-2-3　原始图像的灰度图像及其近似图像

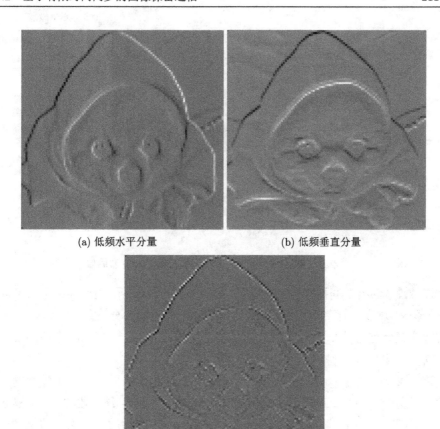

(a) 低频水平分量   (b) 低频垂直分量

(c) 高频分量

图 7-2-4 灰度图像的低频与高频分量参数

(a) 加密图像   (b) 解密图像

图 7-2-5 加密图像与解密图像, $\delta_1 = \delta_2 = 0.1$

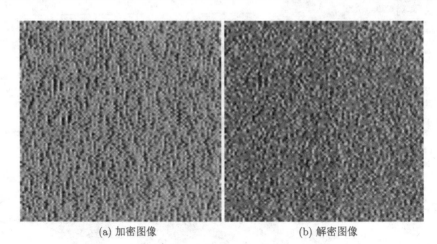

(a) 加密图像   (b) 解密图像

图 7-2-6　密钥敏感性测试得到的加密图像与解密图像

注 7.2.1　小波变换是时间 (空间) 频率的局部化分析, 通过伸缩平移运算对信号 (函数) 逐步进行多尺度细化, 最终达到高频处时间细分, 低频处频率细分, 能自动适应视频信号分析的要求, 从而聚焦到信号的任意细节. Haar 小波是最简单的正交归一化小波.

注 7.2.2　例 7.2.1 基于系统 (4-2-18) 与 (4-2-19) 的同步进行了图像的加密与解密, 通过数值模拟结果可见, 图 7-2-3(b) 与图 7-2-5(b) 是一致的. 在步骤 5 与步骤 9 当中, 密钥 δ_1 与 δ_2 可以根据需要进行改变, 密钥敏感性测试结果表明例 7.2.1 中图像加密传输方案具有可控性. 视频是由图像与音频组成的, 视频信号的加密与解密便可以在图像加密与解密基础上进行, 需要指出的是, 由于视频信号数据量巨大, 在加密与解密过程中控制数据量的扩张十分重要.

7.3　忆阻脉冲耦合神经网络在医学图像处理中的应用

医学影像已日益成为现代医学技术的重要组成部分, 多模成像技术提供的影像信息能够彼此互补, 融合 CT 与 MRI 可以结合其独特的信息, 通过放射治疗诊断脑疾病. 而医学成像过程中容易产生噪声, 这将影响医生的诊断. 因此, 医学图像去噪具有重要意义. 此外, 图像边缘提取对临床诊断也有一定的帮助. 因此, Zhu Song, Wang Lidan 与 Duan Shukai 构建了一类用于医学图像处理的忆阻脉冲耦合神经网络 (M-PCNN)[36]. Gale 忆阻器的忆阻随着时间呈指数衰减, 可用于在线调节脉冲耦合神经网络的阈值. 将忆阻器的记忆性集成到 PCNN 中使其具有生物功能. 而纳米忆阻的引入也可以显著降低 PCNN 的尺度, 这可能进一步促进神经网络硬件实现的发展. 数值仿真验证了该网络在医学图像融合、图像去噪和图像边缘提取等方面的优越性. 本节通过采用纳米尺度忆阻器实现 PCNN 电路, 大大减小了电路的尺寸, 更好地逼近生物神经网络, 验证了忆阻 PCNN 在医学影像融合、图像去噪和边缘提取中的应用.

7.3.1 忆阻脉冲耦合神经网络 (M-PCNN)

Gale 忆阻器模型: Chua 在 1971 年提出的忆阻器以磁通量与电荷量之间的关系定义 [1]

$$M(q) \equiv \frac{\mathrm{d}\varphi(q)}{\mathrm{d}q}, \tag{7-3-1}$$

$$V(t) = M(q(t))I(t). \tag{7-3-2}$$

2008 年, Strukov 等成功制造出忆阻器, 模型如图 7-3-1[2]. 这种忆阻器由两个铂电极之间的两层二氧化钛 (TiO_{2-x}) 组成, 缺乏部分氧原子的一层, 称为掺杂层, 另一层为纯二氧化钛 (TiO_2) 层, 称为未掺杂层. 忆阻电阻是两层电阻之和.

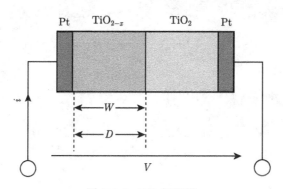

图 7-3-1 HP 忆阻器

在外部电源供给条件下, 掺杂层与未掺杂层之间的宽度会发生变化, 由此阻值便发生改变.

HP 忆阻器的阻值为

$$M(t) = R_{\mathrm{off}} + \frac{R_{\mathrm{on}} - R_{\mathrm{off}}}{D}w, \tag{7-3-3}$$

$$\frac{\mathrm{d}w(t)}{\mathrm{d}t} = \mu_v \frac{IR_{\mathrm{on}}}{D}, \tag{7-3-4}$$

其中, R_{on} 与 R_{off} 分别为当 w 取 0 与 D 时对应的最小与最大忆阻值. D 是 TiO_2 的膜厚, $w(t)$ 是掺杂层与未掺杂层的迁移速率, 受掺杂层阻值、膜厚以及通过忆阻器电流的影响. μ_v 是离子平均漂移速率.

取模拟参数: $R_{\mathrm{on}} = 100\Omega, R_{\mathrm{off}} = 1600\Omega, \mu_v = 1 \times 10^{-14}\mathrm{m^2 s^{-1} v^{-1}}, D = 1 \times 10^{-8}\mathrm{m}$. 将直流电 $I = 10^{-5}\mathrm{A}$ 加到 HP 忆阻器上, 忆阻随着时间线性减小, 如图 7-3-2.

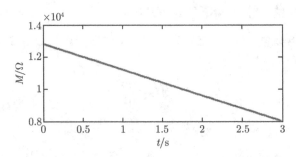

图 7-3-2　HP 忆阻器在直流电激励下的忆阻

2014 年, Ella Gale 基于 HP 忆阻器提出了一种通用忆阻器 [37], 并指出掺杂层的电阻会随着时间而变化, 因此掺杂层与未掺杂层的移动速率应为

$$\frac{\mathrm{d}w(t)}{\mathrm{d}t} = \mu_v \frac{IR(t)}{D}. \tag{7-3-5}$$

(7-3-5) 积分并代入 (7-3-3) 可得

$$\int \frac{1}{R_{\mathrm{off}} + \dfrac{R_{\mathrm{on}} - R_{\mathrm{off}}}{D}w}\mathrm{d}w = \int \frac{\mu_v I}{D}\mathrm{d}t, \tag{7-3-6}$$

即

$$\ln\left(R_{\mathrm{off}} + \frac{R_{\mathrm{on}} - R_{\mathrm{off}}}{D}w\right)\frac{D}{R_{\mathrm{on}} - R_{\mathrm{off}}} = \frac{\mu_v q(t)}{D} + C. \tag{7-3-7}$$

当 $w = 0, q = 0$ 时

$$C = \frac{D}{R_{\mathrm{on}} - R_{\mathrm{off}}}\ln R_{\mathrm{off}}, \tag{7-3-8}$$

代入 (7-3-7) 得到

$$\begin{cases} w(t) = \dfrac{DR_{\mathrm{off}}}{R_{\mathrm{on}} - R_{\mathrm{off}}}\left(e^{-kq(t)} - 1\right), \\ k = \dfrac{\mu_v\left(R_{\mathrm{off}} - R_{\mathrm{on}}\right)}{D^2}. \end{cases} \tag{7-3-9}$$

将 (7-3-9) 代入 (7-3-3) 得到忆阻器的阻值为

$$M(t) = R_{\text{off}}e^{-kq(t)}. \tag{7-3-10}$$

设置仿真参数为: $R_{\text{on}} = 100\Omega, R_{\text{off}} = 1600\Omega, \mu_v = 1 \times 10^{-14}\text{m}^2\text{s}^{-1}\text{V}^{-1}, D = 1 \times 10^{-8}\text{m}$. 我们为 Gale 忆阻器提供直流电 $I = 10^{-5}\text{A}$, 忆阻随着时间呈指数递减, 如图 7-3-3 所示.

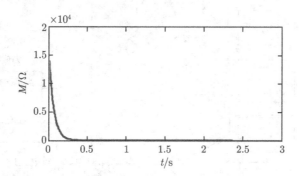

图 7-3-3 Gale 忆阻器在直流电激励下的忆阻

(7-3-10) 乘以单元采样序列 $\sigma(n)$, 忆阻器的离散模型为

$$M(n) = R_{\text{off}}e^{-kq(nT)} \quad (n = 0, 1, 2, \cdots, N-1, N), \tag{7-3-11}$$

其中, T 为采样区间. 为忆阻器提供恒直流电, $q(n) = I \cdot (nT)$, 忆阻器的离散迭代模型为

$$M(n) = e^{-kT}M(n-1). \tag{7-3-12}$$

7.3.2 M-PCNN 结构

脊椎动物的神经元由树突、体细胞和轴突构成, 如图 7-3-4(a) 所示. 电信号通过体细胞流向轴突, 信息在神经元间通过突触传递. 为便于分析, 图 7-3-4(b) 给出了神经元体细胞与相邻神经元树突突触连接的简单模型, 其中 F, L 分别表示神经元突触前轴突和相邻神经元突触后轴突的输入电导.

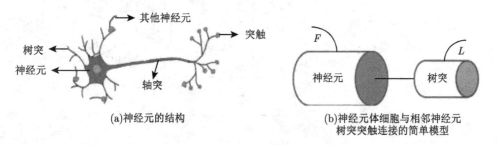

(a)神经元的结构

(b)神经元体细胞与相邻神经元
树突突触连接的简单模型

图 7-3-4 神经元的结构与模型

传统的 PCNN 标准模型如图 7-3-5 所示, Y_{ij} 为外部刺激输入, U_{ij} 和 Y_{ij} 分别为神经元的内部状态信号和外部输出信号, L_{ij} 和 F_{ij} 分别为连接输入和反馈输入, β 为连接强度, θ_{ij} 为动态阈值, W_{ij} 为连接权重矩阵.

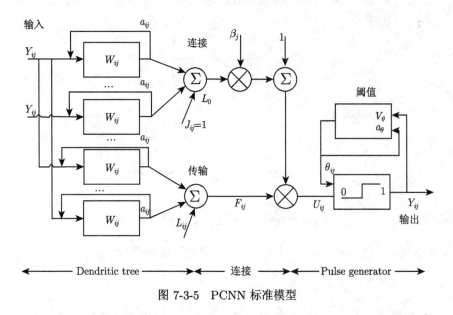

图 7-3-5　PCNN 标准模型

通过分析生物神经系统的普遍现象, 结合 Eckhorn PCNN, 提出了 M-PCNN 模型, 结构如图 7-3-6(a) 所示, 其中, M_{ij}, R 分别表示忆阻器和电阻. 网络用于图像处理时, i, j 可作为相应像素的灰度值.

M-PCNN 包含四个部分: 接收器、调幅器、阈值发生器和脉冲发生器. 接收部分相当于生物神经网络的树突部分. 在接收部分, 神经元与其他神经元 Y_{ij} 之和进行加权连接输入信号 L_{ij} 与外部输入 F_{ij}. U_{ij} 的内部行为由调幅部分的复

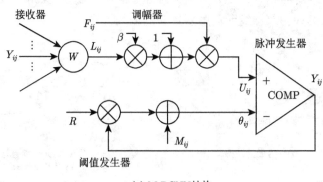

(a) M-PCNN结构

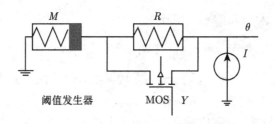

(b) 记忆阈值发生器电路图

图 7-3-6　M-PCNN 与记忆阈值发生器结构图

合信号 F_{ij} 与 L_{ij} 调节. 阈值发生器的作用是同步触发相似的输入神经元. 脉冲产生与否取决于内部活动项是否能超过动态阈值, 而这一阈值随神经元的输出状态而变化. 在这一部分中, 使用一个比较器来比较内部行为 U_{ij} 与阈值 θ_{ij}. 如果 $U_{ij} > \theta_{ij}$, 脉冲发生器打开. 与此同时, 神经元放电现象发生, 神经元输出脉冲. 这种状态称为点燃状态, 否则, 这个神经元为未点燃状态. 当输出 $Y_{ij} = 1$, 阈值 θ_{ij} 能够由电阻 R 迅速升高. 当 $\theta_{ij} > U_{ij}$ 时, 脉冲发生器关闭, 输出 $Y_{ij} = 0$. 然后阈值 θ_{ij} 开始以指数下降. 该过程直到达到迭代次数为止. 显然, 这些突发态输入到与之相连的神经元的树突中, 进而影响神经元的激发态.

图 7-3-6(b) 为记忆阈值发生器的结构, 包含忆阻器、电阻、直流电源和金氧半场效晶体管 (MOSFET). 当 $Y = 1$ 时, MOSFET 连通, 电阻连通, 否则电阻切断.

M-PCNN 是一个二维、单层水平连接的神经网络. 任意像素 (i, j) 处的图像与 PCNN 中神经元的位置 (i, j) 相对应.

神经元 N_{ij} 经过 n 次迭代后的数学公式为

$$F_{ij}[n] = I_{ij}, \tag{7-3-13}$$

$$L_{ij}[n] = V_L \sum W_{ijkl} Y_{kl}(n-1), \tag{7-3-14}$$

$$U_{ij}[n] = F_{ij}[n] \left(1 + \beta L_{ij}[n]\right), \tag{7-3-15}$$

$$Y_{ij}[n] = \text{step}\left(U_{ij}[n] - \theta_{ij}[n]\right), \tag{7-3-16}$$

$$\begin{cases} \theta_{ij}[n] = M_{ij}(n) + Y_{ij}[n] \cdot R, \\ M_{ij}(n) = e M_{(jj-1)}(n), \\ \alpha_\theta = \mu_v \left(R_{\text{off}} - R_{\text{on}}\right) I, \end{cases} \tag{7-3-17}$$

其中, α_θ 为衰减时间常数, V_L 为输入连接 L_{ij} 的放大器系数.

图 7-3-6(b) 所示电路的输出电压为

$$\theta_{ij} = I \cdot (M_{ij} + Y_{ij} \cdot R). \tag{7-3-18}$$

在网络中经过历次迭代, 忆阻器根据 (7-3-12) 规律性地变化. 忆阻器两端施加的直流电为 $I = 1 \times 10^{-5}\mathrm{A}, T = 0.01, R = 16000\Omega, \alpha_\theta = 0.15$, 其中, α_θ 通常小于 1. 忆阻器参数与 7.3.1 节中相同. Gale 忆阻器的阻值如图 7-3-7(a) 所示, 并提供一个振幅如图 7-3-7(b) 所示的随机矩形波, 根据 (7-3-18), 经数值模拟得到阈值调整曲线如图 7-3-7(c) 所示. 从图中可以看出, 所设计的 M-PCNN 具有动态阈值特性.

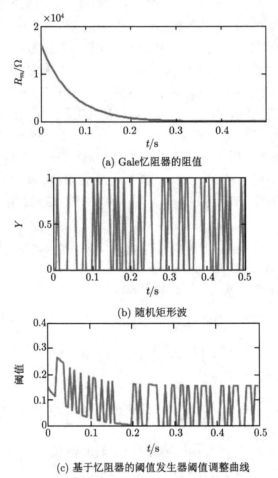

(a) Gale忆阻器的阻值

(b) 随机矩形波

(c) 基于忆阻器的阈值发生器阈值调整曲线

图 7-3-7　Gale 忆阻器阻值、矩形波和阈值调整曲线图

由文献 [38] 可知, 单个神经元在外界激励下以特定频率发射脉冲序列来表征

其机制. 点火频率与时间跨度为

$$f = \frac{\mu_v \left(R_{\text{off}} - R_{\text{on}} \right) I}{\ln \left(1 + \dfrac{R}{U_{ij}} \right)}, \tag{7-3-19}$$

$$T_c = \frac{1}{\mu_v \left(R_{\text{off}} - R_{\text{on}} \right) I} \ln \left(1 + \beta L_{ij} \right). \tag{7-3-20}$$

(7-3-19) 表明神经元像素亮度值越高其点火频率越高. 图 7-3-8 为单脉冲输出时神经元的点火原理, 其中 $U_{ij\,\text{max}}$ 为信号到达 L_{ij} 时 U_{ij} 的值. 当输入信号为常数时, 输入神经元与接收神经元同步点燃, 信号 L_{ij} 在捕获时间 T_c 产生.

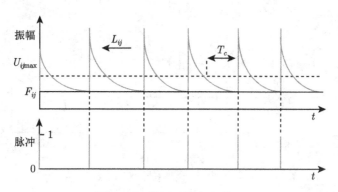

图 7-3-8　神经元的点火原理

7.3.3　M-PCNN 在医学图像处理中的应用

与 Eckhorn 神经网络类似, 本节提出的 M-PCNN 对强迫刺激和诱导刺激进行同步以减少小间隔输入数据在时间和幅度上的差异, 使相似的输入神经元能够进行仿真兴奋. 因此, 如果将数字图像输入到一个二维 M-PCNN 中, 网络将根据空间和亮度的相似性对图像像素进行分类. 利用二维矩阵 $M \times N$ 作为 M-PCNN 中的 $M \times N$ 个神经元, 对每个神经元输入 F_{ij} 对应的像素灰度值图像进行处理.

医学图像融合的结构如图 7-3-9(a) 所示. 首先, 利用非采样轮廓变换 (NSCT) 对 CT 图像与 MRI 图像进行采样. 通过 NSCT 不会出现低频子带混叠现象, 克服了伪信号的干扰. 然后利用 NSCT 变换域系数的空间频率来刺激 M-PCNN 神经元. 选取点火次数大的系数作为融合图像的系数. 通过双通道 M-PCNN 融合两幅图像的高频和低频系数, 得到了一幅与反 NSCT 融合的新图像.

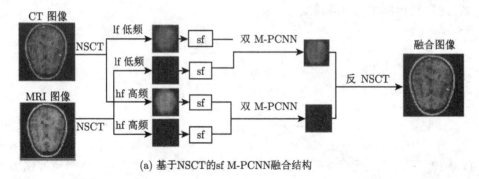

(a) 基于NSCT的sf M-PCNN融合结构

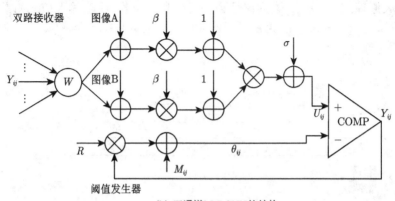

(b) 双通道M-PCNN的结构

图 7-3-9　医学图像融合与双通道 M-PCNN 结构图

双通道 M-PCNN 结构如图 7-3-9 (b) 所示, 其中 σ 表示神经元中的内部平衡因素 [26]. 通过双通道 M-PCNN, 如果融合图像中的像素来自图像 A, 相邻像素大部分来自图像 B, 则将该位置的像素替换为 B 的像素, 这样就能够提高融合图像的稳定性和连续性. 双通道 M-PCNN 同时输入两张图片, 既考虑了内部平衡因素, 又考虑了非线性调制特征, 然后调制输出完成首次融合.

医学图像融合中 M-PCNN 中的参数如下.

F_{ij} 与 F'_{ij} 为人脑 256×256 灰度 CT 与 MRT 图像, 分别如图 7-3-10(a)、(b) 所示. 连接输入放大倍数 $V_L = 1$, 动态阈放大系数 $R = 20\Omega$, 连接强度 $\beta = 3$, 忆阻器参数为 $\mu_v = 1 \times 10^{-14} \mathrm{m}^2\mathrm{s}^{-1}\mathrm{V}^{-1}, R_{\mathrm{off}} = 2100\Omega, R_{\mathrm{on}} = 100\Omega, D = 1 \times 10^{-8}\mathrm{m}, T = 0.001\mathrm{s}, I = 1 \times 10^{-3}\mathrm{A}$; 权重矩阵

$$W = \begin{bmatrix} 0.707 & 1 & 0.707 \\ 1 & 0 & 1 \\ 0.707 & 1 & 0.707 \end{bmatrix}.$$

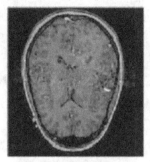
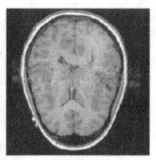

(a) CT图像 (b) MRT图像

图 7-3-10 M-PCNN 图像融合

计算机仿真结果如图 7-3-11 所示, 其中图 7-3-11(a) 为融合图像, 图 7-3-11(b) 为融合图像与 CT 图像的差异, 图 7-3-11(c) 为融合图像与 MRT 图像的差异.

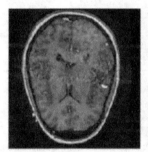
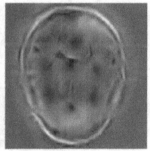
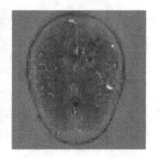

(a) 融合图像 (b) 融合图像与CT图像的差异 (c) 融合图像与MRT图像的差异

图 7-3-11 M-PCNN 图像融合

通过主观视觉对比图 7-3-11 与图 7-3-12 可见, M-PCNN 用于医学图像融合更加与焦点一致, 可获得更多详细信息, 具备较好的融合效果.

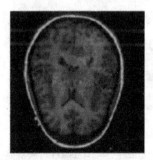

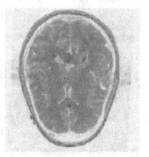

(a) 融合图像 (b) 融合图像与CT图像的差异 (c) 融合图像与MRT图像的差异

图 7-3-12 PCNN 图像融合

　　图像融合的评价标准有很多, 客观的评价包括互信息 (MI)、质量因素 (Q)、标准差 (SD)、信息熵 (IE) 等. MI 是基于对信息量的评估, 常用于测量两幅图像之间的相关性, 其值越大表示从源图像中获取的信息越多, 结果越好. Q 的取值范围为 $[-1, 1]$, 其中 1 为最优值, 最坏值为 -1. Q 值越高越好. SD 为基于对统计特征的评价, 反映与离散度均值相关的灰度. SD 越高图像灰度分布越分散. IE 代表信息的平均程度, 且 IE 越大, 则融合图像中的信息量越大.

　　M-PCNN 与 PCNN 在图像融合中的评价指标如表 7-3-1 所示, 从中可以看出, 当 M-PCNN 用于融合医学图像时, MI 与 PCNN 相差不大, Q 比 PCNN 大, SD 比 PCNN 小, IE 比 PCNN 大. 因此, 我们可以得出结论, 使用该方法融合医学图像在主客观两方面都优于传统的 PCNN 方法. M-PCNN 在医学图像降噪、边缘信息提取中的应用参见文献 [36], 不再做详细介绍.

表 7-3-1

方法	MI	Q	SD	IE
M-PCNN	4.0616	0.7454	105.5228	3.5004
PCNN	4.0748	0.4109	114.2575	2.8167

参 考 文 献

[1] Chua L. Memristor-the missing circuit element[J]. IEEE Transactions on Circuit Theory, 1971, 18(5): 507-519.

[2] Strukov D, Snider G, Stewart D, Williams R. The missing memristor found[J]. Nature, 2008, 453 (7191): 80-83.

[3] Duan S, Dong Z, Hu X. Small-world Hopfield neural networks with weight salience priority and memristor synapses for digit recognition[J]. Neural Computing and Applications, 2016, 27(4): 837-844.

[4] Wang L, Duan M, Duan S. Memristive Chebyshev neural network and its applications in function approximation[J]. Mathematical Problems in Engineering, 2013, 12: 1-7.

[5] Hu X, Feng G, Duan S, et al. Multilayer RTD-memristor-based cellular neural networks for color image processing[J]. Neurocomputing, 2015, 162: 150-162.

[6] Chandrasekar A, Rakkiyappan R. Impulsive controller design for exponential synchronization of delayed stochastic memristor-based recurrent neural networks[J]. Neurocomputing, 2016, 173: 1348-1355.

[7] Ali M, Saravanakumar R, Cao J. New passivity criteria for memristor-based neutral-type stochastic BAM neural networks with mixed time-varying delays[J]. Neurocomputing, 2016, 171: 1533-1547.

[8]   Wang L, Li H, Duan S, et al. Pavlov associative memory in a memristive neural network and its circuit implementation[J]. Neurocomputing, 2016, 171: 23-29.

[9]   Wang L, Wang X, Duan S, et al. A spintronic memristor bridge synapse circuit and the application in memrisitive cellular automata[J]. Neurocomputing, 2015, 167: 346-351.

[10] Shi X, Duan S, Wang L, et al. A novel memristive electronic synapse-based Hermite chaotic neural network with application in cryptography[J]. Neurocomputing, 2015, 166: 487-495.

[11] 王兴元. 混沌系统的同步及在保密通信中的应用 [M]. 北京: 科学出版社, 2012.

[12] 关新平, 范正平, 陈彩莲, 等. 混沌控制及其在保密通信中的应用 [M]. 北京: 国防工业出版社, 2002.

[13] Wu H, Bao B, Liu Z, et al. Chaotic and periodic bursting phenomena in a memristive Wien-bridge oscillator[J]. Nonlinear Dynamics, 2016, 83: 893-903.

[14] Yang S, Li C, Huang T. Exponential stabilization and synchronization for fuzzy model of memristive neural networks by periodically intermittent control[J]. Neural Networks, 2016, 75: 162-172.

[15] Wen S, Zeng Z, Huang T, et al. Exponential adaptive lag synchronization of memristive neural networks via fuzzy method and applications in pseudorandom number generators[J]. IEEE Transactions on Fuzzy Systems, 2014, 22(6): 1704-1713.

[16] Eckhorn R, Reitboeck H, Arndt M, et al. Feature linking via synchronization among distributed assemblies: Simulations of results from cat visual cortex[J]. Neural Computation, 1990, 2(3): 293-307.

[17] Johnson J, Padgett M. PCNN models and applications[J]. IEEE Transactions on Neural Networks, 1999, 10(3): 480-498.

[18] Johnson J, Ranganath H. Pulse-Coupled Neural Networks[M]. Neural Networks and Pattern Recognition. Amsterdam: Elsevier, 1998, 1-56.

[19] Lindblad T, Kinser J. Image Processing Using Pulse-coupled Neural Networks[M]. London: Springer, 1998.

[20] Kistler P, Rajappan K, Jahngir M, et al. The impact of CT image integration into an electroanatomic mapping system on clinical outcomes of catheter ablation of atrial fibrillation[J]. J. Cardiovasc. Electrophysiol, 2006, 17(10): 1093-1101.

[21] Gobbi D, Comeau R, Peters T. Ultrasound/MRI overlay with image warping for neurosurgery[M]. MICCAI2000. Berlin Heidelberg: Springer, 2000: 106-114.

[22] Sannazzari G, Ragona R, Ruo M. CT-MRI image fusion for delineation of volumes in three-dimensional conformal radiation therapy in the treatment of localized prostate cancer[J]. Br. J. Radiol, 2002, 75(895): 603-607.

[23] Wang Z, Ziou D, Armenakis C, et al. A comparative analysis of image fusion methods[J]. IEEE Transactions on Geoscience and Remote Sensing, 2005, 43(6): 1391-1402.

[24] Ota Y. VLSI structure for static image processing with pulse-coupled neural network[C].

IECON 02. IEEE, Proceedings of the 28th Annual Conference of the IEEE, 2002: 3221-3226.

[25] Waldemark J, Millberg M, Lindblad T, et al. Implementation of a pulse coupled neural network in FPGA[J]. International Journal of Neural Systems, 2000, 10(3): 171-177.

[26] Xiong Y, Han W, Zhao K. An analog CMOS pulse coupled neural network for image segmentation[J]. Proceedings of the ICSICT 10th IEEE, 2010: 1883 -1885.

[27] Abdurahman A, Jiang H, Teng Z. Finite-time synchronization for memristor-based neural networks with time-varying delays[J]. Neural Networks, 2015, 69: 20-28.

[28] Chen C, Li L, Peng H, et al. Finite time synchronization of memristor-based Cohen-Grossberg neural networks with mixed delays[J]. Neurocomputing, 2017, 235(C): 83-89.

[29] Zheng M, Li L, Peng H, et al. Finite-time stability and synchronization of memristor-based fractional-order fuzzy cellular neural networks[J]. Communications in Nonlinear Science and Numerical Simulation, 2018, 59: 272-291.

[30] Jiang M, Wang S, Mei J, et al. Finite-time synchronization control of a class of memristor-based recurrent neural networks[J]. Neural Networks, 2015, 63(1): 133-140.

[31] Liu M, Jiang H, Hu C. Finite-time synchronization of memristor-based Cohen-Grossberg neural networks with time-varying delays[J]. Neurocomputing, 2016, 194: 1-9.

[32] Velmurugan G, Rakkiyappan R, Cao J. Finite-time synchronization of fractional-order memristor-based neural networks with time delays[J]. Neural Networks, 2015, 73: 36-46.

[33] Xiong W, Huang J. Finite-time control and synchronization for memristor-based chaotic system via impulsive adaptive strategy[J]. Advances in Difference Equations, 2016, 101: 1-9.

[34] Sadique J, Ullah S. Secure color image transmission in a downlink JP-COMP based MIMO-OFDM wireless communication system[J]. Computer Science and Applications, 2014, 1(3): 189-194.

[35] Sadoudi S, Tanougast C, Azzaz M, et al. Design and FPGA implementation of a wireless hyperchaotic communication system for secure real-time image transmission[J]. EURASIP Journal on Image and Video Processing, 2013, 43: 1-18.

[36] Zhu S, Wang L, Duan S. Memristive pulse coupled neural network with applications in medical image processing[J]. Neurocomputing, 2017, 227: 149-157.

[37] Gale E. Uniform and piece-wise uniform fields in Memristor models, 2014. arXiv Prepr. arXiv, 1404. 5581.

[38] Eckhorn R, Reitboeck H, Arndtetal M, et al. Feature linking via synchronization among distributed assemblies: Simulations of results from cat visual cortex[J]. Neural Computation, 1990, 2: 293-307.

彩 图

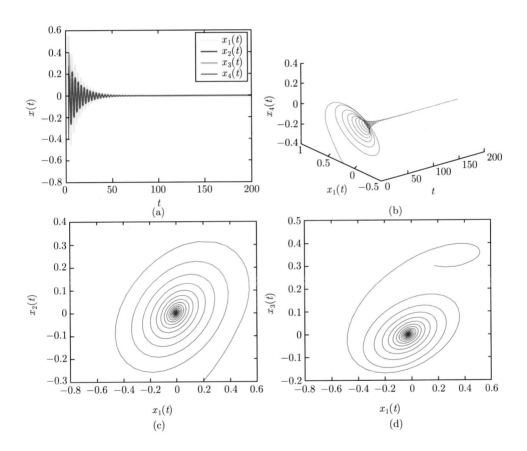

(a)

(b)

(c)

(d)

图 3-3-5 系统 (3-3-31) 的解曲线,

$x_1(t_0) = 0.2, x_2(t_0) = -0.3, x_3(t_0) = 0.3, x_4(t_0) = -0.4, \tau = 0.45$

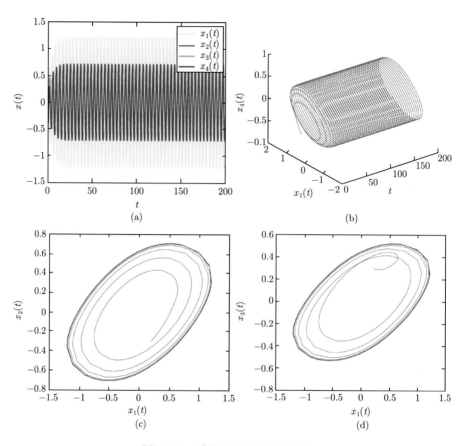

图 3-3-6 系统 (3-3-31) 的解曲线,

$$x_1(t_0) = 0.2, x_2(t_0) = -0.3, x_3(t_0) = 0.3, x_4(t_0) = -0.4, \tau = 0.7$$

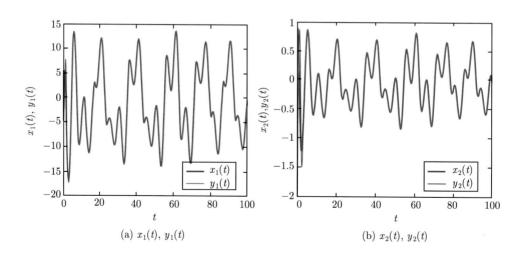

(a) $x_1(t)$, $y_1(t)$ (b) $x_2(t)$, $y_2(t)$

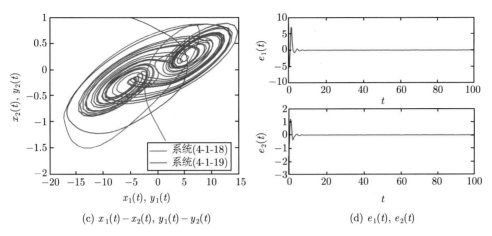

(c) $x_1(t) - x_2(t)$, $y_1(t) - y_2(t)$ (d) $e_1(t)$, $e_2(t)$

图 4-1-2 驱动系统 (4-1-18) 与响应系统 (4-1-19) 的同步及误差曲线图

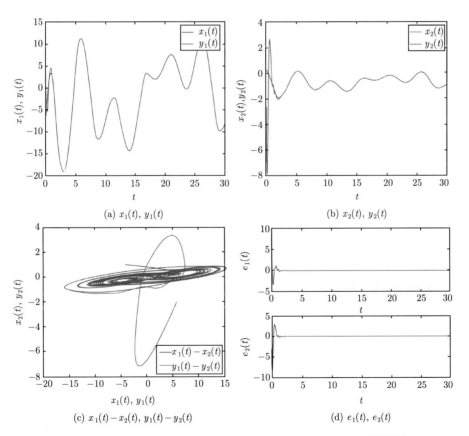

(a) $x_1(t)$, $y_1(t)$ (b) $x_2(t)$, $y_2(t)$

(c) $x_1(t) - x_2(t)$, $y_1(t) - y_2(t)$ (d) $e_1(t)$, $e_2(t)$

图 4-2-2 驱动系统 (4-2-18) 与响应系统 (4-2-19) 的同步及误差曲线图

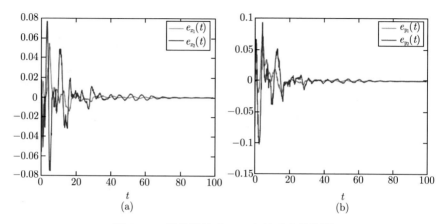

图 4-3-3   误差系统 (4-3-10) 的响应曲线图

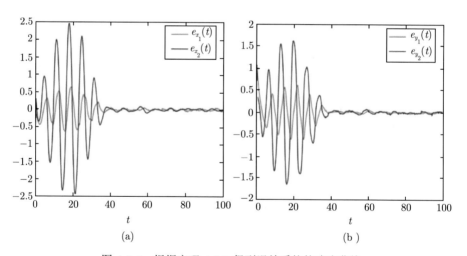

图 4-3-6   根据定理 4.3.2 得到误差系统的响应曲线

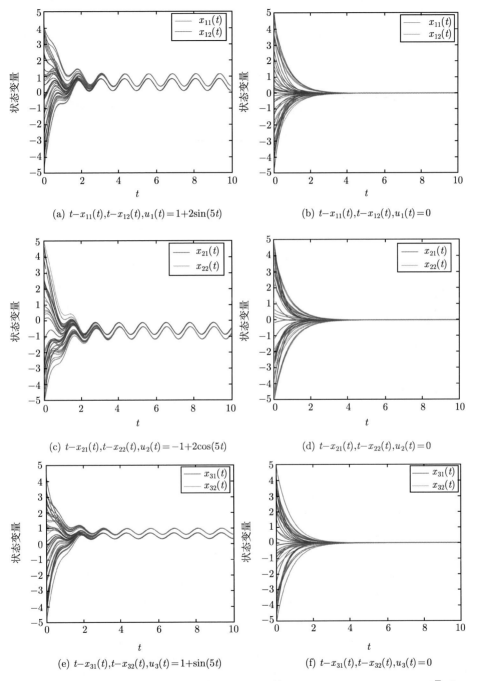

(a) $t-x_{11}(t),t-x_{12}(t),u_1(t)=1+2\sin(5t)$

(b) $t-x_{11}(t),t-x_{12}(t),u_1(t)=0$

(c) $t-x_{21}(t),t-x_{22}(t),u_2(t)=-1+2\cos(5t)$

(d) $t-x_{21}(t),t-x_{22}(t),u_2(t)=0$

(e) $t-x_{31}(t),t-x_{32}(t),u_3(t)=1+\sin(5t)$

(f) $t-x_{31}(t),t-x_{32}(t),u_3(t)=0$

图 5-2-1 系统 (5-2-44) 的状态曲线图, $\delta=0.01$, 输入 $u(t)=(u_1(t),u_2(t),u_3(t))^{\mathrm{T}}$ 或
$$u(t)=(0,0,0)^{\mathrm{T}}$$

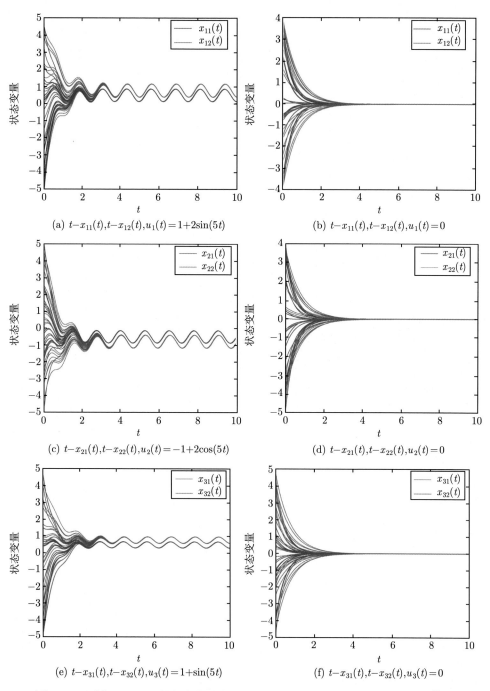

(a) $t-x_{11}(t), t-x_{12}(t), u_1(t)=1+2\sin(5t)$ (b) $t-x_{11}(t), t-x_{12}(t), u_1(t)=0$

(c) $t-x_{21}(t), t-x_{22}(t), u_2(t)=-1+2\cos(5t)$ (d) $t-x_{21}(t), t-x_{22}(t), u_2(t)=0$

(e) $t-x_{31}(t), t-x_{32}(t), u_3(t)=1+\sin(5t)$ (f) $t-x_{31}(t), t-x_{32}(t), u_3(t)=0$

图 5-2-4 系统 (5-2-44) 的状态曲线图, $\delta=0$, 输入 $u(t)=(u_1(t), u_2(t), u_3(t))^{\mathrm{T}}$ 或

$$u(t)=(0, 0, 0)^{\mathrm{T}}$$

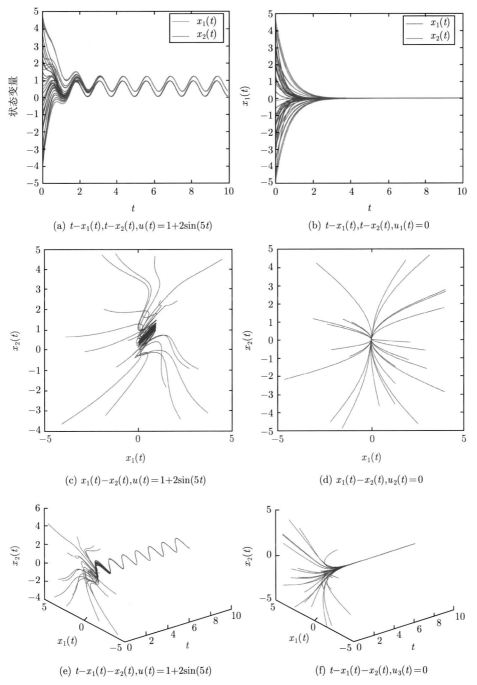

(a) $t-x_1(t), t-x_2(t), u(t)=1+2\sin(5t)$

(b) $t-x_1(t), t-x_2(t), u_1(t)=0$

(c) $x_1(t)-x_2(t), u(t)=1+2\sin(5t)$

(d) $x_1(t)-x_2(t), u_2(t)=0$

(e) $t-x_1(t)-x_2(t), u(t)=1+2\sin(5t)$

(f) $t-x_1(t)-x_2(t), u_3(t)=0$

图 5-2-7 系统 (5-2-45) 的状态曲线图, $\delta=0.1$, 输入 $u(t)=1+2\sin(5t)$ 或 $u(t)=0$

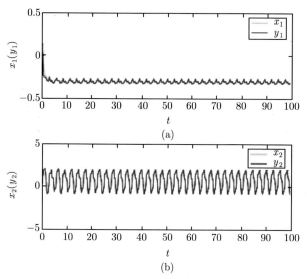

图 6-2-3　例 6.2.1 变量时间演化曲线图

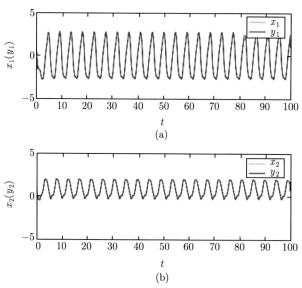

图 6-2-8　例 6.2.2 变量时间演化曲线图